QUELLEN UND FORSCHUNGEN

ZUR

SPRACH- UND CULTURGESCHICHTE

DER

GERMANISCHEN VÖLKER.

HERAUSGEGEBEN

VON

ALOIS BRANDL, ERNST MARTIN, ERICH SCHMIDT.

LXXXII.

QUELLEN-STUDIEN ZU DEN DRAMEN GEORGE CHAPMAN'S, PHILIP MASSINGER'S UND JOHN FORD'S.

STRASSBURG.
KARL J. TRÜBNER.
1897.

QUELLEN-STUDIEN

ZU DEN DRAMEN

GEORGE CHAPMAN'S, PHILIP MASSINGER'S

UND

JOHN FORD'S

VON

EMIL KOEPPEL.

STRASSBURG.

KARL J. TRÜBNER.

1897.

G. Otto's Hof-Buchdruckerei in Darmstadt.

MEINEM FREUNDE

D$^{R.}$ ALBRECHT STAUFFER,

DOCENTEN DER GESCHICHTE AN DER K. B. KRIEGSAKADEMIE.

GEWIDMET

ZUR ERINNERUNG AN DIE GEMEINSAMEN, ERNSTEN UND SCHÖNEN JAHRE IN MÜNCHEN.

STRASSBURG I. E., im Juli 1896.

INHALTS-ANGABE.

VERZEICHNIS DER AUSGABEN.*

Brome, Richard. Dramatic Works. In 3 vols. London 1873.

Chapman, George. Plays. Ed. by Richard Herne Shepherd. A New Edition. London 1889.

Collection of Old English Plays. Ed. by A. H. Bullen. In 4 vols. London 1882/85.

D'Avenant, Sir William. Dramatic Works (Dramatists of the Restoration) In 5 vols. London 1872/74.

Ford, John. Works. Ed. by William Gifford with Additions by Alex. Dyce. Now Re-issued with further Additions. In 3 vols. London 1895.

Glapthorne, Henry. Plays and Poems, now first collected, with illustrative Notes and a Memoir of the Author. In 2 vols. London 1874.

Heywood, Thomas. Dramatic Works, now first collected, with illustrative Notes and a Memoir of the Author. In 6 vols. London 1874.

Massinger, Philip. Plays. Ed. with Notes Critical and Explanatory by William Gifford. The 2nd Edition. In 4 vols. London 1813.

Middleton, Thomas. Works. Now first collected, with some Account of the Author and Notes by Alexander Dyce. In 5 vols. London 1840.

Old Plays; being a Continuation of Dodsley's Collection, with Notes Critical and Explanatory. In 6 vols. London 1816.

Shirley, James. Dramatic Works and Poems. With Notes by Wm. Gifford ... and Al. Dyce. In 6 vols. London 1833.

---

* Vgl. ausserdem das „Verzeichnis der Ausgaben und öfters citierten Werke“ in dem ersten Theile dieser Untersuchungen, in den „Quellen-Studien zu den Dramen Ben Jonson's, John Marston's und Beaumont's und Fletcher's“ (Münchener Beiträge XI, Erlangen und Leipzig 1895); citiert: *Quellen I* (besprochen von L. Fr[änkel], LCB. 1896 No. 8 sp. 266 f.; von R. Boyle, ESt. XXII p. 289 ff.).

GEORGE CHAPMAN.

THE BLIND BEGGAR OF ALEXANDRIA.[1]

Die Königin Aegiale von Aegypten, in sträflicher und unerwiderter Leidenschaft für den tapferen Herzog Cleanthes entbrannt, hat dessen Gattin getötet und ihn selbst schliesslich bei ihrem königlichen Gemahl buhlerischer Anträge bezichtigt. Cleanthes wird verbannt, geht jedoch nicht in die Verbannung, sondern bleibt unter verschiedenen Masken in Alexandrien: er erscheint im Laufe des Stückes als der fromme Bettler Irus, dessen blinden Augen die Zukunft erschlossen ist, als der tolle einäugige Count Hermes und als der reiche alte Wucherer Leon. In diesen Verkleidungen entpuppt sich der einstige Herzog als Gauner der raffiniertesten Sorte. Im Bettlergewande verdreht er durch seine Prophezeiungen zwei Mädchen den Kopf, welche er in seinen beiden anderen Erscheinungsformen heiratet; seinen Gläubiger bringt er um Hab und Gut, indem er als Wucherer, Graf und Bettler beschwört, die Schuld sei bereits zurückgezahlt worden. Bigamie, Meineid, Mord lädt dieser herzogliche Schwindler auf sich und schliesslich sehen wir ihn zur Belohnung zum König von Aegypten erhöht. Ein toller und zum Teil obscöner Schwank, mit absoluter Nichtachtung jeder Wahrscheinlichkeit, Moralität und Gerechtigkeit durchgeführt.

[1] Cf. Shepherd p. 1 ff. Aufgeführt am 12. Febr. 1596 (cf. Fleay, History p. 99); gedruckt 1598.

Ebenso leichtfertig wie der Inhalt ist die Technik. Die tragisch angelegte Königin, für deren Sünde unser klassisch gebildeter Dichter sich des Phædra-Motivs erinnert haben könnte, verschwindet plötzlich aus dem Stück, nach einer in der überlieferten Form kaum verständlichen Szene, in welcher Cleanthes als Count Hermes sie beredet, einen das Leben ihres Gatten in sich bergenden Zweig in's Feuer zu werfen (l. c. p. 14) — das Althæa-Meleager Motiv. Es ist übrigens sehr fraglich, ob wir Chapman selbst für alle Mängel des uns erhaltenen Textes verantwortlich machen dürfen, der nicht von ihm veranlasste Druck kann auf einem defekten Bühnen-Manuskript beruhen, in welchem die ernsten Szenen der Königin manche Kürzung erfahren haben mögen. Das Publikum wollte lachen und deshalb beschnitten die Schauspieler die allerdings gar nicht in die Posse passende Rolle der Königin nach demselben Prinzip, welches sie heute noch bestimmt, in Sheridan's brillanten 'Rivals' z. B. die ernsteren Szenen der Julia und Faulkland's zu kürzen und zu überhasten.

An keiner Stelle verträgt diese Posse eine tiefer dringende Analyse; flott gespielt mag die bunte Handlung und der lebhafte, an derben Schlagern reiche Dialog die Zuschauer in heitere Laune versetzt haben. [1] Das Hauptmotiv des Stückes, die Vielgestaltigkeit des Titelhelden, scheint ein origineller Einfall Chapman's zu sein, mir wenigstens ist kein Vorbild bekannt.

AN HUMOROUS DAY'S MIRTH.

Ganz auf eigenen Füssen scheint Chapman auch in dieser zweiten Posse [2] zu stehen, einer Posse der Eifersucht. Ein alter Mann, der Graf Labervele, beobachtet argwöhnisch jede Bewegung seiner jungen Frau; eine alte Frau, die Gräfin Moren, hütet mit tausend Ängsten ihren jungen

[1] *It never failed to draw large audiences* (cf. Bullen's Chapman-Artikel im Dict. of Nat. Biogr.).

[2] Cf. Shepherd p. 22 ff. Aufgeführt am 11. Mai 1597 (cf. Fleay Chron. I 55); gedruckt 1599.

Gatten, und die beiden jungen Menschen sind sehr bereit, ihnen die triftigsten Gründe für ihre Eifersucht zu geben. Aber der Dichter erlaubt es nicht, er lässt sein Spiel moralisch enden: enttäuscht müssen die lockeren Ehehälften zu ihren Pflichten zurückkehren.

Die interessanteste Gestalt des Schwankes ist die junge Frau, die Gräfin Florilla, ihren Charakter hat Chapman am sorgfältigsten ausgearbeitet, in polemischer Absicht, den rasch erstarkenden, unversöhnlichen Theaterfeinden, den Puritanern, zum Hohn und Spott. Die Gräfin ist eine Puritanerin, hat den Mund voll frommer Redensarten, citiert die Propheten mit genauer Kapitelangabe und quält sich und ihre Umgebung mit haarspaltenden Gewissensskrupeln. Ein Höfling, Monsieur Lemot, der schelmische Günstling des Königs, dringt in ihre Einsamkeit und wirft ihr vor, dass eine so peinlich gehegte und gepflegte Tugend kein Verdienst sei, mitten in der Weltlust müsse sich ihre Reinheit bewähren.[1] Vor den Augen, aber ausserhalb der Hörweite des alten Grafen bestürmt Lemot selbst die Sprödigkeit der Puritanerin, in Szenen, welche an eine bekannte Episode des Decameron erinnern, an Zima's erfolgreiche Werbung um die Frau des Francesco Vergellesi, die auch vor den Augen, aber ausserhalb der Hörweite des Gatten geschieht.[2] Die Puritanerin unterliegt der Versuchung ebenso schnell wie Boccaccio's Heldin, und Lemot hat seinen Zweck erreicht: er hat ihr

---

[1] Diese Rede Lemot's könnte Massinger's Bellisant im Gedächtnis gehabt haben, bei ihrer Erklärung, dass sie, des Sieges gewiss, ihre Tugend absichtlich allen Verführungen des Hoflebens aussetze: *I will / Expose myself to all assaults; see masques, / And hear bewitching sonnets . . . Feed high, and take and give free entertainment* (Parliament I 4, vol. II p. 244). Lemot hatte von der Puritanerin verlangt: *You must put on rich apparel, fare daintily, hear music, read sonnets, be continually courted* etc. (p. 27 a).

[2] Cf. Dec. III 5; Quellen I p. 15. Chapman's Nachahmung wäre übrigens eine sehr oberflächliche, ungeschickte. Vergellesi's Einwilligung ist durch seine Habsucht motiviert; die Leichtigkeit, mit welcher sich der alte Graf, ohne jede Aussicht auf irgend welchen Gewinn, zu dieser bedenklichen Zuschauerrolle bestimmen lässt, ist bei seiner stark betonten Eifersucht ganz unglaublich.

nur die Maske ihrer heuchlerischen Frömmigkeit abreissen wollen, welche sie der Dichter gegen den Schluss mit ergötzlicher Keckheit wieder aufnehmen lässt. Florilla ist eine der ersten und gelungensten Karikaturen der den Dramatikern verhassten Sekte, welcher Chapman auch in seinen späteren Stücken noch einige Hiebe versetzt hat.[1]

Auch aus dem übermütigen Treiben, dem blühenden Unsinn dieses Schwankes tritt uns eine ernste Gestalt entgegen: der schwermütige Lord Dowsecer, des Grafen Labervele Sohn aus erster Ehe. Mit Rückblicken in das goldene Zeitalter übt dieser Jüngling an der Gegenwart eine scharfe Kritik, deren Pessimismus an Hamlet erinnert hat.[2] Vielleicht verdankt dieser für die Posse durchaus ungeeignete, sich rasch verflachende Charakter seine Existenz in der That nur dem starken Eindruck, welchen auch Chapman von dem Vorgänger des Shakespeare'schen Dänenprinzen erhalten hatte, vielleicht spiegelt sich in Chapman's Dowsecer, wie in Marston's Antonio,[3] die schwermütige Stimmung des Kyd'schen Hamlet.

ALL FOOLS.[4]

Valerio, der höchst lebenslustige Sohn des alten Gostanzo, hat sich hinter dem Rücken seines Vater, von dem er für *a per-*

---

[1] 'Monsieur d'Olive' giebt ein sarkastisches Referat von der Rede eines puritanischen Webers, der gegen den Tabak eiferte: *He said it was a rag of popery* (II 1, p. 123b ff.); in 'The Revenge of Bussy d'Ambois' nimmt Clermont Bühne und Schauspieler gegen die Puritaner in Schutz: *The stage and actors are not so contemptful / As every innovating puritan, / And ignorant sweater out of zealous envy / Would have the world imagine* (I 1, p. 184a). Einen nicht beabsichtigten Tribut der Anerkennung zollt Chapman der puritanischen Sittlichkeit, indem er Bussy d'Ambois zu seiner Geliebten, der von Gewissensbissen heimgesuchten Ehebrecherin Tamyra, sagen lässt: *Sweet mistress, cease, your conscience is too nice, / And bites too hotly of the Puritan spice* (Bussy d'Ambois III 1, p. 153b).

[2] Cf. Ward II 22.

[3] Cf. Quellen I p. 21.

[4] Cf. Shepherd p. 46 ff. Fleay, Chron. I 58: *Most likely written in 1603 . . a remodelled form of 'The World runs on Wheels' of July 1599*; gedruckt 1605.

fect pattern of sobriety, / Temperance and husbandry (I 1, p. 50[a]) gehalten wird, mit Gratiana vermählt. Wie die Entdeckung droht, wird dem Alten vorgespiegelt, Gratiana sei die heimlich angetraute Gattin des jungen Fortunio, des Sohnes seines Nachbarn Marc Antonio. Voll hämischer Schadenfreude setzt Gostanzo diesen Nachbarn von der Pflichtvergessenheit seines Sohnes in Kenntnis, und wie der gute alte Mann schnell bereit ist, dem Sünder zu verzeihen, rät er ihm, sich erzürnt zu stellen, er selbst wolle das junge Paar inzwischen in sein eigenes Haus aufnehmen, wo das Beispiel seines trefflichen Sohnes bessernd auf Fortunio wirken könne. Auf diese Weise ebnet er selbst die Wege für die Vereinigung der Neuvermählten. Das Verdienst der gelungenen Täuschung des unliebenswürdigen Alten kommt dem Scholaren Rinaldo zu, dem zweiten Sohne des Marc Antonio.

Zu seinem nicht geringen Erstaunen muss Gostanzo jedoch die Beobachtung machen, dass sein ausgezeichneter, weiberscheuer Valerio die junge Frau mit so aufdringlichen Huldigungen verfolgt, dass ihm die schleunigste Entfernung Gratiana's geboten erscheint. Rinaldo schlägt vor, sie zu seinem Vater Marc Antonio zu bringen, nur müsse man diesen, um ihn zur Aufnahme zu bewegen, weismachen, sie sei Valerio's *stolen wife.* Auch diesen Köder schluckt der sich stets seiner Weltklugheit rühmende Gostanzo ohne Widerstreben, und giebt uns noch zu lachen durch die selbstgefällige Besserwisserei, welche er dem seiner Meinung nach übertölpelten Marc Antonio gegenüber zur Schau trägt. Schliesslich wird ihm der wahre Sachverhalt und seine Blamage *ad oculos* demonstriert.

Den Plan dieser m. E. über Gebühr gepriesenen Komödie [1] hat Chapman, wie längst richtig erkannt, späterhin

---

[1] *One of the most faultless examples of high comedy to be found in the whole rich field of our Elizabethan drama,* ruft Swinburne aus, in seiner Schrift 'George Chapman. A Critical Essay', London 1875, p. 48. Diesen und manchen anderen Superlativ des Swinburne'schen Aufsatzes könnte ich, bei allem schuldigen und aufrichtigen Respekt

aber wieder vergessen worden ist[1], dem „Heautontimorumenos“ des Terenz entlehnt. Clitipho, der verliebte Sohn des alten Chremes, hat hinter dem Rücken seines Vaters ein Verhältnis mit der Buhlerin Bacchis angeknüpft, und es gelingt ihm, das Mädchen in das Haus seines Vaters einzuschmuggeln vermittelst eines von dem Sklaven Syrus ausgeheckten Planes: sie geben Bacchis für die Geliebte des jungen Clinia, des Sohnes ihres Nachbarn Menedemus, aus. Späterhin veranlassen sie Clinia, die Dirne mit in das Haus seines Vaters zu nehmen, dem er die Wahrheit sagen könne, während sie selbst Chremes in seinem Wahne belassen, so dass dieser, der seinen Nachbarn fortwährend mit guten Ratschlägen begönnert nnd wegen der fatalen Liaison seines Sohnes bedauert hat, schliesslich allein der gefoppte ist. Die *dramatis personae* des lateinischen und englischen Stückes entsprechen sich wie folgt: Chremes = Gostanzo, Clitipho = Valerio, Menedemus = Marc Antonio, Clinia = Fortunio, Syrus = Rinaldo; Bacchis = Gratiana, Antiphila, die Geliebte des Clinia, in welcher Chremes seine verstossene Tochter erkennen muss = Bellanora, die von Fortunio geliebte Tochter des Gostanzo. Das klassische Sklaven und Hetärenelement ist in der englischen Bearbeitung geschickt beseitigt; ihr grösster Fehler aber ist, dass, während Chremes, der von Anfang an Bacchis für die Geliebte des Clinia gehalten hat, es höchst natürlich finden muss, dass Clinia bei seiner Übersiedelung in das Haus seines Vaters die Dirne mit sich nimmt, Gostanzo die unbegreifliche Dummheit begehen muss, zu glauben, man könne den Marc Antonio, der Gratiana eine Szene lang als Gattin seines Sohnes Fortunio vor Augen gehabt hatte (II 1, p. 56[a] ff.), im Handumdrehen davon überzeugen, sie sei von Anfang an Valerio's Frau gewesen (III 1, p. 62[a]).

---

vor den Äusserungen eines Dichters über einen Dichter, nicht unterschreiben.

[1] Cf. Langbaine p. 59: *It seems to be built in part upon the same Fabrick with Terence's 'Heautontimorumenos'* etc. Weder Ward (II 22 f.) noch Swinburne noch Fleay noch auch Bullen in seinem Chapman-Artikel des DNB. erwähnen diese richtige Quellen-Bestimmung.

In dieser Szene sündigt die Hast des englischen Bearbeiters gegen seine erste Pflicht der logischen Charakterentwicklung: eine solche Borniertheit lag nicht im Wesen seines Gostanzo, durfte ihm nicht zugemutet werden. Im übrigen werden wir in dem englischen Lustspiel auf Schritt und Tritt an die terentianische Komödie erinnert, nicht nur durch die Handlung, sondern auch im Dialog. Ein Beispiel für viele: Menedemus' Bemerkung: *Di vostram fidem, / Itan' comparatam esse hominum naturam omnium, / Aliena melius ut videant, et dijudicent, / Quam sua?* (III 1) lautet im Munde seines englischen Nachfolgers Marc Antonio, mit üblicher Umsetzung der schlichten Ausdrucksweise des Lateiners in die Bildersprache der Elisabethaner: *What eagles we are still / In matters that belong to other men, / What beetles in our own!* (IV 1, p. 67[a]).[1]

Vollkommen unberücksichtigt hat Chapman das schönste, menschlichste Motiv der klassischen Komödie gelassen, welches in ihrem Titel angedeutet ist: die selbstquälerische Reue des Vaters Menedemus, der seinen Sohn Clinia durch Vorwürfe wegen einer Liebschaft in den Krieg getrieben zu haben glaubt und sich zur Busse während der Abwesenheit seines Sohnes jeden Genuss versagt und die härteste Sklavenarbeit verrichtet. Bei Terenz wird uns diese Vorgeschichte in der ersten Szene mitgeteilt, in einem Gespräche der beiden Alten — Chapman hat dieses Vorspiel weggelassen, sein Marc Antonio hat keinen Anlass zu einer derartigen Selbstquälerei. Aber ich bezweifle nicht, dass der Engländer durch den Titel der lateinischen Komödie veranlasst wurde, in seinem Stücke einen anderen Selbstquäler auftreten zu lassen, von dessen Bühnenwirksamkeit er sich selbst überzeugt hatte bei den Aufführungen von Shakespeare's „Merry Wives of Windsor“. Shakespeare's Master Ford, Chapman's Cornelio, Marston's Don Zuccone verkörpern in zunehmender Vergröberung, welche bei Marston zur hässlichen Verzerrung wird, die lächerliche Leidenschaft grundloser, selbstquäle-

---

[1] Ganz ähnlich sagt späterhin Massinger's Charalois zu seinem Schwiegervater: *And look that you, that have been eagle-eyed / In other men's affairs, prove not a mole / In what concerns yourself* (Fatal Dowry IV 4, vol. III p. 441).

rischer Eifersucht, und wir werden wohl nicht fehlgreifen mit der Annahme, dass der Bühnenerfolg des Master Ford für die Schöpfung der Chapman'schen Figur in Berücksichtigung zu ziehen ist. Erfreulich ist dieses mit der Haupthandlung kaum verbundene Nebenspiel übrigens keineswegs, schon bei Chapman verrät sich die Imitation durch die unkünstlerisch und unwahr gesteigerte Verblendung des eifersüchtigen Gatten.

THE GENTLEMAN USHER.[1]

Der Herzog Alphonso wirbt um Margaret, die Tochter des Grafen Lasso — vergeblich, weil das junge Mädchen seinen Sohn, den Prinzen Vincentio, liebt. Der Argwohn des alten Herzogs wird geweckt und genährt von seinem unwürdigen Günstling Medice, der den Prinzen hasst: die Liebenden werden überrascht, Vincentio selbst wird von Medice schwer verwundet und Margaret durch die falsche Kunde von dem Tode ihres Geliebten in solche Verzweiflung versetzt, dass sie sich selbst entstellt, durch Einreibungen mit einer giftigen Salbe. Als rettender *deus ex machina* greift der Arzt Benevemus ein, der Vincentio's Wunde heilt und Margaret's Schönheit wiederherstellt, zur grossen Freude des reumütigen alten Herzogs. Die Liebenden werden vereinigt.

Die derb zubereitete komische Würze dieser ernsten Handlung liefern Bassiolo, der Zeremonienmeister im Hause des Grafen Lasso, und die verliebte, trinklustige und doch bösartige Schwester des Grafen, die Wittwe Corteza. Es ist mir sehr wahrscheinlich, dass Chapman's thörichter und überlisteter Zeremonienmeister Bassiolo als eine Konkurrenzfigur zu Shakespeare's Malvolio zu betrachten ist, dass er diesem seine Existenz verdankt. Die beiden Hausbeamten sind auf einen Ton gestimmt: selbstgefällige Eitelkeit lässt Malvolio an die Liebe der Gräfin, Bassiolo an die Freundschaft des Prinzen glauben, der ihn als postillon d'amour

[1] Cf. Shepherd p. 78 ff. Fleay (Chron. I 58) vermutet, dass das Stück zwischen November 1601 und Februar 1602 entstanden sei, aber seine Beweisführung ist eine sehr gewagte. Gedruckt 1606.

benützen will. Der Grundzug ihres Wesens ist somit der gleiche, Chapman hat keinen neuen Charakter-Typus geschaffen. Aber die Umgebung ist eine ganz verschiedene, und Bassiolo ist nicht, wie Malvolio, eine komische, sondern eine burleske Gestalt. In noch höherem Grade gilt dies von der alten Corteza, deren neidische Lieblosigkeit gegen ihre junge und schöne Nichte an das Gebahren mancher dueña der spanischen Novellen erinnert[1]. Bemerkenswert ist, dass Chapman diese beiden wenig respektablen, den *clowns* nahe stehenden Leute mit Lieblingsschriftstellern des 16. Jahrhunderts vertraut sein lässt — ein deutlicher Beweis dafür, wie sehr die betreffenden Autoren in literarischen Kreisen bereits in der Achtung gesunken waren. Bassiolo kennt Guevara's goldene Episteln[2], und Corteza beruft sich auf Pettie's *Palace of Petit Pleasure.* Ihre Äusserung müssen wir etwas genauer prüfen, weil sie uns verrät, dass Chapman selbst die populären englischen Novellen-Sammlungen schon lange nicht mehr in der Hand gehabt hatte. Die vor Schmerz über den ihr fälschlich gemeldeten Tod des Prinzen halb wahnsinnige Margaret spricht den Entschluss aus, ihr Antlitz durch Wunden zu entstellen, Corteza, welcher die Schönheit ihrer Nichte ein Dorn im Auge ist, ermuntert sie indirekt: *That were a cruel deed; yet Adelasia, / In Pettie's Palace of Petit Pleasure, / For all the world, with such a knife as this / Cut off her cheeks*

---

[1] Neben anderen Missethaten plündert Frau Corteza den Geheimschrank ihrer Nichte und bringt die Briefe dem alten Herzog, der in ihnen die Gewissheit der zwischen Margaret und seinem Sohne bestehenden Liebe findet (Act IV, p. 102). In Fletcher's Drama 'A Wife for a Month' wirbt der König Frederick ebenso vergeblich um Evanthe, die Schwester des schurkischen Höflings Sorano, welcher dem König die Schatulle seiner Schwester aushändigt. In dieser findet der König ein Gedicht, welches ihm die unerwünschte Gewissheit verschafft, dass er in Valerio einen glücklichen Nebenbuhler hat (Act I sc. 2). Es ist wohl möglich, dass Fletcher die Chapman'sche Szene im Gedächtnis hatte.

[2] Er sagt von seinem Briefe, dass in ihm mehr gewählte Worte zu finden seien: *than in any three of Guevara's Golden Epistles* (IV 1, p. 97 a).

and nose, and was commended / More than all dames that kept their faces whole: / Oh, do not cut it (V 1, p. 108a). Corteza irrt sich: die Kaisertochter Adelasia, deren romantische Mesalliance Pettie allerdings wiederholt flüchtig erwähnt [1], hat keine derartige Selbstentstellung vorgenommen, wohl aber die keusche Florinda. Von ihr berichtet Pettie in seiner 11ten Geschichte, betitelt *Pigmalions friende, and his Image*: *As Pigmalion may bee a plaine president, that a man may love loyally, and yet not desire lasciviously: so may Florinda be a fruitful example to the Feminine sort, to doe the like, who bearing such fervent affection to her friende Amadour, that shee helde him more deare then her owne life . . . ., yet shee was so farre from filthie affection towardes him, that shee avoyded, so neare as shee coulde, all occasions which might drawe him into anie disordinate desire towardes her: insomuch that having occasion of privie conference with him in a privie place, before shee came, she fouly defaced her face, and bruised it with a Stone, that he might not bee inflamed with the feature thereof.* [2] Höchst ausführlich sind die Schicksale der Florinda sowohl, wie die der Adelasia in Painter's 'Palace of Pleasure' (I 53 und I 44) erzählt.

Alle bisher genannten Personen des Dramas stehen innerhalb der erotischen Haupthandlung; die Strozza-Episode hat mit dieser wenig zu thun, sie ist gefüllt von Gattenliebe und Frömmigkeit.

Strozza, der Freund des Prinzen Vincentio, erhält auf der Jagd einen Pfeilschuss von einem Meuchelmörder, den Medice gegen ihn ausgesandt hat; die Pfeilspitze bleibt in der Wunde stecken und fällt erst am siebenten Tage heraus. In den höchst undramatischen Szenen an Strozza's Krankenlager erfreut uns die Huldigung, welche Chapman milder Weiblichkeit zollt in der Gestalt der liebevollen Gattin Cynanche, überraschen uns, in Anbetracht der Zeitverhält-

---

[1] Cf. Studien p. 23, und über die Beliebtheit dieser Novelle in England ib. p. 94 f.

[2] Zitiert nach der vermutlichen editio princeps s. a. (Brit. Mus. Sign. C. 40. d. 5; Hazlitt's Handbook p. 455 a), p. 80 b f.

nisse, die katholischen Elemente: die hellsehende Extase des wunden Strozza und die Erklärung des Geheilten, dass er eine Pilgerfahrt nach Rom unternehmen werde. Das Publikum bekam bei dieser Gelegenheit eine orthodoxe Verteidigung solcher Pilgerfahrten und Votivgeschenke zu hören: *I make a vow to go on foot to Rome, / And offer humbly in S. Peter's Temple / This fatal arrow-head: which work let none judge / A superstitious rite, but a right use, / Proper to this peculiar instrument, / Which visibly resign'd to memory / Through every eye that sees, will stir the soul / To gratitude and progress, in the use / Of my tried patience, which in my powers ending / Would shut th' example out of future lives. / No act is superstitious that applies / All power to God, devoting hearts through eyes* (V 1, p. 107[a]). Konfessionelle Engherzigkeit kann somit weder dem protestantischen Dichter noch seinem Publikum vorgeworfen werden (vgl. p. 49 ff.).

Das Resultat der Quellenforschung ist für dieses Drama ein dürftiges — ich muss mich mit der, für mich selbst sehr wahrscheinlichen, Vermutung begnügen, dass Malvolio die Schöpfung des *Gentleman Usher* Bassiolo veranlasste.[1]

MONSIEUR D'OLIVE.

Auch für dieses Stück[2] sind bisher keine Quellen ermittelt worden: nach dem jetzigen Stande der Forschung muss Chapman eine hervorragende Originalität in der Entwerfung seiner Pläne zuerkannt werden. In den ernsten

[1] In scherzhafter Verwendung finden wir in diesem Stück ein Gleichnis, welches späterhin eine der *trade-marks* Massinger's wurde. Der Prinz Vincentio überhäuft den Ceremonienmeister mit Schmeicheleien, rühmt seine Anordnungen: *Everything / About your house so sortfully disposed, / That even as in a turn-spit call'd a jack, / One vice assists another; the great wheels / Turning but softly, make the less to whirr / About their business* (III 1, p. 89 a). Ohne Bratspiess, vollkommen ernst, spricht Massinger wiederholt von *The greater wheels by which the lesser move,* vgl. Boyle's Sammlung seiner Parallel-Stellen ESt. IX pp. 219, 223, 225.

[2] Cf. Shepherd p. 113 ff. Fleay (Chron. I 59): *Appears to belong to 1604;* gedruckt 1606.

Szenen des Dramas spielen sich zwei genügend verknüpfte Handlungen ab: der Earl of Saint Anne, der, in schwarzen Trübsinn versunken, sich von der Leiche seiner Gattin nicht trennen will, wird neuer Liebe und neuem Lebensglück zurückgewonnen; die Gräfin Marcellina Vaumont, welche aus Kummer über eine Eifersuchtswallung ihres Gatten der Welt entsagt hat, wird in die Arme ihres reuigen Gemahls zurückgeführt. Rückwärts blickend kann ich für keine der beiden Intriguen ein passendes Muster entdecken; im späteren Drama erscheinen uns der namenlose Tyrann in der anonymen Tragödie „The Second Maiden's Tragedy", der die Leiche der von ihm vergebens begehrten Frau ausgraben lässt und in seinem Palaste bei sich behält, und der Herzog Sforza in Massinger's Trauerspiel „The Duke of Milan", der sich von der Leiche seiner von ihm selbst getöteten Herzogin Marcelia nicht trennen kann, als die Nachfolger des Grafen Saint Anne.

Das komische Spiel, welches sich ungebührlich breit macht, wird beherrscht von der Gestalt des Monsieur d'Olive. Das Wesen dieses sonderbaren Kauzes berührt uns wie eine sorgfältigere, durch manchen neuen Zug bereicherte Ausführung der Charakter-Skizze, welche Chapman mit seinem *Gentleman Usher* Bassiolo geliefert hatte. Auch Monsieur d' Olive hat die grösste Meinung von seinen eigenen Fähigkeiten und wird in seiner Einbildung ebenfalls das leichtgläubige Opfer jeder, auch der plumpsten Schmeichelei. Wie Bassiolo im Vollbewusstsein seines Wertes die übertriebenen Freundschaftsbeteuerungen des Prinzen für baare Münze nimmt, geht Monsieur d' Olive arglos auf den Leim einer Gesandschaft, mit welcher ihn der Herzog zu betrauen verspricht. Auch die diesem *gull* gespielten Streiche scheint unser Dichter selbständig ersonnen zu haben.

BUSSY D'AMBOIS.

Über den Ehebruchsroman, welchen Chapman in diesem Stücke[1] dramatisiert hat, berichtet der berühmte Historiker

[1] Cf. Shepherd p. 140 ff. Fleay (Chron. I 60): *I think the play was written . . . late in 1604;* gedruckt 1607.

Jaques Auguste de Thou in seinen 'Historiae Sui Temporis' unter den Ereignissen des Jahres 1579 folgendes: *Dum adhuc Andinus in aula esset, literas per jocum regi [Henrico III.] ostenderat a Ludovico Claramontio Ambosiano Bussio ad se scriptas; quibus pro summa, quae ei cum hero suo juvene erat, familiaritate significabat, se feram magni venatoris, ita uxorem vocabat Caroli Cambii Monsorelli comitis, quem ea dignitate Andinus paulo ante Bussii commendatione ornaverat, indagine cinxisse, et in plagas conjecisse. Quas literas rex retinuerat, et Bussii jam a longo tempore insolenti arrogantia et petulantia irritatus, occasionem inde sumpsit veteres ab eo acceptas injurias ulciscendi. Is siquidem, et dum in aula esset, nullo non contumeliae genere in proceres et gynaeceum etiam aulicum usus fuerat, fiducia pugnacitatis, qua se terribilem cunctis reddiderat, sed etiam postquam se ad comitatum Andini receperat, dum Andegavi arcem toto illo tractu munitissimam et urbi popolosae impositam teneret, oppidanis et toti provinciae gravis ob crebras exactiones, quas privata auctoritate, non consulto plerumque Andino ipso, faciebat, summum omnium odium in se concitaverat. Igitur / rex Monsorellum, qui tunc forte in aula erat, clam sevocat, et literas Bussii ei ostendit; additque, se, decoris familiae et ejus dignitatis perquam studiosum, noluisse rem adeo injuriosam eum celare; ceterum scire ipsum debere, quid consilii in tali occasione se capere deceat et oporteat. Nec plura elocutus hominem dimittit, qui, non solum injuriae tantae morsu perculsus, sed monitis regis incitatus, quae ille tanquam ignaviae exprobrationem, si injuriam ferret, accipiebat, protinus domum revolat, summo silentio, ut Bussium lateret: astuque per uxorem ad Bussium literas dari curat, quibus ei horam ad secretum Costanteriae condicebat; ea erat arx voluptuaria et venationibus opportuna: ad quam cum Bussius cum Colladone conscio sub vesperam XIV Kal. Sept. venisset, ab ipso Monsorello et aliis loricatis oppressus: tamen, qua erat animi praesentia, quamvis unus contra plures, summa vi percusores initio disjecit; tandemque numero victus, spiritu inter certandum deficiente, cum se in fossam per fenestram praecipitare vellet, a tergo interfectus est. Inde odia capitalia inter Bussianos et Monsorellum exorta: quorum exercendorum onus in se suscepit Joannes Monlucius Balagnius, episcopi Valentini . . . filius naturalis, et tunc praecipuo gratiae loco apud Andinum pollens, ductu in matrimonium occisi Bussii sorore, magni animi foemina, quae faces irae maritali subjiciebat: vixque post novennium certis conditionibus jussu regis inter eum et Monsorellum transactum fuit. Morte Bussii provinciales haud mediocriter laetati sunt; et Andinus ipse hominem jam gravem et molestum sibi de medio sublatum haud ita aegre tulit* (Lib. LXVIII, 9.)[1]

Diese Stelle der Thuana ist wiederholt als eine der Quellen[2] oder auch als die Quelle[3] Chapman's bezeichnet worden. In diesem Falle würde unser Dramatiker an den von de Thou gemeldeten Thatsachen manches geändert und namentlich das Verhältnis seines Titelhelden zu König Heinrich dem Dritten und seinem Bruder, dem Herzog von Anjou (Andinus), ganz verschieden entwickelt haben. Im Drama geht Bussy d'Ambois von Monsieur, der sich seiner gegen Henry bedienen will, bald zum König über, und nicht der ihm huldvoll geneigte König, sondern Monsieur und der Herzog von Guise geben ihn der Rache des betrogenen Gatten Montsurry preis. Aber de Thou kann Chapman's Gewährsmann nicht gewesen sein, aus dem einfachen Grunde, dass die bis 1607, dem Druckjahre der Chapman'schen Tragödie, publizierten Teile seines grossen Werkes nur bis zum Jahre 1574 reichen. Der vierte Band, in welchem der Bericht bis zum Jahre 1584 fortschreitet, wurde erst 1609 gedruckt,[4] und auch in diesem Foliobande sucht man die

---

[1] Cf. Jac. Augusti Thuani Historiae Sui Temporis. Londini excudi curavit Samuel Buckley MDCCXXXIII; tom. III. fol. 675 f.

[2] Cf. Langbaine p. 61: *For the Plot see Thuanus, Jean de Serres and Mezeray, in the Reign of King Henry the Third of France.* In Jean de Serres' 'Inventaire' (vgl. infra p. 18) ist von Bussy d'Ambois nicht die Rede und Mézeray schrieb nach Chapman.

[3] Cf. Ward II 6: *The subjects of both these plays [Bussy d'Ambois and The Revenge of B. d'A.] seem to be taken from Thuanus' (De Thou's) 'Historiae sui temporis'.* Ward verweist auf *Hist. lib. LXVII. capp. 8, 9,* eine Angabe, die zu den mir vorliegenden Drucken nicht stimmt.

[4] Cf. Jac. Augusti Thuani Historiarum Sui Temporis Pars Quarta. Parisiis, Apud Hieronymum Drouart. MDCIX.

Geschichte von der Sünde und der Bestrafung des Bussy d'Ambois mit grossem Zeitverlust vergebens[1]: die ganze Episode wurde erst in die späteren posthumen Ausgaben der Thuana eingeschaltet.[2]

Mit diesem negativen Resultate meiner Quellenuntersuchung muss ich mich leider zufriedengeben, es ist mir nicht gelungen, einen älteren Bericht über die Ermordung des Bussy d'Ambois zu finden.[3]

---

[1] Cf. ib. Lib. LXVIII fol. 300.

[2] In Buckley's Varianten-Apparat lesen wir am Anfang der zitierten Stelle: *Quae sequuntur 38 lineae usque ad 'Hoc eodem Sextili' desunt D. f. d.* (fol. 675), wozu folgende Notiz in der dritten seiner einleitenden Episteln zu vergleichen ist: *Distinctionis .. causa Pattisoniani voluminis lectiones litera P, Drouartianarum vero editionum in octavo, folio, et duodecimo, literis D, o, f, et d designabantur* (tom. I fol. 68). Eine Drouart'sche Oktav-Ausgabe ist jedoch von diesem 4. Bande nicht erschienen.

[3] Langbaine l. c. bemerkt: *The Intrigue between Bussy and Tamyra is related by Rosset in his 'Histoires Tragiques de nôtre temps', under the feign'd Names of Lysis and Silvie. Hist. 17. p. 363.* Als Quellenwerk kommt diese Novellensammlung für Chapman's Tragödie nicht in Betracht, nach der mir vorliegenden Ausgabe vom Jahre 1616, in welcher die *Hist. XVII. De la mort pitoyable du valeureux Lysis* auf p. 466 beginnt, ist *Le Priuilege du Roy,* die Druckerlaubnis, vom 5. Juni 1613 datiert. Hinsichtlich des entscheidenden Eingreifens des Königs stimmt Rosset's wortreiche Geschichte zu De Thou's Bericht. — Rapp meint, dass 'im zweiten [Akte], wo das Duell von dem Boten erzählt wird, die Nachahmung der Diczion des Macbeth beinahe lächerlich' ist, und dass 'die Geister offenbar auch Shakspeare nachgemacht' sind (p. 42) — über beide Punkte wird sich m. E. streiten lassen. Zu Bussy's Versen: *In tall ships richly built and ribb'd with brass, / To put a girdle round about the world* (I 1, p. 140 b) ist schon von dem Herausgeber der *Old Plays; being a Continuation of Dodsley's Collection. With Notes, Critical and Explanatory. In six Volumes. London 1816;* vol. III p. 236 auf Mids. II 1, 175 verwiesen worden.* Wie eine Variation des von Brutus (Caes. IV 3, 218 f.) ausgesprochenen Gedankens klingen Bussy's Worte: *There is a deep nick in time's restless wheel / For each man's good, when which nick comes, it strikes* (I 1, p. 142 a f.). — Der

---

* *Their Countryman / That putt a girdle round about the world* heisst es auch in dem anonymen Drama 'Dick of Devonshire' Akt II sc. 5 (cf. Bullen's 'Collection of Old English Plays', vol. II, London 1883, p. 43). Vielleicht war diese Ausdrucksweise damals gang und gäbe, vgl. neuerdings die Anmerkung zu der betreffenden Stelle des Mids. in Furness' 'New Variorum Edition', vol. X (Philadelphia 1895) p. 91 f.

Bei der kindischen Pantomime, durch welche Monsieur und der Herzog von Guise dem betrogenen Gatten die unerwünschte Aufklärung geben — sie deuten mit den Fingern die ihm wegen der Untreue seiner Gattin wachsenden Hörner an — kann Chapman an eine ähnliche Szene eines ihm jedenfalls wohlbekannten älteren Dramas gedacht haben, in welcher Guise der verspottete gewesen war. In Marlowe's 'Massacre at Paris' hintergeht die Herzogin von Guise ihren Gatten und der über diesen seinem Gegner angethanen Schimpf sehr vergnügte König *makes horns at Guise.*[1]

THE CONSPIRACIE AND TRAGEDIE OF CHARLES DUKE OF BYRON, MARSHALL OF FRANCE.[2]

Der Marschall Biron wurde am 31. Juli 1602 in Paris hingerichtet; die erste Kunde von der Existenz des Chapman'schen Doppelspieles stammt aus einer vom 5. April 1608 datierten Depesche des französischen Gesandten Beaumont, auf dessen Protest hin die Aufführung dieser beiden Dramen verboten wurde.[3] In diesem Zeitraum von nicht ganz 6 Jahren ist über jenes in Europa überall beachtete Ereignis, den jähen Sturz und schlimmen Tod des berühmten französischen Feldherrn viel geschrieben worden: *On dist, on escriuit, on*

---

sterbende Bussy bramarbasiert: *And if Vespasian thought in majesty / An emperour might die standing, why not I?* (Act V, p. 175 a). Vielleicht dürfen wir aus dieser Äusserung schliessen, dass Chapman den Bericht des französischen Historikers Pierre Matthieu (vgl. infra p. 17) über die Hinrichtung des Duc de Biron bereits aufmerksam gelesen hatte. Vom Scharfrichter aufgefordert, niederzuknien, weigert sich Biron: *Il vouloit mourir debout selon l'aduis de Vespasian* [Randnotiz: *Stantem imperatorem excedere terris decet. D. Vespas.*] (Liv. V Narr. 4, vol. II p. 353). In seiner späteren Dramatisierung der betreffenden Abschnitte Matthieu's hat Chapman diese Einzelheit übersprungen, wohl aus demselben Grunde, der Chaucer bestimmte, in seiner Wiedergabe einer Dante-Stelle einen auffälligen Gedanken auszulassen (cf. Anglia XIV 230) — wegen früherer Verwendung.

[1] Cf. Bullen's Marlowe-Ausgabe (London 1885) vol. II p. 274.

[2] Cf. Shepherd p. 214 ff. SR. 5. Mai 1608; gedruckt 1608.

[3] Cf. Fleay, Chron. I 62 ff.

discourut sur cette morte, et en prose, et en rime, sagte schon 1605 Pierre Matthieu, der Historiograph Heinrich des Vierten von Frankreich. Für Chapman sind somit viele Quellen geflossen,[1] die mir nicht alle zugänglich geworden sind: ich muss mich damit begnügen, seine Dramen mit drei Geschichtswerken zu vergleichen, aus welchen er allem Anschein nach hauptsächlich geschöpft hat. Diese Werke sind:

1. *Histoire de France et Des choses memorables aduenues aux prouinces etrangeres durant sept annees de paix du Regne de Henry IIII Roy de France et de Nauarre. Diuisé en sept livres. A Paris. Chez Jaques Bessin au mont St. Hilaire a la cour dalbret.* Ohne Jahreszahl, in zwei Bänden. Die Widmung *Au Roy* ist unterzeichnet P. Matthieu. Der Friede von Vervins wurde am 2. Mai 1598 geschlossen, die editio princeps des Berichtes des königlichen Historiographen Pierre Matthieu über die nächstfolgenden sieben Friedensjahre ist noch im Laufe des Jahres 1605 veröffentlicht worden.[2] Dieses Werk hat Chapman am ergiebigsten benützt.

2. *Chronologie Septenaire de l'Histoire de la Paix entre les Roys de France et d'Espagne. Contenant les choses plus*

---

[1] Cf. Langbaine p. 61 f.: *Many are the Authors that have mention'd the Marshal's Story. See Davila's Civil Wars of France, Montluc's Memoires, Mezeray's Chron., Pierre Mathiew's Contin. of De Serres, Thuanus, Anselmus Gemblacensis, Scipion Dupleix, P. Mathiew, etc.* Von diesen Autoren kann als eventueller Gewährsmann des englischen Dramatikers nur Matthieu in Betracht kommen, Montluc's Memoiren gehören einer wesentlich früheren Zeit an, während De Thou's, Dupleix', Davilla's und Mézeray's Berichte über Biron's Sturz erst lange nach der Entstehung der Chapman'schen Dramen veröffentlicht wurden. Die Erwähnung des *Anselmus Gemblacensis* ist wohl ein Versehen des trefflichen, im allgemeinen so vorsichtigen Langbaine, mir ist nur ein Anselme de Gemblours aus dem 12. Jahrhundert bekannt, ein Benediktiner-Mönch, der die Chronik des Sigebert fortgesetzt hat. Vermutlich hat Langbaine an den Augustiner Anselme de Sainte Marie, dessen weltlicher Name Pierre de Guibours war, gedacht: von diesem Mönche war 1674 eine historische Compilation erschienen, betitelt: 'Histoire généalogique et chronologique de la maison de France etc.'

[2] Cf. Brunet, der den oben citierten, zweibändigen Druck s. a. nicht anführt.

memorables aduenuës en France etc. etc. *depuis le commencement de l'an 1598 iusques à la fin de l'an 1604. Diuisee en sept livres. A Paris, chez Jean Richer . . . MDCV.* Verfasser: Pierre Victor P. Cayet, *Docteur en la sacree faculté de Theologie.*

3. *Inventaire General de l'Histoire de France. Illustré par la conference d'Eglise et de l'Empire. Par* Jan de Serres. *A S. Geruais. Pour les Heritiers d'Eustace Vignon. MDC. III.* Zwei Bände. Der erste Druck dieses berühmten Werkes erschien 1597.

'The Conspiracy' Act I: Der Herzog von Savoyen hat sich nach Paris begeben, um seine Interessen in eigener Person zu vertreten; in einem Gespräch mit seinen Vertrauten Roncas, Rochette und Breton werden die Vorteile und Nachteile dieses persönlichen Eingreifens des Fürsten erwogen. Die Thatsachen und Gedanken dieses Gesprächs sind Matthieu entlehnt, Livre II Narration 5 (vol. I, p. 416 ff.): Chapman hat die fortlaufende Darstellung des Historikers gekürzt und in Stücke zerschnitten, welche an die vier Sprechenden verteilt sind. Wenn irgend möglich, behielt er den Wortlaut des Franzosen bei, wie uns die vergleichende Betrachtung der einleitenden Rede des Herzogs zeigen wird:

All ambassadors, / You know, have chiefly these instructions: / To note the state and chief sway of the Court / To which they are employ'd; to penetrate / The heart and marrow of the king's designs, / And to observe the countenances and spirits / Of such as are impatient of rest / . . . I will do more / With my mere shadow than you with your persons (p. 215 a).

Tous les voyages que [les Ambassadeurs du Duc] y auoient fait ne luy rapportoient autre fruict que d'auoir remarqué l'Estat de la Cour, penetré quelque peu dans les desseins du Roy, qui est tousiours la premiere chose où les Ambassadeurs portent leurs instructions, et remarqué la contenance de quelques esprits impatients de leurs repos . . . . il iugea . . . qu'il falloit faire luy-mesme son Ambassade, se promettant plus d'effect de sa seule ombre que de toutes les sollicitations de ses serviteurs (l. c. p. 416 f.).

Dem ränkevollen Herzog, der, obwohl er als Gast am

Hofe Heinrich's IV. weilt, dennoch eifrig bemüht ist, Verschwörungen gegen den König anzuzetteln, werden von seinen Ratgebern zwei Männer als geeignete Werkzeuge empfohlen — ein unzufriedener Edelmann, Namens La Fin, und *the new-created Duke* Byron. Die Schilderung, welche Roncas von dem Charakter des ehrsüchtigen Herzogs entwirft, ist zum grossen Teile wörtlich dem Texte der 'Chronologie Septenaire Cayet's entlehnt:

He is a man / Of matchless valour and was ever happy / In all encounters, which were still made good / With an unwearied sense of any toil, / Having continued fourteen days together / Upon his horse; his blood is not voluptuous, / Nor much inclined to women . . He is past measure glorious; and that humour / Is fit to feed his spirits . . . ofttimes / He will refuse his meat and company / To feast alone with their most strong conceit: / Ambition also cheek by cheek doth march / With that excess of glory, both sustain'd / With an unlimited fancy, that the King / Nor France itself, without him can subsist (p 216 a).

Sa valeur estoit admirable, accompagnee d'vn bon heur en tous ses combats: d'vn courage sans pareil infatigable, capable des plus rigoureux trauaux: car d'estre quinze iours durant à cheual, cela luy estoit ordinaire: point enclin à la volupté, ny beaucoup à l'amour des femmes . . Il estoit aussi sur tout amy de sa vanité et de la gloire, mesme on la veu maintes-fois mespriser le manger, se contenter de peu de chose pour repaistre sa fantasie de gloire et de vanité... L'exces de son ambition luy fit vser de rodomontades sans iugement: Il deuint tellement presumptueux, qu'il creut que le Roy ny la France ne se pouuoient passer de luy (p. 316 b f.).

Diese beiden Stellen zeigen uns in genügender Weise, wie Chapman in diesen Byron-Dramen seine Quellen benützt hat: durchgehends hat er sich für die Thatsachen ihrem Wortlaute möglichst eng angeschlossen. Nur die zahlreichen und zum Teil recht hübschen Bilder und Gleichnisse Matthieu's hat er zumeist abgelehnt: als Dichter wollte er sich seine Unabhängigkeit wahren, aus seiner eigenen Phantasie schöpfen.

Im weiteren Verlaufe der 'Conspiracy' lassen sich noch viele mehr oder minder genaue Übereinstimmungen mit dem Texte der uns vorliegenden Quellenschriften feststellen:

Act I p. 219^b v. 22—34 (cf. Matthieu Liv. IV Narr. 1, vol. II, p. 37 f. *Le Legat monte — son obligé*), eine sehr unpassende Einschaltung Chapman's, der sich diese Anekdote der Quelle nicht entgehen lassen wollte; p. 220^b v. 3 v. u. — p. 221^a v. 5 (cf. ib. Liv. I Narr. 3, vol. I, p. 82 f. *L'Archeduc donna — gands d'Espagne*). Für die ungeschickt eingefügte und folgenlose Episode des Duke d'Aumale am Hofe des Erzherzogs Albert in Brüssel könnte Chapman einen Blick in ein anderes Werk Matthieu's geworfen haben. In seiner *Histoire des derniers troubles de France. Soubs les regnes des Rois Tres-Chrestiens Henry III . . . et Henry IIII. Divisee en plusieurs livres*, [s. l.] *MDCI* berichtet dieser unter den Ereignissen des Jahres 1595: *De tous les Chefs de la Ligue restoit le Duc d'Aumale, lequel ne fut assez accord pour faire sa paix. Les affaires s'enaigrirent tellement pour son regard, que procez luy fut faict au Parlement de Paris, qui le declara criminel de leze Maiesté au premier chef, fit tirer et despecer vn sien fantosme à quatre cheuaux, et furent ses biens confisquez. Il auoit esté dit que sa belle maison d'Anet seroit razee, et le bois d'alentour couppé, pour detestation plus grande de la felonnie du Duc: Mais cest article ne fut executé. Le Duc d'Aumale se retira depuis vers Albert Cardinal d'Austriche, venu au pays bas pour succeder en charge à l'Archeduc Ernest son frere, duquel il fut humainement receu et liberalement entretenu* (Liv. V p. 62^b). Diese Stelle kann unserem Dichter sein ganzes Material geliefert haben, vgl. l. c. p. 218^b f. und besonders Byron's Angaben über die Bestrafung des Herzogs: *And as the Duke d'Aumale, now here in Court, / Flying his country, had his statue torn / Piece-meal with horses, all his goods confiscate, / His arms of honour kick'd about the streets, / His goodly house at Annet razed to th' earth, / And, for a strange reproach of his foul treason, / His trees about it, cut off by their waists* (p. 220^a). Der Nachsatz Matthieu's: *Mais cest article ne fut executé* ist allerdings nicht beachtet, der Dichter wollte möglichst schwarz malen.

Die **Acte II** und **III** bieten in durchaus freier Wiedergabe die Substanz von Matthieu L. III Narr. 1, vol. I p. 445/451: die Intriguen des Herzogs, welche den Abfall Birons von seinem König bewirken.[1] Doch hat Chapman zweifellos auch hier noch andere Quellen zu Rate gezogen, Matthieu's knappe Notiz: *La procedure du Duc estoit en cela fort iudicieuse et accorte, car il entamoit souuent quelque discours de la vaillance et du courage du Duc de Biron, pour sentir le iugement du Roy, lequel ne luy donnoit pas tousiours la gloire des belles executions dont il se vantoit. Le Duc disoit ou faisoit rapporter au Duc de Biron tout ce que le Roy auoit dit de luy, et dont il se pouvoit alterer* (p. 449) — diese Bemerkung des Historiographen wurde von dem Dichter zu einem langen Gespräch zwischen Herzog und König ausgesponnen (Act II p. 224ᵇ ff.), in welchem jener von Biron's Heldenthaten sehr viele weder von Matthieu noch von Cayet gemeldete Dinge zu sagen weiss. Hier stossen wir auf eine sichere Spur der Benutzung eines dritten Quellenwerkes: des 'Inventaire General' des Jean de Serres (vgl. oben p. 18). In auffälligster Weise wird die Verbindung mit diesem Gewährsmanne hergestellt durch ein Versehen Chapman's. Die Aufzählung der Verdienste des Marschalls lässt er den Herzog von Savoyen beginnen mit den Worten: *How served he at your famous siege of Dreux?* (**Act II** p. 225ᵃ). Bei den Historikern finden wir keine Notiz über Biron's Verhalten während der Belagerung von Dreux selbst, wohl aber stimmen des Herzogs Mitteilungen genau zu dem Berichte Jean de Serres' über Biron's Beteiligung an der für Henry IV. so glorreichen Schlacht bei Ivry, im März 1590, zu welcher der König von der Belagerung von Dreux aufbrach. Und blicken wir an den Rand des Serres'schen

[1] Auch bei Byrons gelegentlicher Anspielung auf den viel erörterten Tod des Königs Sebastian von Portugal (Act II p. 223) hat sich Chapman an Matthieu's Meldung dieses Ereignisses angeschlossen. Matthieu beginnt: *Il y a vingt ans que les amis du Roy D. Sebastien de Portugal ont pleuré son malheur, les Mores s'en sont esiouys, le Royaume de Portugal en a fait les Funerailles, le Roy d'Espagne a donné cent mil escus pour auoir le corps* (Liv. IV Narr. 4, vol. II p. 155), womit der infra p. 153, Anm. 3 citierte Wortlaut der Chapman'schen Verse vielfach übereinstimmt.

Berichtes, so wird es uns verständlich, wie Chapman dazu kam, Belagerung und Schlacht zu verschmelzen — am Anfange der Schilderung der Schlacht bei Ivry steht die Randnotiz: *Assiege Dreux etc.* Durch diese Angabe wurde unser Dichter, der, wie sich an dieser und mancher anderen Stelle erkennen lässt, die Quellenwerke ziemlich flüchtig gelesen hat, veranlasst, Belagerung und Schlacht zusammenzuwerfen. Für die Fakta aber, welche er aus de Serres' Beschreibung der Schlacht bei Ivry herausgegriffen hat, und für die übrigen Heldenthaten des Marschalls hat er den französischen Text möglichst wortgetreu übersetzt:

How served he at your famous siege of Dreux? Where the enemy, assured of victory, / Drew out a body of four thousand horse, / And twice six thousand foot, and like a crescent / Stood for the signal, you, that showed yourself / A sound old soldier, thinking it not fit / To give your enemy the odds, and honour / Of the first stroke, commanded de la Guiche, / To let fly all his cannons, that did pierce / The adverse thickest squadrons, and had shot / Nine volleys ere the foe had once given fire / . . . . this duke [Byron] *. . seconds his father, / Beats through and through the enemy's greatest strength, / And breaks the rest like billows 'gainst a rock* etc. (p. 225 a).

L'ennemi monstre vn Gros d'enuiron quatre mil cheuaux, et Douze mil homme de pied, et presqu'en mesme ordre: mais . . . retenant plus de forme de croissant . . . Mais le Roy . . . ne veut que l'ennemi ait l'honneur de donner le premier coup. . . . Il commande à la Guiche de faire ioüer le canon. Le canon perce et fait iour dans les plus espais escadrons des ennemis, et tire neuf canonnades auant que le leur puisse commencer . . . Le Baron de Biron . . . les empoigne par la queuë: en perce vne partie: les autres se rompent comme vne vague contre vn rocher etc. (vol. II p. 964 ff.).

Ausserdem bespricht der Herzog noch Biron's Einnahme der Städte Beaune und Dijon und ausführlich sein kühnes und erfolgreiches Vorgehen in der Schlacht bei *Fountaine François* (Fontaine Françoise) im Jahre 1595, alles in engem Anschlusse an Jean de Serres' Aufzeichnungen (cf. vol. II p. 1032 ff.)

Zu **Act III** p. 229^b v. 17—24 vgl. Matthieu Liv. II Narr. 1, vol. I p. 270 f. *Le Duc de Biron le vid en sa maladie — perir mal-heureusement.* Auch in diesem Falle hat das Bestreben, möglichst viele Anekdoten seiner Quelle zu verwerten, unseren Dichter zu einem Missgriffe verleitet. Der Schmeichler Roncas durfte den Herzog nicht an die für ihn so fatale Äusserung des sterbenden Erzbischofs von Lyon erinnern, selbst nicht um sie zu widerlegen. Die Konstatierung dieser Entlehnung ist von besonderem Interesse, denn es kann nicht bezweifelt werden, dass des Erzbischofs Bemerkung über Biron's Gesicht die Zelle der ganzen Szene ist, in welcher die Begleiter des Herzogs von Savoyen Byron's Bild besprechen, und die in der gigantischen Hyperbel Byron's von dem in seine Statue zu verwandelnden Berg Oros gipfelt.

Für die letzte Szene des dritten Aktes hat Chapman seine zweite grosse Anleihe bei Cayet gemacht, um das Charakterbild seines Helden zu ergänzen. Masslos, in blinder Wut hat sich Byron über jede irdische Macht erhoben und den Sturz seines Königs beschlossen; mit abergläubischer Angst verlangt er zu spät von einem Astrologen Auskunft über sein Schicksal. Byron, *disguised like a Carrier of letters*, sucht den Wahrsager La Brosse auf, um sich von diesem seine Nativität deuten zu lassen:

La Brosse. *I'll herein do my best in your desire; / The man is raised out of a good descent, / And nothing older than yourself, / I think; / Is it not you?* Byron. *I will not tell you that: / But tell me on what end he shall arrive.* La Br. *My son, I see that he whose end is cast / In this set figure, is of noble parts, / And by his military valour raised / To princely honours, and may be a king; / But that I see a caput algol here, / That hinders it, I fear.* By. *A caput algol? What's that, I pray?* La Br. *Forbear to ask me, son ...* Der Herzog

Il alloit desguisé comme vn simple porteur de lettres ... chez vn nommé de la Brosse grand Mathematicien, et qu'on tenoit pour deuineur ... La Brosse veid ceste geniture et la rectifie: Il lui dit, Que c'estoit bien vn homme de bonne maison .. qui n'est pas plus agé que vous, disoit-il. Puis luy di[s]t, Mon amy, est-ce de vous? dites le moy: il respondit, ie ne vous diray point de qui c'est, Mais dites moy quelle en sera la vie et les moyens: et la fin. Ce bon homme .... luy dist, Et bien, mon fils, ie vous diray que ie voy que cestuy-la de qui est ceste geniture paruiendra zwingt ihn durch Drohungen zur Mitteilung: *Then briefly this: the man hath lately done / An action that will make him lose his head* (p. 232).

à de grands honneurs par son industrie et vaillance militaire, et pourroit paruenir à estre Roy, mais il y a la vn caput algol qui l'en empesche: Et qu'est-ce à dire, lui dist lors le baron de Biron: Que c'est à dire, dist la Brosse, mon enfant ne me le demandez pas. Non, dist le Baron, il faut que ie le sçache: Apres toutes ses altercations qui furent longues entr'eux, la Brosse luy dist finalement, Mon enfant, c'est qu'il en fera tant qu'il aura la teste tranchee (p. 319 a f.).

Nach dieser Eröffnung misshandelt der Edelmann den unglücklichen Wahrsager in der brutalsten Weise, auf der Bühne ebenso wie bei Cayet. Chapman hat auf jede romantische Ausstaffierung dieser Szene verzichtet, den knappen, wörtlich übernommenen Bericht seiner Quelle jedoch mit einer Flut brillanter Rhetorik umgeben.

Act IV: Dass uns der vierte Akt der „Conspiracy" offenbar verstümmelt überliefert ist, wurde bereits von anderer Seite hervorgehoben[1] — jetzt, nachdem wir der Quelle näher gekommen sind, können wir m. E. mit aller Sicherheit bestimmen, warum dieser Akt der Censur Anstoss gab und was ausgemerzt werden musste. Die uns vorliegende Fassung des Aktes bietet uns in Form eines Zwiegesprächs der französischen Edelleute D'Aumont und Crequie einen Bericht über eine Audienz Byron's bei der alten Königin von England. Zuerst bemerken wir den engsten Anschluss an Matthieu's Text. Die Königin beginnt:

[1] Cf. Fleay, Chron. I 63: *It is plain from IV. 1 of the 'Conspiracy' that Queen Elizabeth was in the original play also represented on the stage, that scene being clearly a rewriting in narrative form of a scene at the English Court . . . The end of this scene and all the rest of Act IV. has been cut out.* Fleay scheint mir in diesem Falle den Nagel auf den Kopf getroffen zu haben.

What idle pains have you bestow'd to see / A poor old woman; who in nothing lives / More than in true affections, borne your king, / And in the perfect knowledge she hath learn'd / Of his good knights, and servants of your sort (p. 234 a).

Hé Monsieur de Biron comme auez vous pris la peine de venir veoir vne pauure Vieille, en laquelle il n'y a rien plus qui viue que l'affection qu'elle portoit au Roy, et le iugement qu'elle a fort entier à recognoistre ses bons Seruiteurs, et à estimer les Caualiers de vostre sorte (Liv. IV Narr. 3, vol. II p. 95).

Die ganze erste Rede der Königin entspricht in Gedanken und sehr oft auch im Ausdruck genau dem Referate Matthieu's. In den folgenden Reden aber — der ganze Akt besteht nur aus Reden, hat keine Spur von Handlung — hört die Ähnlichkeit auf, der Dialog des Dramas verliert sich in zwecklose Wiederholungen. Zweimal lässt Chapman den französischen Gesandten warnen vor den Gefahren eines masslosen Ehrgeizes, zweimal lässt er ihm die Pflicht der Unterthanentreue einschärfen -- zuerst von der Königin selbst und dann nochmals von einem ihrer Minister, *a councillor / Of great and eminent name and matchless merit* (p. 235[b]). Auch in der Quelle finden wir die Schuld und Strafe des Hochverrats beleuchtet, aber nur von der Königin und in viel eindrucksvollerer Weise. Elisabeth zeigt dem Franzosen die Schädel verschiedener hoher Herren, die sie als Empörer ohne Erbarmen hatte hinrichten lassen, und unter ihnen auch den Kopf des Grafen Essex. Sein Verbrechen bespricht die Königin in längerer Rede und vergleicht nebenbei ihre Strenge mit der Milde Heinrichs IV. in folgenden, für Biron wahrhaft ominösen Worten: *Dieu veuille que le Roy mon frere se trouue bien de la clemence. Par ma foy si i'estois en sa place on verroit des testes coupees aussi bien à Paris qu'a Londres* (l. c. p. 102).

Meine Vermutung geht nun dahin, dass Chapman auf diese wirkungsvolle Szene im Tower vor den Schädeln der Hochverräter nicht verzichten mochte, dass er in gewohntem engen Anschluss an seine Quelle auch diese Rede der Königin in Verse gebracht hatte, dass die ganze Szene von dem Censor gestrichen und von dem Dichter bei der Publikation der Dramen notdürftig durch die überflüssige und langweilige Rede des namenlosen *councillor* ersetzt wurde, in der jede Anspielung auf das Loos des Grafen Essex vermieden ist. Die Hinrichtung des Grafen Essex war erst vor wenigen Jahren erfolgt, am 25. Februar 1601, und man kann es dem Censor wahrlich nicht verübeln, wenn er dem Dichter verbot, 'die Zeit von jener kaum vernarbten Wunde zu reissen'.

Act V: Im fünften Akte verlangt Byron von dem König das Verfügungsrecht über die Festung Bourg, *the keeping of the Citadel of Bourg* (p. 237[b]). Abschlägig beschieden, wütet und tobt er gegen den König, bis er schliesslich, durch eine grosse Rede des Königs scheinbar reuig gestimmt, knieend um Verzeihung bittet und von dem nachsichtigen König sofort wieder zu Gnaden aufgenommen wird. Matthieu meldet die Forderung des Marschalls und die Weigerung des Königs L. III. Narr. 4 (vol. I p. 620 f.), wobei er von Biron sagt: *La colere du refus l'emporterent, comme vne fusee lancee en l'air par le vent et le feu, à des resolutions si estranges que luy-mesme eust horreur d'y auoir pensé* (p. 621) — die scheinbare Reue Biron's L. V. Narr. 2 (vol. II p. 227 f.). Chapman scheint sich in erster Linie an seine Darstellung gehalten zu haben, die englische Fassung der Gründe, mit welchen Heinrich IV. seine Weigerung betreffs Bourg motiviert, lässt Matthieu's Wortlaut deutlich erkennen:

You are my governor in Burgundy, / And province governors, that command in 'chief, / Ought not to have the charge of fortresses; / Besides, it is the chief key of my kingdom, / That opens towards Italy, and must therefore / Be given to one that hath immediately / Dependence on us (p. 237 b).

Les Gouuerneurs des Prouinces qui ont le commandement en chef, ne doiuent auoir la garde des places et des fortresses. La troisieme [consideration estoit], que le vouloir du Roy estoit de fier ceste place comme l'vne des clefs de son Royaume deuers l'Italie, à quelqu' vn qui dependist sans milieu de sa Maiesté (vol. I p. 621).

In der letzten Szene der „Conspiracy" verabschiedet sich der enttäuschte Herzog von Savoyen vom König. Diese Schlussszene hat einen possenhaften Anstrich: zuerst schwätzt der Herzog in Prosa allerlei Unsinn mit drei Damen, dann nimmt er in Versen feierlich seinen Abschied, worauf wieder einiges Prosagewitzel folgt und eine Schlussrede des Königs in Versen, ausklingend in dem Couplet: *With him go all our faults, and from us fly, / With all his counsel, all conspiracy* (p. 242[b]). Der sehr mangelhafte Bau dieser Szene ist mit Recht gerügt worden[1], sehr fraglich hingegen ist, ob wir ihn uns mit Eingriffen des Censors zu erklären haben, und vollkommen ausgeschlossen ist m. E. die Annahme der Unechtheit der Prosa-Szenen. Denn die burleske Szene, in welcher der Herzog von Savoyen als dreiseitiger Courmacher erscheint, wurde zweifellos durch eine Bemerkung inspiriert, welche Matthieu dem scheidenden Herzog nachsendet: *Il fut regretté des Dames principalement, qui loüerent la douceur de ses actions, la promptitude de son esprit, ses galanteries, sa liberalité, et toutes ses facons qui ne retenaient rien ny du desdain ny de l'orgueil* (L. III Narr. 2, vol. I p. 525). Der Versuch, den ursprünglichen Kern der Szene zu bestimmen (s. u.), scheitert an dem Zeugnis der Quelle: es geht nicht an, die ersten 14 Verse der Rede des Herzogs von Savoyen (p. 241[a]) von den folgenden zu trennen, denn auch Matthieu, dessen Wortlaut wieder überall durchschimmert, berichtet nach der Beschenkung des Königs die Beschenkung und Weigerung Biron's:

Savoy. *To show / some token of my gratitude, I have sent / Into your treasury the greatest jewels / In all my cabinet of Beatrice, / And of my late deceased wife, th' Infanta, / Which are two basins and their ewers*	*Le Duc enuoya au Roy pour estreines deux grands bassins et deux vases de cristal; pieces des plus rares du cabinet de Beatrice de Portugal son ayeul, et de D. Catherine Infante d'Espagne sa femme, et qui ne se pouuoient*

[1] Fleay, Chron. I 63 f.: *In the final scene, from 'Enter Esp.' to the end, great alterations have been made. The only remains of the original are Sav. 'After — matter' (14 lines): Hen. 'Well, cousin — happiness' (25 lines) and the final couplet . . . . If these alterations were made wholly or partly by Chapman at the order of the Master of the Revels, he has made them intentionally in such a clumsy way as to show where the sutures occur.*

of crystal, / Never yet valued for their workmanship, / Nor the exceeding riches of their matter. / And to your stable, worthy Duke of Byron, / I have sent in two of my fairest horses. Byron. *Sent me your horses! upon what desert? I entertain no presents but for merits* etc. (p. 241 a).

estimer ny pour la matiere ny l'estoffe, mais pour la taille et la façon de telle industrie [von Chapman falsch übersetzt: er bezeichnet Stoff und Arbeit als gleich kostbar] ... (L. III Narr. 1, vol. I p. 445 f.). *Le Duc de Biron refusa les cheuaux qu'il luy presenta* (ib. p. 447).

Überblicken wir die Art und Weise, wie sich Chapman den historischen Stoff zurecht gelegt hat, so fällt uns vor allem auf, dass er die Zeitfolge der Ereignisse nicht streng beobachtet, sondern mehrere Verschiebungen vorgenommen hat. Der Marschall Biron wurde im Juli 1598 nach Brüssel gesandt, der Herzog von Savoyen kam erst Ende 1599 nach Paris — Chapman lässt ihn schon in Paris sein, während Biron noch in Brüssel weilt. Abgereist ist der Herzog in den ersten Monaten des Jahres 1600, während Biron's englische Gesandschaft erst mehrere Monate nach der Ende Februar 1601 erfolgten Hinrichtung des Grafen Essex stattfand — in dem englischen Drama trifft Biron bei seiner Rückkehr von London den Herzog noch am französischen Hofe. In den Quellen beschenkt der Herzog den König und den Marschall am Neujahrstage 1600, Chapman lässt die Schenkungen von dem scheidenden Herzog vornehmen.

Bei der Ausmalung der Charakterbilder hat Chapman die Grundstriche der historischen Skizzen gewissenhaft beibehalten. Auch bei ihm ist der Herzog von Savoyen verschlagen, König Heinrich IV. mild und grossmütig, Biron ehrgeizig, herrschsüchtig, unüberlegt in Worten und Thaten — nur sind diese Eigenschaften der Hauptakteure im Drama wesentlich schärfer ausgeprägt, namentlich die Vermessenheit des Marschalls ist bis an die Grenze der Karikatur gesteigert. Die Hyperbeln seiner Ruhm- und Trotzreden würden lächerlich sein, wenn seinen sich überstürzenden Worten nicht viele Funken echter Poesie entsprühten.

In der den Prozess und die Hinrichtung Biron's enthaltenden „**Tragedy**“ hat sich Chapman seinem Hauptgewährsmann Pierre Matthieu noch viel enger angeschlossen. Wir können genau beobachten, dass er den französischen Text stets vor sich liegen hatte, ihn kürzte, umstellte, immer mit möglichster Schonung des Wortlautes der ausgewählten Stellen. Folgende Tabelle soll uns sein Verfahren vor Augen bringen, seine Übersetzungen sind, wie gesagt, zumeist wörtliche, ich hebe nur die von Chapman adoptierten Bilder und Parallelen heraus:

Act I sc. 1 (p. 243[a]—244[b] *success begun*): vgl. Matthieu Liv. V Narr. 2, vol. II p. 216 f. *Car encor — plus outre*; p. 216 *On luy entendoit — d'escu*; p. 213 *Les grandes leuees — d'Alger, Mais les plus clair-voyans — sur la France*; p. 214 *Le Roy est bien aduerty — de son courage*; p. 222 f. *C'estoit au temps — Boisses*; p. 215 *Ils l'auoient recherché — à son Prince:*

They found him still / As an unmatch'd Achilles in the wars, / So a most wise Ulysses to their words, / Stopping his ears at their enchanted sounds (p. 244a).	*Comme ils l'auoient esprouué vn Achille aux combats, ils le trouuerent vn Ulysse en leurs paroles, estoupant ses oreilles à leurs enchantements;*

sc. 2 (p. 244[b]—245[a] *times exceeds*): inspiriert von Matthieu's Notiz: *Le Roy en inuoquant sur luy [le Dauphin] la benediction du ciel luy donna la sienne, et luy mit l'espee en la main pour en vser à la gloire de Dieu, à la deffense de sa Couronne et de son peuple* (Liv. IV Narr. 3, vol. II p. 107); **sc. 3** (p. 245[a]—246[a] *worthy friend*): vgl. ib. Liv. V Narr. 2, vol. II p. 217 f. *Comme il vit — dangereuses*; p. 224 *le mariage — de Bourgongne*; p. 231 f. *et l'aduertit — son honneur*; **sc. 4** (p. 246[a]—247[b] *present him*): vgl. l. c. p. 233 f. *La Fin fit voir — desnaturee conspiration*; p. 234 *Je ne voudrois pas — de mal auec eux*:

That my calm reign (which hitherto hath held / A clear and cheerful sky above the heads / Of my dear subjects) should so suddenly / Be overcast with clouds of fire and thunder (p. 246 b).	*. . . que mon regne qui iusques à present a ressemblé vn air calme et serain se chargeast tout soudain des nuees, de foudre et d' esclairs;*

l. c. Narr. 3 p. 257 *Il luy enuoya Descures — en diligence*; l. c. Narr. 2 p. 235 *De plusieurs papiers — il seroit temps, La Fin escrit — impressions*; l. c. Narr. 3 p. 258 *Le Roy enuoye le President Jannin, grand et puissant en ses persuasions.*

Die fünfte und letzte Szene des ersten Aktes füllt in der uns überlieferten Form der Tragödie ein Maskenspiel: mit ihren Damen erscheint die Königin und vor ihr schreitet Cupido, der eine längere Rede hält. Warum Chapman gerade Cupido als Sprecher einführt, wird uns erklärt durch ein Detail der Schilderung, welche Matthieu von einem *Ballet de la Royne* giebt. Es heisst da am Schlusse: *Le Duc de Vendosme estoit vestu en Cupidon, et marchoit deuant la Royne* (Liv. V Narr. 1, vol. II p. 190). Ausserdem geht aus Cupido's Rede an den König hervor, dass die Königin und ihre Damen die verschiedenen Tugenden vorstellten: *These I say, the Virtues, / Have put their heads out of their caves and coverts, / To be your true attendants in your Court* (p. 247b), und bei Matthieu lesen wir: *[La Royne] choisit.. quinze des plus belles Princesses et Dames de la Cour: Berthaut fit vn poëme sur ce subiect, & dit qu'elles representoient seize vertus, dont la Royne estoit la premiere* (l. c. p. 189).

Cupido fährt fort: *I must relate a tale / Of kind and worthy emulation / Twixt these two Virtues, leaders of the train, / This on the right hand is Sophrosyne, / Or Chastity; this other Dapsyle, / Or Liberality; their emulation / Begat a jar, which thus was reconciled* . . . (p. 247b f.). Er erzählt, wie der Zwist der beiden Nymphen beigelegt wurde, und schliesslich erfahren wir, dass gemeinschaftliche Liebe zum König die erste Ursache ihrer Entzweiung war: *And as for your dear love their discords grew, / So for your love they did their loves renew* (p. 248a f.). Der König selbst bemerkt am Schluss des Maskenspiels: *This show hath pleased me well, for that it figures / The reconcilement of my Queen and mistress* (p. 249a). Der Streit zwischen Königin und Favoritin — wie, wann und wo war er zum Ausbruch gekommen? Unmöglich kann der Dichter auf ein ganz ausserhalb seines Dramas liegendes Ereignis anspielen — zweifellos ist vor der *Mask* eine Szene gestrichen worden, über deren Inhalt uns die Beschwerde des französischen Gesandten glücklicher Weise genügende Auskunft giebt: *They brought upon the stage the Queen of France and Mademoiselle Verneuil. The former, having first accosted the latter with very hard words, gave her a box on the ear.*[1] Dieser Auftritt musste vor der Veröffentlichung beseitigt werden, in der uns überlieferten Form der Tragödie gibt nur noch die Bühnenweisung vor dem Maskenspiel Zeugnis von der Existenz der Rivalin der Königin Marie de Médicis: *Cupid enters . . ., after him two torch-bearers; after them Marie, D'Entragues, and four ladies more with their torch-bearers etc.* (p. 247^{b}). Mit *D'Entragues*, welcher Name noch in einer anderen Bühnenweisung der in den königlichen Gemächern sich abspielenden Szenen erscheint (p. 257^{b}), ist zweifellos Catherine-Henriette de Balzac d'Entraigues, marquise de Verneuil (1579—1633), gemeint, die ebenso intrigante, wie einflussreiche Geliebte Heinrich's IV. Sehr bestechend ist die Vermutung, dass der ärgerliche Dichter die Lücke mit dem zweideutigen Rätsel Cupido's kümmerlich ausgeflickt hat.[2] Jedenfalls ist diese *riddle*-Szene ebenso überflüssig und störend, wie die m. E. auch nur als Lückenbüsser dienende Rede des *Councillor* in der „Conspiracy" (vgl. oben p. 25 f.). Als Quellenforscher haben wir uns nun noch zu fragen, ob Chapman diesen Zank der Frauen selbst erfunden hat, oder auch in diesem Falle einer Andeutung Matthieu's oder Cayet's gefolgt ist.

Man wird von vornherein geneigt sein, die Einwirkung der beiden Historiker zu bezweifeln: ihre für Chapman wichtigen Werke sind beide dem König Heinrich IV. gewidmet, und sie werden sich deshalb wohl gehütet haben, von den galanten Beziehungen ihres Herrschers zu sprechen.

---

[1] Citiert nach Fleay, Chron. I 63.

[2] Cf. Fleay l. c. p. 64: *The early part of Act II. has been omitted, and a passage, 'If this suffice — yours', has been inserted to partially fill the gap . . . The part here omitted was that which offended the French Ambassador.*

Chapman's Kenntnis des — übrigens stadt- und weltbekannten -- Verhältnisses des Königs zu der Marquise von Verneuil muss somit aus einer anderen Quelle stammen. Nichtsdestoweniger ist es mir doch höchst warscheinlich, dass unser Dichter durch Matthieu zur Schöpfung der auch ästhetisch zu beanstandenden Zank- und Schlagszene zwischen Königin und Hofdame veranlasst wurde. Unter den Ereignissen des Jahres 1601 verzeichnet Matthieu den Tod der Königin *Loyse de Lorraine doüairiere de France, vefue de Henry III. Roy de France et de Polongne* (Liv. IV Narr. 1, vol. II p. 41 ff.). Bei einem Rückblick auf das traurige Leben dieser Fürstin erwähnt er unter ihren vielen Kümmernissen die Liebschaft ihres erbärmlichen Gemahls mit einer schönen Hofdame der Königin-Mutter, mit Mademoiselle de Chasteau-neuf. Die Königin habe ihre Eifersucht verborgen, bis die kecke Favoritin auf einem Balle in dem gleichen Kostüm erschienen sei, wie sie selbst: *Elle dissimula iusques à ce que ceste fille comparut vn iour au bal vestuë par emulation comme elle* (l. c. p. 44) Die Herzenserleichterung einer Ohrfeige hat sich die Königin allerdings nicht gestattet, sie begnügte sich, ihrer Schwiegermutter zu sagen, dass sie diese Unverschämtheit nicht länger dulden könnte: *La Royne . . . se contenta de dire à la Royne-mere qu'elle ne pouuoit plus souffrir ceste insolence. Elle qui l'aimoit . . . fit en sorte que ceste estoille s'eclipsa, ne parut plus* (l. c. p. 44). Für den Reflex dieser Episode aus der überreichen *chronique scandaleuse* jener Zeit halte ich die von dem französischen Gesandten beanstandete und deshalb von der Censur gestrichene Zankszene zwischen der Königin Marie, der Gattin Heinrich's IV., und der Mademoiselle Verneuil. Die ästhetisch anstössige, menschlich sehr erquickliche Ohrfeige ist eine der üblichen englischen Vergröberungen. Bei dem intimen Verhältnis, in welchem Chapman zu dem Wortlaut seiner französischen Vorlagen steht, kann zur Stütze meiner Annahme auch die minutia dienen, dass Matthieu's Wort *emulation* von Chapman's Cupido zweimal gebraucht wird.

Act III sc. 1 (p. 249^{a}—252^{b} *my proudest enemy*):

vgl. Matthieu Liv. V Narr. 3, vol. II p. 257 f. *Il luy enuoya Descures — la frontiere*, D'Escures Botschaft ist im Drama (p. 250[a]) eine echt epische Wiederholung des p. 247[a] bereits vom König selbst Gesagten; p. 259 *Un autre amy — dorees:*

The King's fair letters, and his messages Are only golden pills (p. 250b).	*les lettres du Roy estoient pilules dorees;*

p. 258 *Le Roy enuoye le President Jannin — de sa main*; Narr. 2 p. 235 *La Fin escrit — impressions*, Byron wiederholt hier (p. 252[a]) des Königs Äusserung (p. 247[b]); Narr. 3 p. 259 *les asseurances — aux despens du Roy*; p. 258 *Ses amis — Franche Comté*; p. 259 *La Fin qu'il void reuenir en sa maison content et deschargé de toute deffiance*; p. 260 *toute la Cour — de ses ennemis*; **sc. 2** (p. 252[b]—254[b] *headless resolution*): p. 264 *Comme sa Maiesté — ou huict*; p. 265: *Les premiers propos — retardement, L'air — accuser ses amys*; Narr. 2 p. 229:

Henry. . . . *[I] had welcomed you / As the kind father doth his riotous son* (p. 254 a).	*Il y est receu du Roy comme le Pere reçoit l'enfant perdu et retrouué;*

Narr. 3 p. 267 *Le Roy le mena — vos parties*; p. 265 *le Duc d'Espernon — conseil de ses amis.*

Act IV sc. 1 (p. 254[b]—256[b] *get not loose*): vgl. ib. Liv. V Narr. 3, vol. II p. 268 *Il commanda — le laissa*; p. 266: *Apres le disné — qu'il auoit esté*; p. 269 *De là il s'en alla — ne fust pas venu*; p. 263 *Et à propos d'oyseau — ethique*; **sc. 2** (p. 256[b]—261[a] *glorified*): p. 279 *Son obstination — de me seruir*: p. 270 f. *plusieurs croyans — l'exemple*:

Begin at th'end, my lord, and execute, Like Alexander with Parmenio. Princes, you know, ar masters of their laws (p. 257 a).	*plusieurs croyans que c'estoit . . . commencer par l'execution, et faire enuers le Duc de Biron ce que Alexander fit enuers Parmenion . . . car les Princes sont les Maistres des loix* (p. 270).

p. 271 *Le Roy ne veut point cela — la rigueur des loix*; p. 272 *La resolution — logis, On remonstroit — san-*

glante; p. 274 das Gebet des Königs, bei Chapman aber ganz verschieden im Wortlaut; p. 273 *Le Comte d'Auuergne passant près du Duc de Biron — Palamedes*; p. 273 *De là se porta — ses Estats*, im Drama, dessen Text uns nur in schlechten, unkritischen Ausgaben vorliegt, steht vor der Byron's Lob des verstorbenen Königs von Spanien beschränkenden, scharfen Entgegnung: *To temper your extreme applause* (p. 258^{b}) die Abkürzung *Mo.*, welche zu keinem der in den beiden Dramen genannten Namen passt: wir bedürfen der Quelle, um konstatieren zu können, dass *Montigny* gemeint ist; p. 274/6 *Le Comte d'Auuergne s'estoit retiré — dormirois.*

Act V sc. 1 (p. 261^{a}—263^{a} *deprives them quite*): vgl. ib. p. 283 *Il y auoit des nouelles forces — rencontrez*; p. 283 f. *On luy auoit donné aduis — Traictez*;[1] p. 284 *A la fin — passer*; p. 277 f. *Au mesme temps — l'obscurcir*:

. . . Some give out	*Ceux qui la [la coniuration] favorisoient faisoient courir . . . des faux bruits, que c'estoit vn coup donné contre la Religion . . . que c'estoit vn conseil d'Angleterre de rompre les iavelots l'vn apres l'autre.*
That 'tis a blow given to religion . . .	
Others that are like favourers of the fault,	
Said 'tis a politic advice from England	
To break the sacred javelins both together (p. 262 a).	

Den Sinn des letzten französischen Satzes hat Chapman in sein Gegentheil verkehrt. Ist diese Änderung eine absichtliche, so scheint er dabei an die eben erfolgte Verhaftung der beiden Hochverräter Byron und d'Auvergne gedacht zu haben. Narr. 4 p. 299 *Les Pairs de France furent appellez au iugement du procez du Duc de Biron, nul ne comparut. La Cour pour leur absence, ne laissa de passer outre*; Narr. 3 p. 282 *Les prisonniers — vne prison*; p. 287 *sa colere — de la France*; **sc. 2** (p. 263^{a}—267^{a} *attend him*):

[1] Die Übersetzung dieser Stelle verrät einen geographischen Irrtum des gelehrten Dichters, er hat einen grossen französischen Fluss für einen Ort gehalten. Bei Matthieu bittet der spanische Gesandte den König *de laisser le passage du Rhosne libre*, bei Chapman sagt er: *And find the river free that runs by Rhône* (p. 261 b).

Narr. 4 p. 294 *Pour l'instruction — Fleury*; p. 301 *On le fait monter — aussi*; p. 301 f. *Il entre en la chambre doree — peu donner*; p. 303 f. *De plusieurs points — Fuentes*; p. 304 *Sur le premier — Maiesté*; p. 306 *Que sur quelques discours — pensé*; p. 306 f. *Sur le troisieme — auec luy*; p. 307 f. *Que s'il eust eu quelque mauuais dessein — qu'il n'auoit laissé de bien faire*; p. 295 *Le premier President — innocence*; p. 335 *Quel iugement — ce qu'il vouloit*; p. 310 f. *Ce corps — destournees de l'alliance du Roy*; p. 310 *conseruer les loix — chassé*; p. 313 *On le laissa parler tant qu'il voulut*; p. 317 *L'on voit en rencontre — merite*;

If his deserts have had a wealthy share
In saving of our land from civil furies,
Manlius had so that saved the Capitol,
Yet for his after traitorous factions
They threw him headlong from the place he saved (p. 266 b).

Il a esté vtile a l'Estat, il est vray, mais il a commis contre les loix de l'Estat . . . . Qui auoit plus merité de la Republique de Rome que Manlius seul sauueur du Capitole contre les Gaulois? Qui fut plus seuerement puny que luy que l'on precipita pour ses factions et mutineries, du haut du Capitole en bas? (p. 321 f.);

My definite sentence, then, doth this import:
That we must quench the wildfire with his blood
In which it was so traitorously inflamed,
Unless with it we seek to incense the land (p. 266 b).

Il estoit iuste, necessaire et vtile d'esteindre ces flammes ardantes d'ambition dedans le sang du Duc de Biron, si l'on ne vouloit voir tout le Royaume en feu (p. 316 f.).

P. 323 *Ne faudra il pas — Escossois*; **sc. 3** (p. 267ª—269ᵇ *a storm of crosses*): vgl. p. 315: *Et d'autant qu'il auoit respondu — de sa bouche*; p. 330 *Entendant les pleurs et les cris d'vne femme, il iugea que ces larmes estoient pour luy.*

Byron. *What countryman 's the common headsman here?*
Soissons. *He 's a Burgonian.*
B. *The great devil he is!*

Il eut memoire de ceste prediction estant prisonnier à la Bastille: il pria vn quidam qui l'estoit allé voir . . . de sçauoir si l'executeur

The bitter wizard told me, a Burgonian *Should be my headsman; strange concurrences* (p. 268 a).	*de Paris estoit Bourguignon, et l'ayant trouué ainsi, il dist, Je suis mort* (Cayet) —

die einzige Stelle der „Tragedy", welche beweist, dass Chapman auch Cayet's Bericht noch im Auge hatte, vgl. 'Chronologie' p. 319ᵇ f., wo diese Prophezeiung betreffs des Henkers unmittelbar nach der von Chapman wörtlich übersetzten Episode des Astrologen La Brosse (vgl. oben p. 23 f.) steht. Bei Matthieu ist diese Weissagung in ganz anderem Zusammenhang am Rande mit wenigen Worten erwähnt (Liv. V Narr. 2, vol. II p. 218). P. 330 *Peu apres le Chancelier — à le condamner*; p. 331 *Vous m'auez iugé — de Dieu*; p. 332 *Il repart soudain — condemnation*; p. 337 *Le Chancelier luy voulut— qu'il portoit*; p. 332 *le Duc de Biron se tourna — pardonnerois*; p. 333 *Et cruel qu'il est — en mon innocence*; p. 334 *ne se souuient il point — mon courage me ruine*; **sc. 4** (p. 269ᵇ—274ᵇ *death*): vgl. p. 341 *C'est l'ordre — du dehors, Les Theologiens — que faire*; p. 343:

. . . I will not die *Like to a clergyman; but like the captain* *That pray'd on horseback, and with sword in hand,* *Threaten'd the sun commanding it to stand* (p. 271 a)	*priant Dieu . . non comme Religieux, mais comme Capitaine . . . comme Josué, qui le coutelas au poing et monté à cheual, pria et commanda au Soleil de s'arrester;*

p. 344 f. *Il luy demanda — abandonné*; p. 345 *Sage qui ne cognoist personne, et que personne ne cognoist*; p. 338.40 *Voysin luy dit — de le mener*; p. 337 *Pour abbreger — en le prenant*; p. 345 *Le Duc de Biron pria — de ses Peres à Biron*; p. 348 *A la sortie — temps*; p. 352 f. *L'Arrest leu — il l'estrangleroit*; p. 354 *Voysin luy dit — en fougue*; p. 350 f. *Il dit aux soldats — si honteux*; p. 347 f. *Il pria l'vn de ceux — offencer.*

Das Ergebnis dieser Zusammenstellung der von Chapman zumeist wörtlich übernommenen Stücke der Matthieu'schen „Histoire" ist, dass der grösste Teil der Tragödie eine

Umsetzung der französischen Prosa in englische Blankverse ist. Dass der Uebersetzer ein Dichter, auf dichterischen Schmuck seiner Rede bedacht war, daran werden wir immer wieder erinnert, manchmal in unerfreulicher Weise durch irgend eine schwülstige Umschreibung des *mot propre*, wie wenn z. B. das Wort *brusler* wiedergegeben wird mit *sacrifice to the god of fire* (p. 246[a]), öfter durch ein die nüchterne Prosa belebendes Bild, wie durch das köstliche Falkengleichnis, welches der Zurückweisung des geistlichen Zuspruches angefügt ist:

Il se mist en colere et iura Dieu qu'on le laissast en Paix, que c'estoit à luy de penser à son ame, et qu'ils n'en auoient que faire (Narr. 4 p. 341).

. . . Let me alone in peace,
And leave my soul to me, whom it concerns;
You have no charge of it; I feel her free:
How she doth rouse and like a falcon stretch
Her silver wings (p. 270 b).

Freier bewegt sich der Dichter in den langen Reden Byron's, hochtönenden, mit manchem Bombast beschwerten Invectiven gegen den König und vor allem gegen die jedes Laster nährende Friedenszeit (pp. 245, 249, 254). Die Schilderung, welche Byron von den verhängnisvollen Folgen des Friedens giebt, berührt sich in auffälliger Weise mit Ulysses' Beschreibung des durch die Beseitigung der Autorität erzeugten Chaos in Shakespeare's „Troilus and Cressida“ Act I sc. 3,83 ff. (vgl. besonders Chapman's Verse *The world is quite inverted — nought was worse than now* p. 245, *But men themselves — Of every man's heart crack* p. 254). Es ist mir sehr wahrscheinlich, dass die mächtige Rede des Ulysses auf Chapman einen tiefen Eindruck gemacht hatte, Shakespeare's Troja-Drama musste ja für ihn, den Homer-Übersetzer, von besonderem Interesse sein.[1])

[1] Vollkommen sicher ist die Priorität des Shakespeare'schen Stückes den Byron-Dramen Chapman's gegenüber allerdings nicht; die Entstehungszeit von 'Troilus and Cressida' ist sehr verschieden bestimmt worden (vgl. z. B. die Angaben bei E. Stache 'Das Verhältnis von Sh.'s Tr. and Cr. zu Chaucer's gleichnamigem Gedicht', Nordhausen 1893, p. 3 ff.), und ich selbst stelle mich ohne Bedenken auf die Seite der

Unmittelbar nach seiner letzten Diatribe gegen den Frieden sieht der mit seinem Mitschuldigen, dem Grafen D'Auvergne, auf der Bühne stehende Byron die ganze Hofgesellschaft an sich vorüberziehen, die keinen Blick und keinen Gruss für ihn hat: *How all the Court now looks askew on me! / Go by without, shun my sight* (p. 255ª). Bei der Komposition dieser Szene hat wohl auch Chapman an Shakespeare's Achilles gedacht, wie er, mit Patroklus vor seinem Zelte stehend, von den vorübergehenden Griechenfürsten weder Gruss noch Blick erhält: *Neither gave to me / Good word nor look* (III 3, 143 f.). Gewiss ist es kein Zufall, wenn D'Auvergne ihren vernachlässigten Zustand vergleicht mit dem auf dem Rücken der Menschen hängenden, von ihnen nicht beachteten *w a l l e t of their faults* (ib.), wie Ulysses dem sich über diesen Undank beklagenden Achilles bedeutet hatte: *Time hath, my lord, a w a l l e t a t h i s b a c k, / Wherein he puts alms for oblivion* (ib. v. 145 f.).[1]

THE REVENGE OF BUSSY D'AMBOIS.[2]

Dem Earl Montsurry, wie Chapman den historischen Charles de Chambes, comte de Montsoreau[3], nennt, tritt in

Forscher, welche dieses merkwürdige Drama zu Shakespeare's späteren Werken zählen. Aber die oben erwähnten Ähnlichkeiten sind doch recht auffällige, und da Chapman Shakespeare's Worte und Situationen so oft nachgeahmt hat, so hat die Annahme, dass er Shakespeare's Drama kannte und somit auch in diesem Falle er der Empfangende war, jedenfalls die Wahrscheinlichkeitsrechnung für sich. — In sehr überraschender, für mich wenig ansprechender Weise hat sich kürzlich Brandes (Shakespeare p. 732) über die Wirkung von Chapman's Homer auf Shakespeare geäussert.

[1] An Shakespeare wird uns im Dialog der 'Conspiracy' noch ein Vergleich erinnern, dessen sich König Heinrich bedient, wie er Byron vor La Fin warnt: *Not the throats of r a v e n s / S p e n t o n i n f e c t e d h o u s e s . . . . are surer fatal ushers / Of finall* [Shepherd: *femall*] *mischiefs and mortalities / Than this prodigious fiend is* (Act III p. 230 f.) Othello hatte gesagt: *O, it comes o'er my memory, / As doth t h e r a v e n o' e r t h e i n f e c t e d h o u s e, / Boding to all* (IV 1, 20 ff.).

[2] Cf. Shepherd p. 178 ff. SR. 17. April 1612; gedruckt 1613.

[3] Bei De Thou, mit der fatalen Latinisierung der Eigennamen, Carolus Cambius Monsorelli comes (vgl. oben p. 13).

diesem mehrere Jahre später verfassten zweiten Teile der Tragödie eine ganze Schar von Rächern des Bussy d'Ambois entgegen. Die Ehebrecherin Tamyra hatte am Schluss des ersten Teiles die Verzeihung ihres Gatten erfleht und den Entschluss ausgesprochen, als Büsserin in der Wildnis zu leben (Act V p. 176[b]); in der Fortsetzung finden wir sie jedoch wieder im Hause ihres Gatten, und Montsurry, der sie gefoltert und schliesslich verstossen hatte, wirbt auf's neue um ihre Liebe (Act I p. 184[b] ff.). *Revenge* ist jedoch ihr erstes Wort und im fünften Akte handelt sie als Verbündete der Mörder ihres Gatten. Für Tamyra's Charakter wird Chapman in seinen Quellen wohl nur das Motiv der Treulosigkeit gefunden haben, im übrigen ist sie sein eigenes Geschöpf. Sie bleibt sich in ihrer Schwäche, in ihrer Unfähigkeit, dem Gefühl des Augenblicks zu widerstehen, von Anfang bis zum Ende gleich: wie sie sich aus der liebevollsten Gattin plötzlich in die nur ihrer Leidenschaft gehorchende Ehebrecherin verwandelt hat, ist sie im letzten Akte des zweiten Teiles bereit, ihren Gatten zu foltern, wie er sie gefoltert hatte (p. 210[b] f.), und ruft unmittelbar nachher bei seinem Tode gleichwohl aus: *O, it breaks my heart!* (p. 211[b]).

Zu Tamyra gesellt sich die heroische Schwester des ermordeten Bussy, im Drama Charlotte genannt, die Gattin des Lord-Lieutenant Baligny. Sie vertritt die historische Renée de Clermont d'Amboise, vermählt mit Jean de Montluc, seigneur de Baligny. Sie wird von De Thou als *magni animi foemina* bezeichnet,[1] und Chapman's Gewährsmann muss sie ihm in demselben Lichte gezeigt haben, denn auch seine Charlotte ist eine thatkräftige, ungeduldig auf Vollziehung der Rache dringende Frau, die schliesslich selbst Männerkleidung annimmt, um Montsurry eigenhändig zu töten (Act V, pp. 208, 211[b]). Auch ihr Gatte Baligny spricht in der ersten Szene mit scheinbarer Empörung von *this / Stupid permission of brave D'Ambois murder* (p. 179[a]),

---

[1] Vgl. oben p. 14. Eingehender hat sich De Thou über den Heldenmut und den Tod der Renata Claromontia geäussert unter dem Jahre 1595, Lib. CXIII; cf. tom. V fol. 489 ff. der Buckley'schen Ausgabe.

in Wirklichkeit denkt er aber gar nicht an die Einlösung des seiner Frau gegebenen Versprechens, die Rache eifrigst zu betreiben. Er entpuppt sich als ein Lockspitzel in königlichem Solde: im Auftrage Heinrich's III. schmeichelt er sich bei dem Herzog von Guise und seinen Anhängern ein, um ihre Pläne kennen zu lernen. Auch in der authentischen Geschichte sticht der erbärmliche Baligny sehr unvorteilhaft von seiner Gattin ab; zu einem Spion, der nach dem Grundsatze handelt: *Treachery for kings is truest loyalty* (Act II, p. 187[a]) scheint ihn jedoch erst Chapman gemacht zu haben. Baligny bestärkt den König in seiner Absicht, den Herzog von Guise zu beseitigen, und verschwindet dann spurlos aus dem Drama. Charlotte sagt sich in der Schlussszene von ihrem falschen Gatten los: *Ere I return to him, I'll turn to earth* (p. 213[a]). Als Freund und Vertrauter des Ehepaars Baligny erscheint im Drama ein Marquess Renel, eine farblose Persönlichkeit, deren Name uns an einen von dem wirklichen Bussy d'Ambois in der Bartholomaeus-Nacht ermordeten Verwandten der Familie d'Ambois erinnert, an Antoine de Clermont, marquis de Renel.[1]

An der Spitze der Rächer-Gruppe steht im Drama Clermont d'Ambois, ein Bruder des von Montsurry getöteten Bussy. In der Wirklichkeit scheint dieser Bruder die ihm zufallende Pflicht der Blutrache vernachlässigt zu haben; De Thou erwähnt ihn in einem lange nach der Entstehung des Chapman'schen Trauerspiels veröffentlichten Teile seines grossen Werkes ganz nebenbei, ohne Namensnennung: *Paulo ante Ludovicus Claromontius Bussius Ambosius ex insidiis interfectus fuerat a Carolo Cambio Monsorelli comite domesticam injuriam ulciscente; quam injuriam Renata ejus soror, generosa foemina et supra sexum ambitiosa, a f r a t r e proximisque neglectam, cum inultam manere impatientissime ferret, Balagnio se ultorem profitente, spretis suorum monitis in matrimonium cum ipso consensit* (Lib. CXIII, tom. V fol. 489). Im Drama aber ist diesem obscuren Bruder die Hauptrolle zugeteilt, i h m ist, wie uns der Dichter von Baligny sagen

---

[1] Cf. De Thou Lib. LII, tom. III fol. 130 f.

lässt, der Geist des ermordeten Bussy erschienen, Rache fordernd und den Bruder zum einzigen Vollstrecker derselben bestimmend: *My brother Bussy's sister, now my wife, / By no suit would consent to satisfy / My love of her with marriage, till I vow'd, / To use my utmost to revenge my brother; / But Clermont d'Ambois, Bussy's second brother, / Had since his apparition, and excitement / To suffer none but his hand in his wreak, / Which he hath vow'd, and so will needs acquit / Me of my vow, made to my wife, his sister, / And undertake himself Bussy's revenge* (Act I, p. 180[b]). Aber dieser Clermont d'Ambois ist, sehr verschieden von dem stürmischen, hieb- und und stichbereiten Bussy, ein Philosoph, ein Grübler, der über das Reden immer wieder das Handeln vergisst, ein höchst säumiger Rächer — kurz, er ist m. E. der merkwürdigste Shakespeare-Reflex in Chapman's Dramen — Chapman's Hamlet. Bei der Entwicklung dieses Charakters hat sich unser Dichter von vornherein in schroffen Gegensatz zu der Haupthandlung des ersten Teiles gebracht. Bussy d'Ambois ist von Monsieur und dem Herzog von Guise seinem Mörder überliefert worden, in seinen letzten Worten hat er selbst die beiden Intriganten nochmals als seine Todfeinde bezeichnet (p. 175[b]) — und sein Bruder und Rächer ist als ein verehrungsvoller, ja begeisterter Anhänger des Guise eingeführt. Seine Freundschaft mit dem Herzog weckt den Argwohn des Königs, auf seines Schwagers Baligny Rat soll Clermont fern der Hauptstadt, anlässlich einer bei Cambray stattfindenden Truppenschau, verhaftet werden. Clermont geht in die Falle, er lässt sich aufs Land locken und wird wirklich verhaftet, man könnte meinen, nur um ihm Gelegenheit zu geben, auch in dieser misslichen Lage seine philosophische Heiterkeit zu bekunden, denn die Verhaftung hat gar keine Folgen, Guise erzwingt die sofortige Freilassung seines Freundes. Dieses vollkommen überflüssige, die Haupthandlung zerreisende Intermezzo beansprucht zwei ganze Akte, den 3. und 4. Akt. Um den saumseligen Rächer wieder nachdrücklich an seine Pflicht zu mahnen, bedient sich Chapman nochmals desselben Mittels wie Shakespeare:

wie der Geist des alten Hamlet den zögernden Sohn anspornt, erinnert der Geist Bussy's seinen Bruder an die ihm schuldige Sühne, in einer Szene, die eine geradezu plumpe Nachbildung der Geistererscheinung während Hamlet's Unterredung mit seiner Mutter bietet. Clermont ist in ein Gespräch mit dem Herzog versunken, der mahnende Geist, die *Umbra Bussy* erscheint und spricht zu ihm, ist jedoch nur ihm selbst sichtbar und hörbar. Nach der Rede des Geistes sagt Guise zu Clermont: *Why stand'st thou still thus, and apply'st thine ears / And eyes to nothing?* Cl. *Saw you nothing here?* Gu. *Thou dream'st awake now; what was here to see?* Cl. *My brother's spirit, urging his revenge.* Gu. *Thy brother's spirit! Pray thee, mock me not* (Act V. p. 206), vgl. Hamlet III 4, 131 ff.[1] Clermont rafft sich auf, erschlägt Montsurry im Zweikampfe und erhält sofort nach dem Vollzug der Rache die Nachricht von der Ermordung seines Gönners Guise. Den Gedanken, sich gegen den König aufzulehnen, weist Clermont von sich: *There's no disputing with the acts of kings, / Revenge is impious on their sacred persons* (p. 212[a]), er beschliesst, seinem Freund in den Tod zu folgen. Mit den Worten: *I come, my lord, Clermont thy creature comes* (p. 212[b]) ersticht er sich.

Die Hauptanregung zur Schöpfung dieses trotz aller weisen Reden höchst unphilosophisch handelnden Mannes hat Chapman m. E. von Shakespeare's Hamlet erhalten, es lockte ihn, eine ähnliche Mischung zu versuchen, einem Denker das Schwert der Rache in die widerwillige Hand zu drücken. Das Wagnis ist ihm nicht geglückt; während der Hamlet's Seele marternde Zwiespalt zwischen Neigung und Pflicht eine Generation nach der anderen erschüttert und zum Mitgefühl zwingt, haben sich für den blutlosen, schönrednerischen, manchmal auch in der That schön redenden Clermont, allem Anschein nach, nicht einmal die Zeitgenossen des Dichters erwärmt.[2] Der Frage, ob Chapman

---

[1] Über eine ähnliche Szene in 'The First Part of Jeronimo' vgl. ESt. XX 159 f.

[2] Wie Chapman selbst in seiner Widmung an Sir Thomas Howard andeutet: *Howsoever therefore in the scenical presentation*

alle Erlebnisse dieser Gestalt wirklich seiner eigenen Phantasie verdankt, ist man noch nicht näher getreten, man hat sich damit begnügt, zu betonen, dass in den Berichten der Historiker von einem Bruder des Bussy d'Ambois nicht die Rede sei.[1] Jetzt können wir jedoch einen Schritt weiter gehen, können bestimmt erklären, dass Chapman für das Schicksal Clermont's historische Elemente verwertet hat, und mit erfreulicher Sicherheit die Persönlichkeit angeben, aus deren Lebensgeschichte unser Dichter eine Episode für den von ihm in den Vordergrund gestellten Bruder des Bussy entlehnt hat.

Zwischen die Abfassung der beiden Bussy-Tragödien fällt Chapman's, wie wir gesehen haben, intensive Beschäftigung mit den französischen Historikern, welche den Sturz des Marschalls Byron gemeldet haben. Zugleich mit Byron wurde der leichtlebige Comte d'Auvergne verhaftet, Byron's letzte Grüsse gelten diesem Grafen, seinem teueren Freunde. Pierre Matthieu berichtet des weiteren, dass der Graf nach der Hinrichtung des Marschalls noch zwei Monate in der Bastille bleiben musste, dann aber befreit und von dem nachsichtigen König wieder in Gnaden aufgenommen wurde (Liv. V Narr. 5; vol. II p. 370). Zwei Jahre später jedoch, 1604, meldet der Chronist, dass der König aufs neue Anlass hatte, dem Grafen zu misstrauen, um so mehr, als dieser alle Aufforderungen, an den Hof zu kommen, unbeachtet liess. Auf den Befehl des Königs, sich des Widerspänstigen um jeden Preis zu bemächtigen, beschloss man, den Grafen zu einer Truppenschau einzuladen und bei dieser Gelegenheit zu verhaften — wir haben bereits gesehen (vgl. oben p. 41), dass dem von König Heinrich III. beargwohnten Clermont gegenüber dieselbe Kriegslist angewandt wurde. Bei der Vorbereitung und Ausführung

---

it might meet with some maligners, yet considering, even therein, it passed with approbation of more worthy judgments etc. (p. 178).

[1] Cf. Ward II 6: *Of the character of Clermont d'Ambois, the brother of Bussy (who seems also to have borne the name Clermont), I find no traces in De Thou.* Diese Bemerkung ist nach dem oben (p. 40) Gesagten zu berichtigen.

der Verhaftung lassen sich zwischen Matthieu's Bericht und Chapman's Drama folgende Übereinstimmungen konstatieren:

Der Comte d'Auvergne schöpft Verdacht: *L'on remarqua bien que le Comte d'Auuergne auoit de la deffiance. Il a dit depuis qu'il fut sur le poinct de faire venir en son Cabinet les deux freres de Murat, et les faire fouiller, parce qu'il estoit bien aduerty, qu'ils portaient tousiours les lettres et les commandements du Roy* (Liv. VII Narr. 5, vol. II p. 787). Doch hat er diese Absicht nicht ausgeführt.	Clermont d'Ambois ist von einem ungenannten Freunde von der ihm drohenden Gefahr unterrichtet worden, auch er denkt ernstlich daran, Maillard, den mit seiner Verhaftung beauftragten Lieutenant seines Schwagers Baligny, nach Briefschaften zu untersuchen, auch er steht schliesslich von diesem Vorhaben ab — vgl. Act III 195a: Cl. *I will search you.* Mail. *Search me? for what?* Cl. *For letters* . . . bis p. 195b *I'll therefore search no more.*
Der Graf begiebt sich zu der Revue *monté sur vn cheval d'Escosse que de Vitry luy auoit donné lequel eust laissé en sa course tous les cheuaux de France, et eust passé sur des espics sans plier les tuyaux* (l. c. p. 788).	Baligny erwähnt in einem Gespräche mit Clermont: *Your brave Scotch running horse / That great Guise gave you, that all th' horse in France / Far overruns at every race and hunting / Both of the hare and deer* (Act II p. 190a). Dieses windschnelle schottische Pferd Clermont's wird noch dreimal erwähnt (Act III pp. 191b, 196a, 198a).
Wie der Hauptmann der bereits aufgestellten Truppen auf den von dieser Eile unlieb überraschten Grafen zureitet: *il entendoit qu'il disoit en iurant Dieu qu'il estoit bien diligent* (l. c. p. 788).	Clermont sagt zu dem ihm auf den Fersen folgenden Maillard unwillig: *'Sdeath, you're passing diligent* (l. c. p. 196a).
Der Graf wird umringt und von zwei als Lakaien kostümierten Soldaten vom Pferde gerissen: *Les deux autres lacquais le desmontent si rudement que peu s'en fallut qu'il ne donnast de sa teste à terre. Il fut fort offencé de se voir traicté comme cela par des*	Auf dieselbe Weise wird Clermont aus dem Sattel gerissen. Aumale erzählt: *He turn'd wild lightning in the lackeys' hands, / Who, though their sudden violent twitch unhorsed him* etc. (Act IV p. 198a). Der gefangene Clermont beklagt sich: *Use ye t'as-*

laquais, et pria d'Eurre, de faire descendre deux de ses compagnons, et qu'il ne vist plus ces coquins: Nerestan luy dit, que c'estoient soldats ainsi reuestus pour seruir le Roy en ceste action (l. c. p. 789).

sault such men as I with lackeys? **Chalon.** *They are no lackeys, sir, but soldiers disguised in lackeys' coats* . . **Cler.** *Avaunt, ye rascals, hence* . . . *Let me not see them more* (l. c. p. 199b).

Der Graf fragt: *Et bien me voila rendu, que voulez vous que ie face? Que vous montiez sur le cheual de cest trompette, dit d'Eurre* (l. c. p. 790).

Cl. *In meantime, what's your will, lord-lieutenant?*
Mail. *To leave your own horse, and to mount the trumpet's* (l. c. p. 200 a).

[Le Comte d'Auuergne] estoit attendu d'vne Dame de ses amours (l. c. p. 787). . . . *Il pria d'Eurre de luy donner vn de sa trouppe, pour porter quelque parole de sa souuenance et de son malheur à la Dame qui l'attendoit* (p. 790). . . . *On a ouy dire au Comte d'Auuergne, que si le Roy le mettoit en liberté, et le renuoyoit en sa maison, à la charge de ne voir ceste Dame il aimeroit mieux mourir* (p. 791).

Cl. *Let me beg you, sir, / To lend me some one captain of your troops / To bear the message of my hapless service / And misery, to my most noble mistress, / Countess of Cambray; to whose house this night / I promised my repair, and know most truly / . . . She sure expects me.* **Mail.** *Think you now on that?* Cl. *On that, sir? ay, and that so worthily, / That if the King, in spite of your great service, / Would send me instant promise of enlargement, / Condition I would set this message by, / I would not take it, but had rather die* (l. c. p. 200 a).

De Pleche wird mit der schlimmen Botschaft zu der Dame gesandt: *Elle qui n'auoit pas preparé son ame à parer les coups d'vne des plus extremes et sensibles douleurs, ne sçachant à qui s'en prendre, prit pour obiet d'Eurre, contre lequel elle poussa toute la fureur de sa passion. Si ie sçauois (disoit elle à ce Gentilhomme) le pouuoir sauuer, pour me precipiter à trauers vostre troupe, ie le ferais de tout mon coeur, et si i'auois dix hommes de mon courage, vous ne le meneriez pas ou vous pensez. Mais*

Auch die von Clermont geliebte Countess of Cambray verwünscht in ihrem leidenschaftlichen Schmerz seine Häscher: *O knew I how to free him, by way forced / Through all their army, I would fly, and do it; / And had I, of my courage and resolve, / But ten such more, they should not all retain him; / But I will never die before I give / Maillard an hundred slashes with a sword, / Chalon an hundred breaches with a pistol* (l. c. p. 202 a). **Diese Stelle ist, mit den nötigen Namensänderungen, eine**

ie ne mouray iamais que ie n'aye / donné cent coups de pistolet à D'Eurre, cent coups d'espee à Murat (p. 790 f.). *Ceste passion passant . . . du coeur aux yeux, luy fit ietter tant de larmes qu'elle en perdit pour quelque temps vn oeil* (p. 791).

genaue Übersetzung der Rede der Dame bei Matthieu. Auch die Countess weint sich die Augen aus, selbstverständlich muss sie im Drama ganz erblinden. Aumale meldet ihrem Geliebten: *Those loveliest eyes . . . She wept quite out and like two falling stars / Their dearest sights quite vanish'd with her tears* **(Act V p. 207 a).**

Der verhaftete Comte d'Auvergne lässt sich keine Angst anmerken: *Par tout le chemin il ne paroissoit non plus affligé que quand il estoit libre. Il faisoit des contes des plus folastres issuës de / l'amour et des piperies des dames. Il tiroit de l'arquebuse aux oyseaux* (p. 791 f.).

Auch Chapman zeigt uns Clermont auf der Reise nach Paris in fröhlicher Stimmung, denn Maillard bemerkt: *We joy you take a chance so ill, so well* **(Act IV p. 203 b). Nur erzählt der philosophische Clermont keine verliebten Geschichten und schiesst nicht nach den Vögeln, sondern er benützt die Gelegenheit zur Beleuchtung seines Grundsatzes:** *To love nothing outward, / Or not within our own powers to command* (l. c.), **und zu einem für seinen Dichter sehr bezeichnenden Ausfall gegen die Homer-Kritiker, die sich ausschliesslich mit den verderbt überlieferten Versen beschäftigen und die vollkommenen Teile des unvergleichlichen Gedichtes unter dieser tödlichen Langeweile begraben (l. c. p. 204 a).**

Mit der Freilassung Clermont's hört die Ähnlichkeit auf. Dass der unter Heinrich dem Dritten lebende Clermont in diesen beiden Akten den historischen Comte d'Auvergne aus der Zeit Heinrichs des Vierten vertritt, ist offenbar. Es ist wohl möglich, dass dieser kühne Eingriff in die Chronologie der jüngsten Vergangenheit von zeitgenössischen Kritikern bemerkt und getadelt worden war, und dass sich Chapman deshalb veranlasst sah, in der Widmung das Recht des Dichters, die Geschichte, seinen künstlerischen Zwecken entsprechend, frei zu bearbeiten, in so kräftigen, die Tadler derb abfertigenden Worten zu wahren.[1]

Die historische Katastrophe der Tragödie ist die Ermordung des Herzogs von Guise am 23. Dezember 1588. Für die wenigen Szenen des letzten Aktes, welche einen engeren Anschluss an die Geschichte erkennen lassen, hat Chapman allem Anscheine nach den Bericht des Jean de Serres (vgl. oben p. 18) benützt:

Aux Barricades on a ouy ceste voix, 'Il ne faut plus lanterner, il faut mener Monsieur [le Duc de Guise] à Reims (p. 913).	Guise sagt zu Clermont: *Hast thou not heard of that admired voice / That at the barricadoes spake to me, / No person seen, 'let's lead my lord to Rheims* (Act V p. 205 b).
Les aduis estoyent desia venus de toutes parts dedans et dehors le Royaume, de Rome, d'Espagne, de Lorraine, de Sauoye qu'vne sanglante catastrophe finiroit l'assemblee (p. 915).	Guise. *'Twas a presage of something / Weighty and secret, which th' advertisements / I have received from all parts, both without / And in this kingdom, as from Rome and Spain, / [L]o-[rr]aine*[2] *and Savoy, gives me cause to think; / All writing that our plot's catastrophe / . . . Will bloody prove* (l. c. p. 205 b f.).
L'Archeuesque de Lyon . . .: Vous retirant des Estats (lui dit il) vous emporterez le blasme d'auoir abandonné la France en vne si importante occasion, et vos ennemis faisans leur profit de vostre esloignement, renuerseront en moins de rien tout ce que vous auez auec tant de peine et de poursuite dressé pour l'asseurance de la religion (p. 915).	Guise. *The Archbishop of Lyons tells me plain / I shall be said then to abandon France / In so important an occasion; / And that mine enemies (their profit making / Of my faint absence) soon would let that fall, / That all my pains did to this height exhale* (l. c. p. 206 a).
La veille de sa mort le Duc mesme trouua se seant à table	Chapman lässt beide Warnungen an den Herzog gelangen: Guise.

[1] *And for the authentical truth of either person or action, who (worth the respecting) will expect it in a poem, whose subject is not truth, but things like truth? Poor envious souls they are that cavil at truth's want in these natural fictions* (p. 178).

[2] In Shepherd's vollständig kritikloser Ausgabe steht: *Soccaine.*

pour disner vn billet sous sa seruiette, l'aduertissant de ceste sourde embusche (p. 915). . . . *Son Secretaire . . . attache vn memoire à l'vne des cornes du mouchoir: et par icelui, 'Sortez' (ce dit-il) 'et vous sauuez, autrement vous estes mort'. Mais on arreste le page qui l'apportoit* (p. 916). . . . *Le Duc sent des esmotions non accoustumees en son ame, des eslancemens extraordinaires: et parmi beaucoup de soupçons, vn affoiblissement de coeur . . . Là dessus le Roy l'appelle en son cabinet par Reuol l'vn des Secretaires . . . Le Duc sort du Conseil pour trauerser en la chambre du cabinet: et comme il leue d'vne main la tapisserie pour entrer, on le charge à coups d'espees, de poignards, de pertuisanes: non toutefois auec tant de violence, qu'il ne monstrast aux assassins les derniers efforts d'vne inuincible vaillance en vn magnanime courage* (p. 917).

I have had lotteries set up for my death, / And I have drawn beneath my trencher one, / Knit in my handkerchief another lot, / The word[s] being, 'Y'are a dead man, if you enter'; / And these words, this imperfect blood and flesh, / Shrink at in spite of me, their solidest part / Melting like snow within me, with cold f[ea]r[1] (l. c. p. 209 a). **Messenger.** *The King desires your grace to come to council.* Gu. *I come . . . He takes up the arras, and the Guard enters upon him: he draws . . . They strike him down* (l. c. p. 209 b).

Die zahlreichen Wortanklänge der verglichenen Stellen machen es unzweifelhaft, dass Chapman das Werk des Jean de Serres, welches er schon für seine Byron-Dramen hin und wieder benützt hatte, auch bei der Abfassung der zweiten Bussy-Tragödie noch vor sich liegen hatte. Um so merkwürdiger ist, dass er in der Auffassung des Charakters des Herzogs von Guise vollständig von dem französischen Historiographen abweicht. Jean de Serres steht den Hugenotten nahe, der schlimme Tod des Herzogs ist ihm die Strafe Gottes für das Blutbad der Bartholomäus-Nacht,[2]

---

[1] Shepherd: *fire.*

[2] *Certes les horribles catastrophes depuis aduenues à nostre Charles, à son frere et successeur, aux freres de la maison de Guise és derniers actes de leurs vies . . . . nous contraint d'aduouër, Que le sang humain violemment respandu, sans que la forme en puisse legitimement estre qualifiee du nom de iustice, ne peut plaire aux yeux de*

in der Charakterskizze, welche er nach seiner Ermordung von ihm giebt, in unmittelbarem Anschlusse an die von Chapman verwerteten Stellen, überwiegt der scharfe Tadel das Lob bei weitem: alle besseren Eigenschaften des Herzogs waren durch seinen masslosen Ehrgeiz befleckt, in Bibelworten verurteilt er ihn.[1] Chapman hat nicht nur diese gegen den Herzog gerichteten Ausführungen des Franzosen ganz unberücksichtigt gelassen, sondern er, der protestantisch erzogene, in einem protestantischen Lande für ein zum grössten Teile auf dem Boden der englischen Reformation stehendes Publikum schaffende Dichter, wirft sich zum Apologeten des Herzogs auf, dieser Verkörperung der starrsten, die Vernichtung aller Ketzer anstrebenden katholischen Orthodoxie. Die ganze protestantische Welt verabscheute Henri de Guise als einen der Hauptanstifter der Verbrechen der Bartholomaeus-Nacht — auch Chapman lässt diesen Vorwurf gegen ihn erheben, aber nur um Clermont Gelegenheit zu geben für eine höchst spitzfindige Rechtfertigung seines Gönners, gipfelnd in den unglaublichen Worten: *Had Faith and true Religion been preferr'd / Religious Guise had never massacred* (Act II p. 190[a]). Und der auf diese summarische Weise reingewaschene Guise bleibt durchgehends der Liebling des Dichters, der Mann ohne Furcht und Tadel, dessen Gegner möglichst schwarz gefärbt werden, dessen Sturz von den Redlichen schmerzlich beklagt wird, nach dessen Tod dem trefflichen Clermont das Leben nicht mehr lebenswert erscheint!

Unser begreifliches Erstaunen über diese „Rettung" erhöht sich noch, wenn wir erwägen, dass Chapman selbst den Herzog von Guise noch vor wenigen Jahren ganz ver-

---

celui qui les a creez à son image et semblance, et le vend bien cher aux autheurs de l'effusion (p. 762).

[1] *Ainsi vesquit, ainsi mourut Henri de Lorraine, Duc de Guise, Prince digne certes des premiers rangs entre les Princes . . . Mais Prince qui par ambition extreme a flaistri le plus beau de ses loüanges . . . Appliquons ici ce grand Oracle diuin, et tremblons sous l'apprehension de l'horreur des iugemens celestes: 'Pour ceste cause Dieu te destruira finalement* etc.' (p. 917).

schieden beurteilt, dass er ihn in der ersten Bussy-Tragödie eine höchst bedenkliche Rolle hatte spielen lassen. Eifersüchtig auf Bussy, der vor seinen Augen der Herzogin huldigt, fordert er ihn zu einem Wortkampfe heraus, in dem er selbst zu seiner grossen Erbitterung den Kürzeren zieht (Act I p. 145); vom König ermahnt, versöhnt er sich heuchlerisch mit Bussy und beschliesst gleichwohl im nächsten Augenblick dessen Untergang (Act III p. 157), die Ausführung der gefährlichen That selbst überlässt er jedoch weislich einem anderen. Dieser meuchelmörderische Heuchler — in ihm erkennen wir die Züge des Guise, der dem englischen Publikum bereits bekannt war aus Marlowe's wilder Tragödie „The Massacre at Paris". Auf Grund der durchaus berechtigten Abneigung der Protestanten gegen ihren Todfeind ist der dieses Trauerspiel beherrschende Guise in ein echt Marlowe'sches Ungeheuer verwandelt, erscheint er nicht nur als der unersättlichste Bluthund der Bartholomaeus-Nacht, sondern auch als Giftmischer, als Atheist, dem die Religion nur der Deckmantel des Ehrgeizes ist. Sehr verwundert müssen sich die englischen Theaterbesucher die Augen gerieben haben, wenn sie von diesem rohfarbigen Zerrbild in das ruhige Antlitz blickten, welches ihnen aus Chapman's Tragödie entgegenschaute. Dieses Erstaunen wird nicht wenig zu dem Misserfolg des Stückes und zur Verschärfung der gegen den Dichter erhobenen Anklage der Geschichtsfälschung beigetragen haben.

Ganz unvorbereitet findet diese überraschende Wendung des Dichters uns, die wir seiner Entwickelung in seinen Werken nachgegangen sind, gleichwohl nicht. In seinem Schauspiel „The Gentleman Usher" haben wir aus dem Munde des edlen Strozza eine warme Verteidigung einiger der auffälligsten, von den Reformatoren verworfenen Gebräuche der Papstkirche, der Wallfahrten und Weihgeschenke, zu hören bekommen (vgl. oben p. 11), zu welcher der Arzt Benevemus, billigend und den Wandel der Anschauungen bedauernd, bemerkt: *Spoke with the true tongue of a nobleman. / But now are all these excitations toys, / And honour fats his brain with other joys* (Act V p. 107[a]). In „Byron's

Tragedy“ fällt uns in des Titelhelden Lobrede auf den verstorbenen Philipp II. von Spanien, den Vertreter der unerbittlichsten Rechtgläubigkeit, die starke Betonung seiner Verdienste um die Ausbreitung und Befestigung der katholischen Religion auf: *'Twas religion, / And her full propagation that he sought . . . his empire [he] / Desired t'extend so, that he might withal / Extend religion through it, and all nations / Reduce to one firm constitution / Of piety, justice, and one public weal; / To which end he made all his matchless subjects / Make tents their castles and their garrisons, / True Catholics, countrymen and their allies, / Heretics, strangers and their enemies. / There was in him the magnanimity* (Act IV p. 258b). Wenden wir uns zu Matthieu, dem sich Chapman so oft wörtlich angeschlossen hat, so bietet er uns nur die kurze Bemerkung: *De là [le Duc de Biron] se porta sur les loüanges du feu Roy d'Espagne, sa pieté, sa iustice et sa liberalité* (Liv. V Narr. 3, vol. II p. 273) — in allem, was im Drama zum Lobe Philipp's als Schützers und Förderers des Katholizismus gesagt ist, haben wir somit eine selbständige, seine eigenen Ansichten aussprechende Einschaltung Chapman's zu erkennen. Bringen wir diese Einzelheiten zusammen mit seiner Verherrlichung des Herzogs von Guise, so können wir nicht zweifeln, dass sich unser Dichter im Laufe der Jahre der alten Kirche genähert hat. Da diese innere Wandlung in keiner der mir bekannten Biographien Chapman's angedeutet ist, hat sie es wohl verdient, eingehend erörtert und nachdrücklich betont zu werden.

Vermutungsweise sei noch bemerkt, dass Chapman bei der Änderung seines Urteils über den Herzog von Guise allenfalls von dem ihm so wohlbekannten französischen Schriftsteller Pierre Matthieu beeinflusst worden sein könnte. Dieser hat nämlich in seiner ligistischen Zeit, unmittelbar nach der Ermordung des Herzogs, eine 1589 gedruckte Tragödie „La Guisiade“ verfasst, in welcher der Führer der Liga zu einem vollkommen makellosen Märtyrer der besten Sache verklärt ist. Doch muss es freilich ganz unsicher bleiben, ob der Engländer diese Tragödie gekannt hat, denn im übrigen ist sein Werk grundverschieden von dem steifen, nach dem Seneca-Schema zugeschnittenen Opus des Franzosen.

THE TRAGEDY OF PHILIP CHABOT, ADMIRAL OF FRANCE.[1]

Die historischen Werke, welche bisher als mögliche Quellen dieses undramatischen, aber sehr lesenswerten Stückes erwähnt worden sind,[2] können den Verfassern ihr Material nicht geliefert haben, und ebensowenig die ausserdem von mir verglichenen Historiker Sleidanus[3] und Belcarius (Beaucaire).[4] Sehr wahrscheinlich ist mir hingegen, dass die Engländer den Bericht kannten, welchen Estienne Pasquier in seinem grossen Sammelwerk „Les Recherches de la France" von dem Prozess Chabot's gegeben hat;[5]

[1] Cf. Shepherd p. 519 ff.; lic. 29. April 1635, gedruckt 1639. Fleay (Chron. II 241): *Written by Chapman und Shirley. Chapman wrote I, II., and the prose speeches in III. 1, V. 2, of the Proctor and Advocate. I think the play was an old one of Chapman's . . . written c. 1604, and that Shirley altered and rewrote the latter part, III., IV., V.* Vgl. jedoch Lgrph. '96 sp. 79 f.

[2] Cf. Langbaine p. 477: *For the Plot, see the French Chronologers, and Historians in the Reign of Francis the First; such as Paulus Jovius, Arnoldus his Continuation of Paulus Aemilius, Mart. Longeus, De Serres, Mezeray, etc.* Einen Historiker Namens Mart. Longeus habe ich nicht finden können. Mézeray kann aus chronologischen Gründen nicht als Gewährsmann unserer Dramatiker in Betracht kommen; bei Paulus Jovius und Jean de Serres ist der Prozess des Admirals nicht erwähnt; der Fortsetzer des Paulus Aemilius bietet nur eine knappe Notiz, welche alle die auffälligsten Einzelheiten unseres Dramas vermissen lässt, cf. Pauli Aemylii Veronensis, Historici Clariss. De Rebus Gestis Francorum Libri X. Arnoldi Ferroni Burdigalensis . . . De rebus item gestis Gallorum libri nouem. Historia perducta à Pharamundo primo Francorum Rege, usque ad Henricum secundum Gallorum Regem. Lutetiae . . . MDLXV; Lib. VIII fol. 149.

[3] Cf. Joan. Sleidani, De Statu Religionis et Reipublicae, Carolo Quinto, Cæsare, Commentarii. Argentorati Anno MCLV; Lib. XIII fol. 208 b und 212 b.

[4] Cf. Rerum Gallicarum Commentarii ab anno Christi MCCCCLXI ad annum MDLXXX . . . Opus posthumum auctore Francisco Belcario Peguilione Metensi Episcopo. Lugduni MDCXXV; Lib. XXII 55, fol. 717.

[5] Cf. Les Recherches de la France d'Estienne Pasquier . . . Aug-

viele merkwürdige Einzelheiten, welche bei den Historikern fehlen, können sie den Mitteilungen Pasquier's entnommen haben.

Act I: In einem einleitenden Gespräche der Höflinge Asall und Allegre werden die Charaktereigenschaften der beiden Günstlinge des Königs Franz I. von Frankreich vergleichend analysiert — des *Philip Chabot, admiral of France,* und des *Duke Montmorency, constable of France.* Am lautesten wird dabei die Gerechtigkeit des Admirals gepriesen: *He truly will all styles deserve / Of wise, just, good; a man, both soul and nerve* (p. 520[b]). Der König selbst ist sehr erfreut, dass die beiden ihm werten Männer sich versöhnt haben; aber der ehrgeizige und wankelmütige Montmorency lässt sich bald zu neuen Intriguen gegen den Admiral bewegen. Er veranlasst den König, eine der Gerechtigkeit zuwiderlaufende Verfügung zu treffen, in der Hoffnung, dass der rechtliche Chabot protestieren und sich dadurch die Ungnade des Königs zuziehen werde. Das Ränkespiel nimmt einen glatten Verlauf: Chabot zerreisst in seiner Empörung die bereits mit der Unterschrift des Königs versehene Urkunde. Woher die Engländer die Thatsachen dieses Aktes genommen haben, weiss ich nicht: an freie Erfindung ist schwerlich zu denken. Pasquier gibt keine Vorgeschichte, nach ihm ist der launische König seines Günstlings ohne Grund überdrüssig geworden: *Le Roy ne croyoit qu'en luy seul, entre ceux qui avoient son oreille. Toutesfois comme les opinions des Roys se changent sans sçauoir quelques-fois pourquoy, aussi commença-il auecques le temps de se lasser de luy, et en fin il luy despleut tout à fait* (l. c. fol. 472 B).

Act II: Der Höhepunkt dieses Aktes ist die Unterredung, in welcher der König selbst sich vergeblich bemüht,

---

mentees en ceste derniere edition de trois Liures entiers, outre plusieurs Chapitres entrelassez en chacun des autres Liures, tirez de la Bibliotheque de l'Autheur. A Paris MDCXXI; Liure Sixiesme, Chap. IX: *Du procez extraordinaire fait, premierement à Messire Philippe Chabot Admiral de France, puis à Messire Guillaume Pouyet Chancelier* (fol. 472 ff.).

die unerbittliche Gerechtigkeit Chabot's zu erschüttern und ihm schliesslich mit einer genauen Prüfung seiner eigenen Amtsführung droht. Wiederholt meinen wir in diesem Gespräch Bruchstücke des Pasquier'schen Berichtes zu erkennen, nicht nur in den Gedanken, sondern selbst in den Worten:

Entre ceux qui eurent bonne part en ses [François I.] bonne graces, ce fut Messire Philippe Chabot, et ne trouue Seigneur de tout ce temps-là ny depuis qui eut approché nos Roys, lequel ait esté tant chargé de dignitez que cestuy. Car il estoit Cheualier de l'Ordre, Admiral de France, Lieutenant general du Roy au pays et Duché de Bourgongne, Conseiller au Conseil Priué, et en outre Lieutenant general de Monsieur le Dauphin aux Gouuernemens de Dauphiné et de Normandie (l. c. p. 472 B).

King. *Of all that ever shared in my free graces, / You Philip Chabot, a mean gentleman, / Have not I raised you to a supremest lord, / And given you greater dignities than any? . . . Have not I made you first a knight of the Order, / Then Admiral of France, then Count Byzanges, / Lord, and lieutenant-general of all / My country, and command of Burgundy; / Lieutenant-general likewise of my son, / Dauphin and heir, and of all Normandy, / And of my chiefly honour'd privy-council, / And cannot all these powers weigh down your will* (p. 528 a)

Nachdem Pasquier von der Missstimmung des Königs gegen Chabot gesprochen hat, fährt er fort, in unmittelbarem Anschluss an die oben p. 53 citierte Stelle: *De maniere qu'vn iour entr' autres il le menaça de le mettre és mains de ses Juges, pour luy estre fait son procez extraordinaire. A quoy l'Admiral ne remettant deuant ses yeux combien c'est chose dangereuse de se ioüer a son Maistre, luy respondit d'vne façon fort altiere, que c'estoit ce qu'il demandoit, sçachant sa conscience si nette, qu'il ne pouuoit estre faite aucune bresche, ny à ses biens, ny à sa vie, ny à son honneur* (l. c.)

King. *What if I / Grant out against you a commission, / Join'd with an extraordinary process, / To arrest, and put you in law's hands for trial?* **Chabot.** *. . . I'll endure the chance, the dice being square, / Reposed in dreadless confidence and conscience, / That all your most extremes shall never reach / Or to my life, my goods or honour's breach* (p. 528 b).

Sehr bezeichnend für den so häufig zu bemerkenden Taktmangel der englischen Dramatiker, für ihre bedenkliche Neigung, jeden Effect unkünstlerisch, ohne Schonung der Harmonie des Ganzen, auszunützen, ist das Benehmen Chabot's in dieser Szene: der stolze, selbstbewusste Mann schreit im Drama wie ein prahlerischer Grobian, der jede dem Fürsten schuldige Rücksicht vergisst und ihm ein über das andere Mal versichert, dass seine Verdienste alle Gnadenbeweise mehr als aufwögen.

Der König beauftragt den Kanzler Poyet [Pasquier: Pouyet] mit der Leitung des gegen den Admiral anzustrengenden Prozesses; Pasquier's kurze juristische Bemerkung über die Ungewöhnlichkeit dieses Verfahrens haben die Dramatiker nicht verwertet.

Act III: Die den grössten Teil dieses Aktes füllende Gerichtssitzung ist besonders reich an auffälligen Übereinstimmungen mit Pasquier's Bericht. Der *Proctor-general*, der von dem Kanzler beeinflusste öffentliche Ankläger, welcher Chabot möglichst schwarz zu machen sucht, bedient sich oft derselben Worte wie Pasquier, der selbst Bruchstücke des gegen Chabot gefällten Urteils citiert:

Comme sur les plaintes à nous faites de plusieurs ***infidelitez, desloyautez*** *et desobeïssances enuers nous,* ***oppressions*** *de nostre pauure peuple, forces publiques,* ***exactions*** *induës,* ***commissions****, impressions, ingratitudes,* ***contemnement*** *et mespris, tant de nos commandemens, que defenses, entreprises sur nostre* ***authorité****, et autres fautes,* ***abus****, et maluersations, crimes et delits que l'on disoit auoir esté commis et perpetrez par Philippes Chabot &c. Sçauoir faisons que nous auons dit et declaré, disons et declarons iceluy Chabot estre attaint et conuaincu, mal, induëment, illicitement, iniustement et*

To the foul outrages so violent, let us add his ***commissions*** *granted out of his own presumed* ***authority****, his majesty neither informed or respected; his* ***disloyalties****,* ***infidelities****,* ***contempts****,* ***oppressions****,* ***extortions****, with innumerable* ***abuses****, offences, and forfeits, both to his majesty's most royal person, crown, and dignity* (p. 535 a).

In the next place, I will relate .. his most cruel ***exactions*** *upon the subject . . . In the year 1536 and 37, this oppressor, and this extortioner,* ***under pretext of*** *infidelement, contre les deffences par nous de nostre bouche à luy faites, et par impression et force publique, sous ombre de son Admirauté [d'auoir] pris et exigé ès annees mil cinq cens trente et six, et trente et sept, vingt sols sur les pescheurs de la coste de Normandie, qui ès dictes annees ont esté aux harangaisons, et la somme de six liures sur chacun batteau qui estoit allé aux macqueraux* etc. (l. c. fol. 473 B).

his due taxation, being admiral, imposed upon certain fishermen . . who, poor Johns, were embarked upon the coast of Normandy, and fishing there for herrings . . ., he imposed, I say, twenty sous, and upon every boat six livres. O intolerable exaction! (p. 534 b).

Dass unter den Sünden des Admirals auch seine Undankbarkeit gegen den König angeführt ist, veranlasst Pasquier zu einer ironischen Glosse: *Le Chancelier ne trouuant grand suject de condamnation en l'Admiral fut contrainct de cotter nouuelle qualité de crime en luy, comme d'ingratitude. Vice vrayement que l'on abhorre naturellement, mais pour lequel on ne fit iamais le procez extraordinaire à vn homme* (fol. 473 C). Auf Pasquier's Betonung dieser Absurdität des *Arrest* ist es wohl zurückzuführen, dass sich auch der *Proctor-general* wortreich über Chabot's Undankbarkeit entsetzt und ihn schliesslich mit dem undankbaren Brutus, dem Mörder Cæsars, vergleicht. Ausserdem ist zu bemerken, dass er in den Thatsachen seiner Anklage nicht über die Punkte hinausgeht, welche in den von Pasquier citierten Sätzen des *Arrest* angeführt sind. Was er sonst gegen Chabot vorbringt, seine Invektive gegen Chabot's Prachtliebe und Hochmut (p. 535[b]), halte ich für rhetorische Phrasen, für eine unhistorische Zugabe der englischen Dramatiker.

Die Meinungsäusserung der nach der Anklage von dem *Chancellor* befragten Richter scheint auch Pasquier entlehnt zu sein:

On trouue . . . qui est chose grandement remarquable, en tout le procez nul article par lequel on luy importast crime de felonnie

1st Judge. *My lord, the crimes urged here for us to censure / . . . To me seem strange . . ., For all that law can take into her power /*

et leze Majesté, ains quelques exactions induëment par luy faites sur quelques pescheurs (fol. 472 D).

To sentence, is the exaction of the fishermen.

2nd. Ju. *Here is no majesty violated* (p. 536 a).

Der erzürnte Kanzler ändert den Wortlaut des Protokoll's und erzwingt durch Drohungen die Unterschrift der anderen Richter, doch protestieren diese beim Unterschreiben selbst durch einen graphischen Kniff gegen eine solche Vergewaltigung — alles in vollkommener Übereinstimmung mit Pasquier's Bericht:

Auant que l'Arrest fust signé, le Rapporteur du procez luy en apporta la minute, non pour la corriger tout à fait, mais bien pour voir s'il y auoit quelques obmissions par inaduertence. Toutesfois pour contenter son opinion, se donnant pleine carriere, le change selon que sa passion le portoit, et estant de ceste façon radoubé, l'enuoye à tous les autres Conseillers pour le soubsigner. Ce que du commencement ils refuserent de faire, mais les violentant d'une continuë, et de menaces estranges, ils furent contraints de luy obëir. Voire que l'vn d'eux meit au dessous de son seing, vn petit V, *du commencement, et vers la fin vn* I, *ces deux lettres iointes ensemble faisans vn* VI, *pour denoter qu'il l'auoit signé par contrainte* (fol. 473 A).

Chancellor. *Reporter of the process, show the schedule . . .* 1st. Ju. *No altering it in us.* 2nd. Ju. *Far be it from us, sir.* Chan. . . . *The king shall know / You slight a duty to his will and safety. / Give me your pen; it must be capital.* 1st. Ju. *Make what you please, my lord; our doom shall stand.* Chan. *Thus I subscribe: now, at your perils, follow* Both. *Perils, my lord? threats in the king's free justice?* . . 1st. Ju. *Subscribe; it matters nothing, being constrain'd. / On this side* [V],[1] *and on this side, this capital* I, */ Both which together put, import plain* VI, */ And witness we are forced* (p. 536 b).

Der Admiral wird zum Tode verurteilt.

Act IV: Mit Befriedigung vernimmt der König das Ergebnis des Prozesses. Jetzt, nachdem ihm sein Wunsch erfüllt, der auf seine Rechtlichkeit pochende Chabot in einen von der Schärfe des Gesetzes getroffenen Sünder verwandelt worden ist, welcher, wie der Kanzler beteuert, der schimpf-

[1] Fehlt in Shepherd's Text.

lichsten Vergehen überführt werden konnte, ist der König bereit, Gnade für Recht ergehen zu lassen: vor versammeltem Hofe verzeiht er dem Admiral, und setzt ihn wieder in all seine Würden ein. Aber der sich unschuldig fühlende Mann will nichts von Verzeihung hören: in eindrucksvoller, knapper Rede betont er, dass ihm weder eine verräterische Handlung noch eine Majestätsbeleidigung nachgewiesen werden konnte. Auch für diese schöne Szene scheint Pasquier den Stoff geliefert zu haben:

Le Roy le manda querir par deuers soy, et sans vser de plus longs propos, luy dict. Pour contenter vostre opinion i 'ay faict faire vostre procez, et avez veu le succez qu'en auez eu pour trop vous croire: Maintenant ie veux contenter la mienne, et d'vne puissance absoluë vous restablir en tel etat qu'estiez auparauant l'arrest. A quoy l'Admiral repartit; Pour le moins, Sire, ie loüe Dieu qu'en tout mon procez il n'y a vn seul mot de felonnie que i'aye commise, ou voulu commettre contre vostre Maiesté (fol. 473 f.).

King. *Go to the captain of my guard, and will him / To attend his condemn'd prisoner to me instantly* (p. 539 b). . . . *My lord admiral, / You made it your desire to have this trial / That late hath pass'd upon you; / And now you feel how vain is too much faith / And flattery of yourself, as if your breast / Were proof 'gainst all invasion . . . there remains / That now we serve our own free pleasure; therefore, / By that most absolute power, with which all right / Puts in my hands, these issues, turns, and changes, / I here, in ear of all these, pardon all / Your faults and forfeits, whatsoever censured, / Again advancing, and establishing / Your person in all fulness of that state / That ever you enjoy'd before th'attainder . . .* Chabot. *You cannot pardon me, sir* (p. 540 a) . . . *For none of all your learn'd assistant judges, / With all the malice of my crimes could urge, / Or felony, or hurt of sacred power* (p. 540 b).

Diese unerwartete Antwort Chabot's veranlasst den König, genaue Erkundigungen über den Gang der Gerichtsverhandlung einzuziehen. Der Kanzler wird entlarvt, Chabot glänzend gerechtfertigt. Bei dieser Enthüllung erhalten wir den sichersten Beweis, dass die englischen Dramatiker in der That Pasquier's „Recherches“ benützt haben. Gegen die Beweiskraft der bisher betonten, gewiss schon höchst auffälligen Übereinstimmungen könnte allenfalls das Bedenken erhoben werden, dass sie vorwiegend sachlicher Art und somit vielleicht durch die Annahme einer gemeinsamen Quelle zu erklären wären. Noch überzeugender würden allerdings ganz ausserhalb der Thatsachen liegende Ähnlichkeiten sein — vollkommen zweifellos würde uns die Benützung der „Recherches“ dann werden, wenn wir selbständige Ausdrücke und Reflexionen des Franzosen in den Versen der Engländer wiederfinden könnten — und solch unwiderlegliches Beweismaterial liefern uns eben diese letzten Szenen des 4ten Aktes! Bei Pasquier lesen wir: *Le Roy . . commença . . . de se courroucer contre le Chancelier qui luy auoit promis monts et merueilles* (fol. 473 D) — im Drama sagt der König: *And was this all / The mountains and the marvels promised me . . .?* (p. 541[b]). An den Sturz des wohldienerischen, die Wahrheit der Gunst des Königs opfernden Kanzlers knüpft Pasquier folgende Moral: *Je vous ay recité deux Histoires dont pourrez recueillir deux leçons: L'vne que quelque commission qu'vn Juge reçoiue de son Prince, il doit tousiours buter à la Justice, et non aux passions de celuy qui le met en œuure, lequel reuenant auec le temps à son mieux penser, se repent apres de sa soudaineté, et recognoist tout à loisir celuy estre indigne de porter le tiltre de Juge, qui a abusé de sa conscience pour luy complaire* (fol. 474 C) — eine Lehre, welche im Drama der König den von ihm als Richter des Kanzlers aufgestellten Männern einschärft: *Be you two join'd in the commission, / And nothing urged but justly, of me learning / This one more lesson out of the events / Of these affairs now past: that whatsoever / Charge or commissions judges have from us, / They ever make their aim ingenuous justice, / Not partial for reward, or swelling favour, / To which, if your king steer you, spare to obey; / For when his troubled blood is clear and calm, / He will repent that he pursued his rage, / Before his pious law, and hold that judge / Unworthy of his place that lets his censure / Float in the waves of an imagined favour; / This shipwracks in the haven, and but wounds / Their consciences that soothe the soon-ebb'd humours / Of their incensed king* (p. 543ᵃ). Der ganze Gedankengang und zum Teil die Worte sind Pasquier's Eigentum. Noch mehr — auch zu den Metaphern am Schlusse der königlichen Rede wurde der englische Dichter angeregt durch einen unmittelbar vor der oben citierten Stelle stehenden Satz Pasquier's: *Belle leçon à tout Juge pour demeurer en soy, et ne laisser fluctuer sa conscience dedans les vagues d'vne imaginaire faueur, qui pour fin de jeu le submerge* (fol. 474).

Act V zeigt uns die Bestrafung des ungerechten Richters und den friedlichen Tod des Admirals, dessen Lebenskraft durch seine Verurteilung gebrochen worden war. In der Rede des den Kanzler anklagenden Advokaten, der besonderen Nachdruck auf die Bedrohung und Vergewaltigung der Richter legt (p. 546ᵇ), und in dem Wortlaut des Richtspruches (p. 547ᵇ) bemerken wir noch manche Übereinstimmung mit Pasquier's Text; die pathetische, den Charakter des Königs und des Admirals verklärende Sterbeszene hingegen ist von den Engländern frei komponiert, Pasquier bot ihnen nur die Thatsache: *Le coup toutesfois du premier arrest l'vlcera de telle façon qu'il ne suruesquit pas longuement* (fol. 474 A). Verurteilt wurde Chabot im Februar 1541, gestorben ist er am 1. Juni 1543.

Meine Annahme, dass Pasquier's „Recherches" die Hauptquelle der englischen Dramatiker waren, glaube ich auf festen Grund gestellt zu haben. Nicht minder sicher ist, dass sie nebenbei auch noch andere Berichterstatter zu Rat gezogen haben: Montmorency, der im Drama schliesslich wieder der eifrigste Fürsprecher Chabot's wird, ist bei Pasquier nur genannt (fol. 474 A); auch manche Einzelheit[1] weist uns auf andere Quellen hin, die ich nicht näher bestimmen kann, und die für die Haupthandlung nur neben-

[1] Cf. oben pp. 53, 54 *(Count Byzanges)*.

sächliche Bedeutung haben können. Merkwürdiger ist die Veränderung, welche die Engländer mit der für Chabot eintretenden Frau vorgenommen haben. Pasquier hat diesen weiblichen Einfluss totgeschwiegen; die Historiker melden übereinstimmend, dass die Geliebte des Königs, die Duchesse d'Estampes, ihre einflussreiche Stimme zu Gunsten des Admirals erhob; im Drama ist es die Königin selbst, die sich aus Chabot's Feindin in seine Verteidigerin verwandelt (Act III p. 533[b]). Ich möchte diesen Personenwechsel Chapman zuschreiben — er, den die Geliebte eines anderen französischen Königs bereits einmal in unangenehmen Konflikt mit dem Censor gebracht hatte (cf. oben p. 31), mochte wohl nichts mehr mit diesen gefährlichen Damen zu thun haben.

Die Handlungen und Reden der beiden Gestalten, welchen die Umstimmung der Königin und des Konnetabels gelingt, der Gattin Chabot's und ihres Vaters, haben die englischen Dichter vermutlich ganz in ihrer eigenen Phantasie gefunden.

MAY-DAY.[1]

Eine sehr unerfreuliche Posse, welche durch aufdringliche Nachahmung einiger Situationen der Shakespeare'schen Lustspiele nicht besser geworden ist. Gleich in der ersten Szene finden wir fremdes Gut: der alte Lorenzo, welcher Franceschina, die Gattin des Prahlhanses Quintiliano, begehrt, wiederholt für sich ein von ihm zu Ehren des jungen Weibchens verfasstes Gedicht, der ihn belauschende Angelo begleitet jede Zeile mit einem spöttischen Commentar (p. 275[b]) — genau wie die Bemerkungen des sich allein glaubenden Dumaine, der die Reize seiner Dame preist, von dem lauschenden Biron mit ironischen Randglossen versehen werden (LLL IV, 3, 83 ff.). In dem sich anschliessenden Gespräch zwischen Lorenzo und Angelo hat Chapman dem alten Narren einige Phrasen Dumaine's in

[1] Cf. Shepherd p. 275 ff.; gedruckt 1611. Fleay I 57: '*Acted at the Blackfriars*' . . . *I suppose, c. 1601.*

den Mund gelegt.[1] Die Vorschriften, welche der *miles gloriosus* Quintiliano dem Tölpel Innocentio für das Benehmen im *ordinary*, im Speisehaus, giebt (I 2, p. 279 f.) — sie werden nicht nur für uns wie eine Parodie der Lehren des Polonius klingen, höchst wahrscheinlich hat auch Chapman an die eindrucksvolle Hamlet-Scene gedacht (I 3, 55 ff.).[2] Die Kupplerin Temperance, welche der vermeintlichen Lucretia ihre Verehrer herzählt, Lucretia, die nichts von ihnen wissen will (II 1, p. 280ᵇ), können schlechte Kopien von Nerissa und Portia sein (Merch. I 2). Innocentio, der von Giovenelle, einem anderen Schüler Quintiliano's, beleidigt, geschlagen worden ist, fordert seinen Gegner in einem seines Erachtens sehr scharfen Briefe (*'Slight, I think I have peppered him* III 4, p. 295ᵃ), in dem jedes Wort seine Feigheit und seine Angst verrät — dieser Brief ist eine noch gesteigerte Imitation der vorsichtigen, für Viola bestimmten Forderung des Sir Andrew Aguecheek, auf deren Schärfe der Verfasser auch sehr stolz ist (*I warrant there's vinegar and pepper in't* Tw. III 4, 158).

Das Liebespaar Aemilia und Aurelio und der zwischen ihnen vermittelnde Lodovico, welcher der Vetter des Mädchens und der Freund des Jünglings ist — bei Chapman, für den der Trojanische Sagenkreis eine besondere Anziehungskraft besitzen musste, denken wir bei diesem Trio sofort an Cressida und Troilus und Pandarus. Shakespeare und Chaucer boten ihm Versionen der berühmten Liebesgeschichte, aller Wahrscheinlichkeit nach hatte unser Dramatiker die Chaucer'sche Dichtung im Gedächtniss. Aurelio fällt vor Liebesschmerz in Ohnmacht und wird in diesem Zustande von Lodovico gefunden, der ihn schilt, ermuntert und ihm seine Vermittelung verspricht (I 1, p. 277ᵇ f.). Shakespeare hat keine ähnliche Szene, wohl aber Chaucer: in seinem Epos überrascht Pandarus den in sein Liebesleid versunkenen

---

[1] Lorenzo sagt: *as young as day . . . tall and high, like a cedar* (p. 276 b), wie Dumaine von seiner Kate gesagt hatte: *as fair as day* (v. 90), *as upright as the cedar* (v. 89).

[2] Ward II 28 spricht von *quotations of phrases from Hamlet;* ein Citat ist mir in diesem Stück nicht aufgefallen.

Freund, Troilus liegt ganz still, als ob er tot wäre, Pandarus ruft ihn ins Leben zurück, verspottet ihn und verspricht ihm schliesslich bei seiner Base Cryseyde für ihn zu werben (cf. Morris vol. IV p. 130 ff.; Lib. I st. 79 ff.). Bei Shakespeare ist von einem Briefe der Cressida an Troilus nicht die Rede; Lodovico dringt in Aemilia, ihrem verzweifelnden Liebhaber einen Brief zu schreiben (II 1, p. 282[a]), weil Chaucer's Cryseyde von Pandarus bestimmt wurde, Troilus mit einem Briefe zu beglücken (ib. p. 201 f.; Lib. II st. 172 ff.).

Im Übrigen ist die dürftige, aus verbrauchten Motiven zusammengesetzte Handlung wohl Chapman's eigene Composition.[1]

THE WIDOW'S TEARS.[2]

Eudora, die reiche und stolze Wittwe eines Grafen, hat gelobt, ihrem Gatten keinen Nachfolger zu geben; gleichwohl erklärt der junge Tharsalio zuversichtlich, dass

---

[1] Bei Fleay lesen wir in dem Artikel über George Whetstone's 'Promos and Cassandra' (vol. II p. 274): *This play . . . contains a scene, V. 5 (in First Part) utilised in Chapman's 'Mayday'.* In dieser Scene wird Grymball von den Schelmen Rowke und Rosko geprellt, seine Börse wird ihm gestohlen, seine Zähne werden einer sehr schmerzhaften Reinigung unterworfen, und schliesslich wird ihm ein Abführmittel beigebracht (cf. Hazlitt's 'Shakespeare's Library', London 1875; Part II, vol. II p. 255 ff.). So tief ist Chapman's Komik denn doch an keiner Stelle des 'May-Day' gesunken, er hat nichts ähnliches.

[2] Cf. Shepherd p. 307 ff.; gedruckt 1612. Fleay I 61: *Was acted at Blackfriars c. 1605, and afterwards at Whitefriars. . . . There is not a line in it which implies a later date than 1605.* Des weiteren bemerkt Fleay l. c.: *The play may be a personal satire. In I. 1 the drawing up in a basket, and letting Tharsalio hang 'for all the wits in the town to shoot at', seems personal.* Fleay ist hier auf falscher Fährte, die betreffende Stelle unseres Dramas enthält eine Anspielung auf ein verunglücktes Liebesabenteuer des Zauberers Virgilius, wie es in dem englischen *chap-book* von dem Leben dieses grossen Schwarzkünstlers zu lesen war und ist, in dem Abschnitte überschrieben: *Howe the gentyl woman pulled vppe Virgilius, and howe she let hym hange in the basket when he was halfe way vp to hyr wyndowe, and howe the people wondered and moked hym* (cf. Early English Prose Romances,

es ihm gelingen werde, ihre Gunst zu gewinnen. Er drängt sich der Gräfin auf Schritt und Tritt in den Weg — im übrigen ist seine erfolgreiche Werbemethode genügend charakterisiert in seiner cynischen Anweisung, wie Frauen zu gewinnen seien: *This is the way on't, boil their appetites to a full height of lust; and then take them down in the nick* (III 1, p. 323ª). Dass Chapman bei dem Entwurfe dieses Teiles seines Planes an Shakespeare's „Taming of the Shrew" dachte,[1] ist wohl möglich, die Ähnlichkeit liegt jedoch ganz auf der Oberfläche.

Sehr empört hat sich Cynthia, die Schwägerin des ungestümen Werbers, die Gattin seines Bruders Lysander, über die Charakterschwäche der Eudora geäussert — hoch und theuer schwört sie, dass sie selbst als Wittwe nie einen zweiten Gatten genommen haben würde (III 1, p. 323ª). Gleichwohl beschliesst Lysander, dessen Eifersucht Tharsalio durch einige boshafte Bemerkungen gereizt hat, ihre Wittwentreue auf die Probe zu stellen: er verreist und lässt das Gerücht aussprengen, dass er auf dieser Reise ermordet worden sei. Cynthia's Jammer ist grenzenlos, sie folgt der

ed. by Wm. J. Thoms, 2nd. Ed. London 1858; vol. II. p. 35 f.). Tharsalio prahlt mit seiner Schutzgöttin *Confidence*, deshalb erinnert ihn sein Bruder Lysander spöttisch an die blinde Zuversicht und die Blamage des Zauberers: *But if this deity should draw you up in a basket to your countess's window, and there let you hang for all the wits in the town to shoot at; how then* (p. 308 b)? Virgilius rächt sich, indem er alle Feuer Rom's auslöscht und verkünden lässt, dass nur an einem Körperteil der Dame, die ihn zum Besten hatte, Feuer angezündet werden könne. Auch diese in den beiden folgenden Abschnitten des *chap-book* erzählte Perfidie des Zauberers ist in unserem Drama erwähnt — Tharsalio droht seiner ihn neckenden Schwägerin: *It shall go hard but I'll make my constant sister act as famous a scene as Virgil did his mistress, who caused all the fire in Rome to fail, so that none could light a torch but at her nose* (I 4, p. 313 b). Es ist das einer der nicht häufigen Fälle, in denen sich ein englischer Dramatiker anständiger ausdrückt als sein Gewährsmann. Dass Virgil's Korb-Abenteuer und seine Rache besonders beliebte Episoden seiner Historie waren, wird auch dadurch bewiesen, dass zwei Holzschnitte in einem der alten Drucke gerade diese beiden Ereignisse zur Darstellung bringen (cf. Thoms l. c. Introd. p. 17).

[1] Cf. Rapp. p. 13.

Leiche ihres Gatten in die Gruft und will das Grabgewölbe nicht mehr verlassen. Der trostlosen Wittwe in der Gruft nähert sich ihr Gatte Lysander als Versucher, in der Maske eines Soldaten (IV 2, p. 328ᵃ) — mit dieser Szene lenkt Chapman, wie längst erkannt worden ist,[1] in das Fahrwasser einer berühmten alten Anekdote ein, in die Geschichte der Matrone von Ephesus, wie sie Petronius Arbiter erzählt hat, in seinem „Satiricon" cap. CXI f.: *Eumolpus enarrat historiam de matrona Ephesina.* Abgesehen davon, dass im Drama der verkleidete Gatte selbst der Verführer ist, hat sich Chapman dem Bericht des Petronius so eng angeschlossen, dass sich manchmal der Wortlaut des Lateiners in seinem Text erkennen lässt, wie z. B. an folgenden Stellen:

Quintum jam diem sine alimento trahebat (cap. CXI).	Ero (die Dienerin der Cynthia). *Five days thus hath she wasted, and not once seasoned her palate with the taste of meat* (p. 328 b)
Miles, qui cruces servabat, ne quis ad sepulturam corpora detraheret (ib.).	Lys. *I am sentinel, / Set in this hallow'd place to . . . save the bodies . . . Of crucified offenders, that no friends / May bear them hence to honour'd burial* (ib.).
[Miles] coepit hortari lugentem, ne perseveraret in dolore supervacuo, et nihil profuturo gemitu pectus diduceret: omnium eundem exitum esse, sed et idem domicilium (ib.).	Lys. *Beat not the senseless air with needless cries, / Baneful to life and bootless to the dead. / This is the inn where all Deucalion's race, / Sooner or later, must take up their lodging* (p. 329 a).

Lysander bringt den trauernden Frauen Lebensmittel und veranlasst zuerst die Dienerin Ero zum Essen und Trinken, diese überredet die Herrin, Cynthia's Lebenslust erwacht und Lysander wird, zu seinem bitteren Schmerz,

[1] Cf. Langbaine p. 65; Eduard Grisebach 'Die treulose Wittwe, eine chinesische Novelle und ihre Wanderung durch die Weltliteratur'. Dritte Auflage, Stuttgart 1877. Mit dem chinesischen Erzähler stimmt Chapman, dessen Gewährsmann zweifellos Petronius war, darin überein, dass es sich bei beiden um eine von den Gatten selbst vorgenommene Prüfung der Wittwentreue ihrer Frauen handelt, welche sich vorher über eine andere schnell getröstete Wittwe sehr entsetzt haben (cf. Grisebach p. 18 ff.).

freundlichst aufgenommen. Während ihres Kosens wird die Leiche des einen der gekreuzigten Verbrecher gestohlen (von Tharsalio, der Cynthia in den Armen des Soldaten gesehen hat und diesen strafen will); dem pflichtvergessenen Wächter droht der Tod, da kommt Cynthia auf den ihren neuen Geliebten rettenden Gedanken, die Leiche ihres Gatten ans Kreuz zu hängen als Ersatz für den geraubten Verbrecher. So weit hat sich Chapman genau an die knappe Erzählung des Petronius gehalten — im entscheidenden Augenblick aber hat er eine jener gewaltsamen Steigerungen der Überlieferung vorgenommen, einen jener Knalleffekte eingefügt, wie sie uns in den englischen Bearbeitungen fremder und internationaler Stoffe so oft frappieren: Lysander erklärt der Wittwe, dass er der Mörder ihres Gatten gewesen sei: *I cannot do't; my heart will not permit / My hands to execute a second murther: / The truth is I am he that slew thy husband* (V 3, p. 334[a]). Gleichwohl drängt ihm Cynthia die Leiche ihres Gatten auf: ein Zug, der die Verworfenheit des Weibes dem klassischen Vorbild gegenüber in's Ungeheuere steigert. Nach dieser furchtbaren Szene, die einen tragischen Schluss verlangt, geht Chapman auf eigenen Pfaden zu einem sehr unbefriedigenden, im Gebiet der Posse liegenden Ziel. Tharsalio erkennt nachträglich in dem Soldaten seinen Bruder, er warnt seine Schwägerin. Lysander kommt mit den zur Sprengung des Sarges nötigen Werkzeugen, er hofft immer noch, dass die Frau vor dem Frevel zurückschaudern würde. aber Cynthia reisst dem Zögernden das Stemmeisen aus der Hand, als ob sie selbst die grause Arbeit beginnen wolle — und wendet sich wütend gegen ihren Gatten mit der Behauptung, sie habe ihn von Anfang an erkannt und seine Hinterlist gebührend bestraft. Der Hauptfehler des Stückes, die widerliche Mischung komischer und tragischer Elemente, macht sich in diesem Auftritt besonders unangenehm fühlbar. Lysander glaubt und bereut seinen eifersüchtigen Argwohn, für welchen er von dem Dichter schwer gestraft wird dadurch, dass ihn die schändliche Cynthia, wie wir in der letzten Szene ganz nebenbei erfahren, auf das Zureden der Eudora wieder zu Gnaden aufnimmt. Beherrscht ist diese letzte, durchaus possenhafte Szene von der Gestalt des bornierten *Governor of Cyprus,* welcher über den Mörder des Lysander und die nachlässige Schildwache Gericht halten will, ein gefährlicher Rechtsverdreher, lange nicht so komisch und harmlos wie Dogberry, zu dessen zahlloser Nachkommenschaft er vielleicht zu zählen ist.[1]

THE TRAGEDY OF CÆSAR AND POMPEY.[2]

Ein Stoff, für welchen Chapman aus einer reichen Überlieferung schöpfen konnte.[3] Er hat einen kühnen Anlauf genommen, die authentische Geschichte mit der dem Künstler erlaubten Freiheit zu bearbeiten. In Wirklichkeit hatte Pompeius, wie Cæsar im Jahre 49 a. C. mit seinen Truppen in Rom einrückte, die ewige Stadt bereits verlassen: das Drama aber versetzt uns in seinem ersten Akte in eine Senatsversammlung, in der sich die drei Hauptgestalten der Tragödie, Cæsar, Pompeius und Cato gegenüber gestellt sind und sich mit Worten befehden, bevor die Waffen ergriffen werden. Die Consuln und der Senat erklären sich schliesslich, der historischen Wahrheit entsprechend, für Pompeius, dem auch alle Sympathien des Dramatikers gehören: durchgehends ist Cæsar als der vom Glück begünstigte Friedenstörer behandelt.

Auch die erste Szene des zweiten Aktes bekundet noch des Dichters Streben nach selbständiger Komposition. Er sucht mit der Tragödie ein Satirspiel zu verbinden: Fronto, ein abgefeimter Schurke, Kuppler, Räuber und Mörder, will sich erhängen, weil er durch den Krieg in seinen Spitzbübereien gehemmt zu werden fürchtet. Von Donner und

[1] Cf. Ward II 29.

[2] Cf. Shepherd p. 351 ff.; gedruckt 1631. Fleay I 64 f.: *Entered S. R. 1631, May 18 . . . . This is, I think, an old play which Chapman had on his hands when he left stage-writing in 1608, or perhaps in 1604. It was never acted.*

[3] Cf. Langbaine p. 62: *See Suetonius's Life of Julius Cæsar, Plutarch's Lives of Pompey, Cæsar, and Cato, Velleius Paterculus, Florus, Dion, and Lucan.*

Flammen angekündigt, erscheint in Drachengestalt der Teufel Ophioneus: *Hold, rascal, hang thyself in these days! The only time that ever was for a rascal to live in* (p. 357[b])! Dieser Unhold verspricht dem erstaunten Fronto eine glänzende Laufbahn in der Schurkerei; Fronto fängt Feuer — und verschwindet nach dem Schluss dieser Szene spurlos aus dem Drama! Und mit ihm der Drachenteufel, der, wie uns der gelehrte Chapman von Ophioneus selbst mitteilen lässt, aus der Theogonie des Philosophen Pherekydes stammt (p. 358[a]). Nach dieser in jeder Hinsicht ausserhalb des Planes und des Tones des Dramas liegenden Szene tritt ein Nuntius auf, der nach dem Rezept der klassischen Tragödie über die ersten Ereignisse des Krieges zwischen Cæsar und Pompeius berichtet, im Anschluss an Plutarch; diesen verliert Chapman von der Nuntius-Széne an nie mehr aus den Augen[1]. Die Biographien Cæsar's, des Pompeius und des Cato Uticensis sind nicht selten wörtlich benützt wie z. B. an folgenden Stellen:

Σημείων δε πολλῶν γενομένων τῆς νίκης, ἐπιφανέστατον ἱστορεῖται τὸ περὶ Τράλλεις. Ἐν γὰρ ἱερῷ Νίκης ἀνδριὰς εἱστήκει Καίσαρος, καὶ τὸ περὶ αὐτὸ χωρίον αὐτό τε στερεὸν φύσει, καὶ λίθῳ σκληρῷ κατεστρωμένον ἦν ἄνωθεν· ἐκ τούτου λέγουσιν ἀνατεῖλαι φοίνικα παρὰ τὴν βάσιν τοῦ ἀνδριάντος (Cæsar XLVII).[2]	*Other presages of success . . . Have strangely happen'd . . . for in Tralleis, / Within a temple built to victory, / There stands a statue with your form and name, / Near whose firm base, even from the marble pavement, / There sprang a palm-tree up, in this last night, / That seems to crown your statue with his boughs* (III 1, p. 367 a).
Ὡς οὐδεὶς παρὰ τῶν συμπλεόντων ἐγίνετο λόγος φιλάνθρωπος πρὸς αὐτὸν, ἀποβλέψας εἰς τὸν Σεπτίμιον· „Οὐ δή πού σ'(εἶπεν) ἐγὼ γεγονότα συστρατιώτην ἐμὸν ἀμφιγνοῶ;“ κἀκεῖνος ἐπένευσε τῇ κεφαλῇ μόνον, οὐδεν προσειπὼν, οὐδὲ φιλοφρονηθείς (Pompeius LXXIX).[3]	Pomp. *Now tell me: / I think, my friend, you once served under me (Sept[im]ius only nods with his head).* Pomp. *Nod only! not a word deign? what are these?* (V 2, p. 377 a).

[1] Cf. Fleay l. c. p. 65: *Plutarch's 'Lives', on which it is entirely founded.*

[2] Cf. Plutarchi Vitarum Parallelarum e G. H. Schæferi recognitione tom. VII (Bibl. Cl. Scr. Pros. Græc., Lipsiae 1820/1, tom. XXII) p. 43.

[3] Cf. l. c. tom. VI (Bibl. tom. XXI) p. 122.

Ὦ Κάτων, φθονῶ σοι τοῦ θανάτου· καὶ γὰρ ἐμοὶ σὺ τῆς σαυτοῦ σωτηρίας ἐφθόνησας (Cato Minor LXXII).[1]	*O Cato, I envy thy death, since thou ./ Envied'st my glory to preserve thy life* (V 3, p. 380b).

Dass unser wohlbelesener Dichter neben Plutarch für die Einzelheiten noch andere Gewährsmänner zu Rat gezogen hat, ist durchaus wahrscheinlich. Die Bestimmung dieser allenfallsigen sekundären Quellen muss jedoch dem künftigen Herausgeber dieses Dramas überlassen bleiben, der auch an dem uns vorliegenden Text viel zu bessern finden wird. Von dem Standpunkte des Aesthetikers aus betrachtet, würde das Drama allerdings diesen Neudruck kaum verdienen, denn es zeigt,. trotz einiger von Lamb und Swinburne gepriesenen schönen Stellen, Chapman's Verhältnis zum classischen Altertum im ungünstigsten Licht. Statt, wie Goethe rät, die Dinge ruhig auf sich wirken zu lassen und dann den bezeichnendsten Ausdruck für sie zu suchen, hat er aus den Leben Plutarch's die effektvollsten Szenen herausgerissen und sie hastig in gebundene Rede gefasst. Kein Charakter ist mit fester Hand durchgebildet, und die Sprache ist nicht so bombastisch, aber auch lange nicht so reich an überraschenden, eigenartigen Bildern wie in den französischen Historien. Stofflich grenzt Chapman's Römerdrama an Fletcher's Stück „The False One", welches mit der Ermordung des Pompeius beginnt.

THE BALL.[2]

Lady Lucina, eine schöne und reiche junge Wittwe, hat viele Freier, die sie kecklich an der Nase herumführt und verspottet. Einmal kommt sie aber doch an den Unrechten, der von ihrer Zofe Scutilla begünstigte Colonel Winfield versteht ihr zu imponieren, durch ein Manöver, welches freilich wenig zu der ihm sonst vom Dichter gegebenen ehrlichen und derben Soldaten-Natur passt. Er hetzt die gefoppten Freier gegen die Lady auf, so dass die

[1] Cf. l. c. tom. VII (Bibl. tom. XXII) p. 162.

[2] Cf. Shepherd p. 486 ff.; lic. 18. Nov., 1632, gedruckt 1639. Soll von Shirley und Chapman verfasst sein, cf. Fleay II 238 f. Mich selbst hat in diesem Lustspiel nichts an Chapman erinnert.

Tölpel beschliessen, sie mit Worten zu insultieren. Mitten in ihren Schmähreden ergreift jedoch der Colonel die Partei der Dame, jagt die Lästerer mit Schimpf und Schande fort, und gewinnt auf diese Weise bei Lucina einen Stein im Brett. Bevor sie aber einwilligt, die Seine zu werden, verlangt sie, ganz im Sinne der modernen Frauen der Mrs. Sarah Grand, von ihm eine eidliche Versicherung, dass er bisher in jeder Hinsicht *honest of his body* gewesen sei (III, p. 504ᵇ). Der Colonel findet dieses Verlangen unerhört, will jedoch keinen Meineid schwören und gerade seine Ehrlichkeit gewinnt ihm die Braut. Dieses nicht allzu feine, aber lustige Spiel scheint den Reiz der Neuheit beanspruchen zu können, literarische Reminiszenzen werden in ihm kaum zu suchen sein.

Auch in der Nebenhandlung findet sich ein hübsches und wohl von dem Verfasser selbst ersonnenes Motiv: zwei Damen lieben denselben Mann, Lord Rainbow, der sich der schwierigen Wahl schlau zu entziehen vermeint, indem er beiden Frauen schmeichelt und ihnen selbst die Entscheidung überlässt. Zur Strafe für diese Doppelzüngigkeit lassen ihn die Damen schliesslich im Loos eine Niete ziehen. Alles verläuft ohne ernstliche Kränkung, ein Faschingsscherz.

Neben diesen anerkennenswert originellen Verwickelungen hat unser Dramatiker aber auch einige Anleihen bei seinen Vorgängern gemacht. Jack Freshwater, der seine Ländereien versilbert und das Geld ausborgt, unter der Bedingung, dass ihm nach seiner Rückkehr von Venedig der fünffache Betrag vergütet würde, verdankt diesen Einfall dem Puntarvolo in Ben Jonson's „Every Man out of his Humour“.[1] Der erbärmliche *tuft-hunter* Mr. Bostock bedroht einen Abwesenden und begrüsst den plötzlich Eintretenden auf das freundlichste (I 1, p. 487), wie vor ihm in ähnlicher Weise Master Stephen, Bobadill und Tucca,[2] die er jedoch an Feigheit noch übertrifft: er lässt sich geduldig prügeln und stossen, ähnlich wie der jämmerliche Lapet in Beaumont's und Fletcher's Drama 'The Nice

[1] Cf. Shepherd p. 486; Gifford's Shirley vol. III p. 2.

[2] Cf. Quellen I, p. 6.

Valour'. Das sind verbrauchte, aber von den *groundlings* stets wieder belachte Kniffe, die jedem Possenfabrikanten zu Gebote standen.

REVENGE FOR HONOUR. [1]

Schranken- und gewissenloser Ehrgeiz ist die Triebfeder dieser an bühnenwirksamen Szenen nicht armen Tragödie. Abrahen, der Sohn des arabischen Kalifen Almanzor, hasst seinen älteren Stiefbruder, den Thronerben Abilqualit, aus Gründen, die in seinem ersten Monolog angegeben sind: *He like a thick cloud stands 'twixt me and greatness* (Act I, p. 422[b]). Im weiteren Verlaufe des Dramas wird sein Hass noch gesteigert durch die Entdeckung, dass sich die von beiden Prinzen begehrte Caropia, das schöne und sinnliche Weib des Feldherrn Mura, dem älteren Bruder ergeben hat (II, p. 427[b]). Abrahen's keckes Intriguenspiel bewirkt, dass der Bruder die Gunst des Vaters verliert und der Vergewaltigung der Caropia beschuldigt wird — ein Verbrechen, welches von den Landesgesetzen mit Blendung bestraft wird. Abrahen aber will, dass Abilqualit tödlich getroffen werde, er organisiert eine Empörung der Soldaten zu Gunsten des verurteilten Prinzen, bei deren Ausbruch der die Nebenbuhlerschaft des populären Sohnes fürchtende Kalif seinen Erstgeborenen erdrosseln lässt (IV, p. 438[a]). Das nächste Opfer Abrahen's ist der Despot selbst, den Vater beseitigt er vermittelst eines vergifteten Taschentuches (ib., p. 438[b] f.). Der Mörder greift sofort nach der Krone, und wie es ihm auch noch gelingt, die charakterlose, herrschsüchtige Caropia für sich zu gewinnen, glaubt er alle Ehren und alles Glück des toten Bruders an sich gerissen zu haben. Aber Abilqualit ist nicht tot, die ihm ergebenen Verschnittenen haben das Todesurteil nicht vollzogen: durch einen Monolog seines Stiefbruders an seiner vermeintlichen Leiche über dessen Verbrechen aufgeklärt, erscheint er, um den Schändlichen

---

[1] Cf. Shepherd p. 416 ff.; Fleay II 326 f.: *Entered S. R. 29th Nov. 1653 by R. Marriott as Glapthorne's . . . and issued by him 1654 as . . . 'by G. Chapman' . . . There is no author known to me to whom I can assign it.*

zu entlarven und die Krone für sich zu fordern. Jeder Hoffnung auf Rettung beraubt, ersticht Abrahen Caropia und sich selbst. Caropia aber hat noch die Kraft, Abilqualit, dessen Liebe und Krone sie keinem anderen Weibe gönnt, zu erstechen. So ist die ganze fluchbeladene Dynastie ausgerottet, der sterbende Abilqualit bestimmt seinen Nachfolger, ähnlich wie Hamlet.

Auch sonst werden wir wiederholt an Shakespeare's grosse Tragödien erinnert, am stärksten an 'King Lear' — der Bastard Edmund, der seinen legitimen Stiefbruder verläumdet und seinen bethörten Vater in's Elend stösst, er könnte das Vorbild des Abrahen gewesen sein. Caropia kommt mit der Absicht, Abrahen, den Verderber ihres Geliebten, zu ermorden, wie sie bereits das Leben ihres Gatten ihrer Rache geopfert hat; aber die Überredungskunst, die Schmeicheleien und Versprechungen ihres Feindes entlocken ihr schliesslich die Einwilligung, seine Gattin zu werden. Gloucester's Werbung um Lady Anna (Richard III, Act I sc. 2) — dieses Wagnis Shakespeare's wird unserem unbekannten Dramatiker wohl im Gedächtnis gewesen sein. Doch wirkt seine Szene nicht so überraschend, weil wir der Ehebrecherin und Gattenmörderin Caropia die Wandlung viel eher zutrauen als der englischen Fürstin. Im Wortlaute unserer Tragödie lassen sich nur wenige Shakespeare-Reminiszenzen erkennen.[1]

Hat der Verfasser eine zusammenhängende Darstellung der Geschicke des unglücklichen Prinzen Abilqualit als Quelle vor sich liegen gehabt? Die Frage muss eine offene bleiben, mir selbst ist die Existenz einer solchen Quellen-Erzählung nicht wahrscheinlich, trotz der zum Teil sehr

[1] Pistol's Frage: *Trail's thou the puissant pike* (Henry V; IV 1, 40)? spiegelt sich in dem Verse: *Fit for the trailer of the puissant pike* (I, p. 416b). An Horatio's Spott über Osric: *This lapwing runs away with the shell on his head* (Hamlet V 2, 193) erinnert das Gleichnis des Simanthes: *Boldness . . . makes them run forth like lapwings / From their warm nest, part of the shell yet sticking / Unto their downy heads* (II, p. 423). Aber solche *Lapwing*-Gleichnisse waren damals gang und gäbe, cf. z. B. Carpenter's 'Metaphor and Simile in the Minor Elizabethan Drama', Chicago 1895, p. 84.

sonderbaren Namen der Handelnden. Ich halte es für durchaus möglich, dass der wohl noch jugendliche Dramatiker sich den Plan selbst entworfen hat, mit mehr oder minder unbewusster Verwertung nachhaltiger Bühneneindrücke. Auch seine Sprache zeigt eine ähnliche Mischung von abgenützten Theaterphrasen und frischen, originellen Wendungen. Im Ausdruck und in Charakterzeichnung übertreibt er, namentlich sein Abrahen ist ein Bösewicht von tiefster Bühnenschwärze, einer jener unglaublichen Schurken, die sich über ihre eigene Verworfenheit freuen, sich ihrer rühmen: *If I can be thus subtle / While a young serpent, when grown up a dragon / How glorious shall I be in cunning practice!* (II, p. 426[a]). Aber der theatralische Instinkt des Verfassers ist nicht zu bezweifeln, die Handlung stockt nicht, der Knoten ist geschickt geknüpft und glatt gelöst nach den Gesetzen der strengsten poetischen Gerechtigkeit: alle Sünder gehen an ihren Sünden zu Grund. Den Titel der Tragödie erklären uns die Worte, mit denen der sterbende Abilqualit seine Mörderin entschuldigt: *Heavens, you are just, this is / Revenge for thy dear honour, which I murder'd* (V, p. 447[b]). Diese Erklärung war aber auch nötig, denn der Charakter der Caropia ist so gehalten, dass man mit ihr den Begriff 'Ehre' schlechterdings nicht in Verbindung bringt.

ALPHONSUS EMPEROR OF GERMANY.[1]

Der Deutsche, dessen Spiegelbild uns das Drama der Zeitgenossen und Nachfolger Shakespeare's zeigt, ist keineswegs eine gewinnende Persönlichkeit. Wie Bardolph, muss er eine von übermässigem Zechen stark gerötete Nase besessen haben: Anspielungen auf die Trunksucht der Deutschen

[1] Cf. Shepherd p. 381 ff. und Karl Elze's Ausgabe, Leipzig 1867. Fleay II 311: *Evidently an old play. The date of the Blackfriars revival was 5th May 1636; it was there acted before Queen Henrietta and the Prince Elector . . . Wood and Winstanley, with much greater probability, assign it to Peele;* cf. ib. p. 156 f. Gedruckt 1654.

sind sehr beliebt,[1] das grosse Fass von Heidelberg gilt für eine der berühmtesten Sehenswürdigkeiten, für ein Symbol Deutschlands.[2] Die Freigebigkeit der deutschen Universitäten mit Doktordiplomen wird bespöttelt,[3] und man darf sich schliesslich noch ganz geschmeichelt fühlen, dass wenigstens die deutschen Schwarzkünstler, Uhren und die Frankfurter Messe erwähnenswert erscheinen.[4]

---

[1] So heisst es z. B. bei D'Avenant von 'Albovine': *He is a German in his drink* (I 1, vol. I p. 28); bei Fletcher: *But say we pass through Germany, and drink hard* (Wild-Goose-Chase V 6, vol. VIII p. 203); bei Heywood sagt ein Clown von Germany: *A place that I should highly stand for, if the Princesse had impos'd on us a chalenge for drinking* (Challenge for Beauty II 1, vol. V p. 17); Ben Jonson lässt den Säufer und Schlemmer Carlo Buffone von Macilente anreden: *My good German tapster* (Every Man out of his Humour V 4, vol. II p. 189); bei Marston lesen wir: *Heele out-crack a Germaine when hee is drunke* IV, vol. II p. 66). Von dem schlechten Rufe der Deutschen in dieser Hinsicht spricht auch Herford 'Studies in the Lit. Rel. of E. and G. in the 16th c.' (Cambridge 1886) p. 380. Elze (Introd. p. 29 f.) citiert aus D'Avenant's 'Albovine': *To testifie the joy my soul conceives I'll drink* — Hermegild . . . . *This dull German phrase makes her suspect your temperance,* und wundert sich, welch grammatischer Germanismus wohl in Albovine's Worten zu suchen sei. Das T r i n k e n ist der Germanismus — dass Albovine von seinen Trinkabsichten spricht, klingt der Hermegild deutsch, nicht der Satzbau.

[2] Cf. Glapthorne: *Like the great tun at Heidleberge* (Wit in a Constable II 1, vol. I p. 190); in seinem 'Albertus Wallenstein' sagt Newman: *And 'twere the Tun of Heidleberg, I'd drink it* (V 2, vol. II p. 75); Shirley: *The barrel of Heidelberg was the pattern of his belly* (Wedding I 1, vol. I p. 368). Nicht wenig mag zu dieser Berühmtheit des Heidelberger Fasses in England beigetragen haben, dass sich Thomas Coryat in seiner Reisebeschreibung, betitelt 'Coryats Crudities', veröffentlicht 1611, nicht mit einer genauen Schilderung des Monstrums begnügt, sondern einen Holzschnitt eingefügt hat, welcher das grosse Fass und auf dem Fasse ihn selbst mit einem Glas Wein in der Hand darstellt (vgl. die Anmerkung zu der ersten Glapthorne-Stelle p. 251; Hazlitt's Handbook p. 123 a).

[3] Von einem im *Bachelor of Arts*-Examen der Universität Cambridge verunglückten Dichter heisst es: *He was faine to take his course by Germanie / Ere he coulde gett a silie poore degree*)Returne from Parnassus ed. Macray, Prologue p. 25).

[4] So sagt z. B. bei Ben Jonson der Puntarvolo verspottende Carlo Buffone: *You may have, as you come through Germany, a familiar for*

Freilich bot Deutschland damals dem Ausland das traurigste Schauspiel: die Gräuel, die schwere Not des dreissigjährigen Krieges.[1] Seiner Hauptgestalten und Hauptereignisse wird auch von den Dramatikern hin und wieder gedacht, der Siege Gustav Adolph's,[2] Tilly's,[3] der Ermordung Wallenstein's.[4] Dieses in ganz Europa Sensation erregende Ereignis wurde in England sehr bald nach 1634 dramatisiert, Henry Glapthorne's Tragödie 'Albertus Wallenstein' zeigt uns den bedeutenden Feldherrn vertamerlant, zu einem gegen sein eigenes Fleisch und Blut wütenden Tyrannen entstellt. Deutsche Menschen und Dinge wurden auf der englischen Bühne gern in so übertriebener, unwirklicher Weise dargestellt, ja man kann sagen, dass der Glapthorne'sche 'Wallenstein' noch eine verhältnismässig ge-

---

little or nothing, shall turn itself into the shape of your dog, or any thing, what you will, for certain hours (Every Man out of his Humour V 4, vol. II p. 194). *German clocks* sind erwähnt in 'Epicoene' IV 1, vol. III p. 432, wo in Gifford's Anmerkung auf entsprechende Stellen bei Middleton und Shakespeare hingewiesen ist. Die Frankfurter Messe — *Francfort Mart* —, welche Coryat beschrieben haben soll, ist erwähnt in Beaumont's und Fletcher's Drama 'The Fair Maid of the Inn' (IV 2, vol. X p. 82).

[1] Die anfängliche Begeisterung für den Krieg, in welchem es sich für die Engländer in erster Linie um das Schicksal der englischen Prinzessin handelte, kommt zur Geltung in Middleton's Mask 'The World Tost at Tennis' (1619/20): *I'll over yonder to the most glorious wars / That e'er fam'd Christian kingdom*, sagt der Soldat (vol. V p. 200).

[2] Mittelbar von Shirley, der in einem schlechten Witz auf die Niederlagen der kaiserlichen Truppen anspielt: Pimponio. *Are you a High German?* Ascanio. *I was so at the beginning of the wars; / What we are beaten to, you may discern.* Pimp. *Are you beaten to that! you'll be a very little nation an the wars continue* (Opportunity III 1, vol. III p. 407).

[3] Shirley: *I'll stand upon my guard, entrench, and dare / The ghost of Tilly* (Example III 1, vol. III p. 327). Eine Anspielung in Massinger's 'Bashful Lover' (IV 3, vol. IV p. 430) auf die Unmenschlichkeit der Feldherrn und die Strafe des Himmels, welche ein *late example* deutlich gezeigt habe, ist sowohl auf Tilly, als auch, und mit besserer Begründung, auf Wallenstein bezogen worden (vgl. Gifford's Anmerkung l. c.).

[4] Shirley: *Is't true what loud fame scatters / Of the great general's revolt? . . . He is slain for certain* (Example IV 1, vol. III p. 335).

treue Wiedergabe deutscher Verhältnisse bietet. Zumeist begnügten sich die Dramatiker bei der Behandlung deutscher Stoffe damit, einen deutschen Schauplatz anzudeuten und im übrigen die Geschehnisse so unhistorisch und die Menschen so undeutsch wie nur irgend möglich zu schildern.[1]

Der Chapman zugeschriebene 'Alphonsus' bildet, was die Thatsachen betrifft, keine Ausnahme von dieser Regel. Die ruhelose Zeit des grossen Interregnums in Deutschland (1257—1273), die beiden Gegenkönige Alphonsus und Richard, *Duke of Cornwall*, die zwischen ihnen schwankenden sieben Kurfürsten des deutschen Reiches — Hintergrund und Hauptgestalten sind historisch, aber die Handlung weicht gänzlich ab von der authentischen Geschichte. Die Tendenz unserer Tragödie ist richtig getroffen in den Worten: *This Play, tho' it bear the Name of 'Alphonsus', was writ . . . in Honor of the English Nation, in the Person of Richard Earl of Cornwal.*[2] Der Engländer hat den König Alfons X. von Castilien, von dem die Geschichte gar nichts Schlimmes berichtet, kohlpechrabenschwarz angestrichen, um eine wirksame Folie für die Lichtgestalt des englischen Fürsten zu gewinnen, und am Schluss des Stückes ertönt, mit Friedens- und Wohlstands-Verheissungen, der Ruf: *Vivat Cæsar! Richardus, Dei Gratia Romanorum Imperator, semper Augustus* (p. 415[b]).

Alphonsus, der uns als gewählter Kaiser von Deutschland entgegentritt, fühlt sich bedroht, weil vier der Kurfürsten sich nachträglich dem Richard zuwenden. Um diesen gefährlichsten Rivalen matt zu setzen, lässt er den von ihm bestochenen *Bishop of Mentz* vorschlagen, man solle dem Spanier einen einheimischen Fürsten als Mitregenten zur Seite stellen, und zwar einen der Kurfürsten selbst, den *King of Bohemia*. Alphonsus' eifrigster Helfer bei seinem tötlichen Intriguenspiel gegen Richard und die Kurfürsten ist sein Page Alexander de Toledo, der Sohn des kaiserlichen Geheimschreibers Lorenzo de Cyprus. Diesen ge-

[1] Vgl. über derartige pseudo-deutsche Dramen Elze's *Introduction* p. 22 ff. und Herford l. c. p. 171 ff.

[2] Cf. Langbaine p. 59.

lehrten Mann hat Alphonsus selbst vergiftet, weil Lorenzo ihn zu genau kannte und zu viel von seinen Plänen wusste; dem racheheischenden Sohn gegenüber aber gelingt es ihm, die Blutschuld auf die Kurfürsten und Richard zu legen und auf seine eigene Gattin, die Kaiserin Isabella, welche zugleich die Schwester Richard's und ihm als solche verdächtig ist: *My wife is sister to mine enemy, / And therefore, wisely to be dealt withal* (I 1, p. 382[a]). Der erste, gegen Richard selbst gerichtete Anschlag missglückt, Richard tötet die gegen ihn ausgesandten Meuchelmörder (II 3, p. 393 f.). Der *Bemish King* wird vergiftet (III, p. 397), der *Palatine of the Rhein* des Ehebruchs mit der Kaiserin bezichtigt und niedergemacht (III, p. 400 f.), der *Bishop of Mentz* erstochen (IV 2, p. 406). Der *Duke of Saxon* aber wird nicht in eigener Person, sondern in seiner Tochter Hedewick vernichtend getroffen. Hedewick wird mit dem Neffen Richard's, mit dem englischen Kronprinzen, Edward, *Prince of Wales*, vermählt, aber Alphonsus bewerkstelligt, dass in der Brautnacht der junge Alexander die Stelle des Bräutigams einnehmen kann. Sie wird deshalb von ihrem rechtmässigen Gatten verschmäht und verstossen und schliesslich mit ihrem Kinde von ihrem eigenen Vater, in seiner Verzweiflung über die ihr und ihm angethane Schmach, getötet (IV 3, p. 408). Hedewick's trauriges Schicksal könnte Otway bei der Schöpfung der Monimia in seinem Trauerspiele 'The Orphan; or, The Unhappy Marriage' im Gedächtnis gehabt haben,[1] und in beiden Tragödien dünkt uns die rohe Vernichtung der schuldlosen Frauen dichterisch nicht zu rechtfertigen, unkünstlerisch. Die endliche Bestrafung der Bösewichter wird durch einen Selbstverrat des Alphonsus herbeigeführt, der sich seinem Helfershelfer Alexander als Mörder seines Vaters zu erkennen giebt (V, p. 412). Alexander ersticht den Kaiser und wird schliesslich selbst zur Hinrichtung abgeführt (ib., p. 415[a]).

An eine alle Ereignisse bietende, literarische Quelle

---

[1] Langbaine (p. 398 f.) bemerkt jedoch über Otway's Drama: *Founded on a Novel, call'd 'English Adventures': See the History of Brandon*, p. 17; vgl. ESt. I 448, Anm. 1.

ist für diese unhistorische Ausfüllung eines historischen Rahmens gewiss nicht zu denken.[1] Ich bin geneigt, auch bei diesem Drama, wie bei „Revenge for Honour", an eine weitgehende Selbständigkeit des Verfassers oder der Verfasser zu glauben, und finde in diesem Glauben eines der Argumente gegen die Autorschaft Chapman's, der sich in seinen Tragödien seinen Quellenwerken oft und eng anschliesst. Dass der „Alphonsus" nicht von Chapman allein verfasst sein kann, hat die Kritik geschlossen aus der eigentümlichen Sprachmischung des Dialogs, der nicht nur sehr viele zusammenhängende Reden in richtigem Deutsch, sondern auch mitten im englischen Text deutsche Worte und Wendungen aufweist; die anderen Stücke unseres Dichters sind ganz ohne derartige Germanismen.[2] Aber es giebt eine Erwägung, die uns die Beteiligung Chapman's an der Abfassung der beiden zuletzt besprochenen Tragödien überhaupt sehr zweifelhaft erscheinen lässt: in den echten Tragödien überwiegt die dichterische Stimmung, die Gedanken-, Wort- und Gleichnisfülle des Dichters belastet und hemmt die Entwickelung, die Handlung ist Nebensache, der Dialog die Hauptsache — in den beiden fraglichen Tragödien drängt der Dramatiker, der stets auf Bühnenwirkung und Knalleffekte bedachte *playwright* den Dichter in den Hintergrund, die Handlung ist die Hauptsache, nicht die poetische Ausschmückung des Dialogs. Ob wir

---

[1] Langbaine (p. 60) sagt über Alexander's schliessliche Rache an dem Kaiser: *To compleat his Revenge he makes him first deny his Saviour in hopes of Life, and then stabs him, glorying that he had at once destroyed both Body and Soul. This Passage is related in several Authors, as Bolton's 'Four last Things', Reynolds 'of the Passions', Clark's 'Examples', Wanley's 'History of Man'.*

[2] In 'Byron's Conspiracy' II, p. 225a lesen wir: *their grove of ritters*, aber das Wort ist für Chapman ein Lehnwort aus dem Französischen. Jean de Serres' Text bot ihm an der entsprechenden Stelle (vgl. oben p. 22) wiederholt das Wort *Reitres*. — Elze (Intr. p. 32 f.) hat für den 'Alphonsus' an einen der deutschen Sprache kundigen Mitarbeiter Chapman's gedacht. Von den Dramatikern scheint Richard Brome Deutsch verstanden zu haben, in seiner Komödie 'The Novella' (1632) spricht der Deutsche Swatzenberg einige Sätze leidlich richtig (V 1, vol. I p. 169).

uns diese grosse Verschiedenheit, dieses Vorherrschen des stofflichen Interesses in der letzteren Gruppe damit erklären dürfen, dass wir die beiden Ehrgeiz-Tragödien als Alterswerke Chapman's betrachten,[1] möchte ich stark bezweifeln. Mir machen „Revenge for Honour“ und „Alphonsus“ mit ihrer Häufung von Gräueln, ihrem Gemetzel einen entschieden jugendlichen Eindruck.

Der englische Prinz Edward, der sich um die des Englischen unkundige deutsche Prinzessin bewirbt — er kann in dieser Szene (II 2, p. 389 f.) wohl ein Epigone des fünften Heinrich's sein, der die in sehr gebrochenem Englisch sprechende französische Prinzessin freit (Henry V, V 2, 98 ff).[2] Ausserdem vernehmen wir m. E. ein Shakespeare-Echo in den lügnerischen Tiraden des sich vergiftet stellenden Alphonsus, er bedient sich desselben Bildes wie der an Gift sterbende King John, dessen Klagen sich dem Gedächtnis der Zuhörer besonders tief eingeprägt zu haben scheinen:[3]

K. John. *There is so hot a summer in my bosom, / That all my bowels crumble up to dust: / I am a scribbled form, drawn with a pen / Upon a parchment, and against this fire / Do I shrink up* (V 7, 30 ff.).

Alph. *I feel the ascending flame lick up my blood; / Mine entrails shrink together, like a scroll / Of burning parchment, and my marrow fries* (IV 2, p. 405 a).

Eisige Kühlung verlangen beide Fürsten. Die Übereinstimmung in dem Pergament-Gleichnis ist schwerlich eine zufällige.

Die klassische Welt und das moderne Frankreich — sie haben unserem Dichter das meiste Material für seine Bühnenwerke geliefert. Italienische und spanische Einflüsse lassen sich kaum erkennen, in dieser Hinsicht unterscheidet sich Chapman sehr wesentlich von der Mehrzahl seiner

[1] Cf. Elze l. c. p. 36 f.; Swinburne l. c. p. 123.
[2] Cf. Elze l. c. p. 27.
[3] Cf. Quellen I pp. 71, 115.

Collegen. Aus dem nationalen Schrifttum, aus der älteren[1] und zeitgenössischen Literatur Englands ist ihm manche Anregung geworden: auch für ihn waren Shakespeare's Gestalten und Situationen oft vorbildlich, auch ihn hat vor allem Hamlet's rätselvolles Wesen gefesselt — wiederholt hat er ihm für seine Charaktere Züge entlehnt; Reflexe aus den Werken Lyly's,[2] Marlowe's,[3] Kyd's,[4] Ben Jonson's[5] und Marston's[6] fehlen auch in Chapman's Dramen nicht.

Ein auffälliger Unterschied ergiebt sich dem Quellen-

[1] Ein zweimal wiederholtes Citat aus Tottel's Miscellany ist den bisherigen Herausgebern entgangen: *'Tis he, by heaven, wrapt, in his careless cloak* (Monsieur D'Olive V 1, p. 137 b); *What, wrapt in careless cloak, face hid in hat unbanded* (Widow's Tears III 1, p. 322 a). Eine der Liebesklagen des Earl of Surrey beginnt: *Wrapt in my carelesse cloke, as I walke to and fro: I se, how loue can shew, what force there reigneth in his bow* (cf. Arber's Reprint p. 26). — Über ein parodistisches Citat aus Spenser's 'Shepherd's Calendar' in 'Monsieur d'Olive' IV 1, p. 133 a cf. Old Plays vol. V p. 410. — Auch der Mirror for Magistrates wird spöttisch erwähnt: *Lorenzo, my uncle, an old senator, one that has read Marcus Aurelius, Gesta Romanorum, The Mirror of Magistrates, etc. to be led by the nose like a blind bear that has read nothing!* (May-Day III 1, p. 289 a). — Vgl. ausserdem oben p. 9. — Im 'Alphonsus' ist Ambodexter erwähnt, der *Vice* in Preston's 'Cambyses', cf. Elze p. 138.

[2] Ward II 23 betont mit Recht die Euphuismen des Pagen in 'All Fools' III 1. Die ganze Stimmung der Szene lässt erkennen, dass es Chapman auf eine Parodie des auffälligen Stiles abgesehen hatte, dass er durch seine Verwendung eine komische Wirkung erzielen wollte, vgl. z. B. p. 63 b: *If [Gazetta] be wanton abroad, are not you wanting at home? if she be amerous, are not you jealous? if she be high set, are not you taken down? if she be a courtezan, are not you a cuckold?* — Chapman's Cupid spielt mit der Nymphe um Küsse, und verliert Bogen und Pfeile an sie (Byron's Tragedy I 1, p. 248), in genauer Übereinstimmung mit dem Anfange von Lyly's berühmtem Liedchen in 'Campaspe' III 5.

[3] Cf. Ward II pp. 21, 28 Anm.

[4] Cf. in 'Old Plays' vol. IV p. 4, May-Day I 1 (Shepherd p. 275 b): *O hair, no hair, but beams stol'n from the sun.* Auch bei Bassiolo's Worten: *Foxes, go by, I put my terror forth* (Gentleman Usher V 1, p. 105 a) denkt man sofort an Hieronimo's bekannten Ausruf.

[5] Bassiolo bezeichnet den Schuft Medice mit *that Bobadilla* (cf. ib.).

[6] Cf. Old Plays l. c. p. 75.

forscher zwischen dem Lustspieldichter und dem Tragiker Chapman. Jenem lassen sich wenig literarische Quellen nachweisen; obschon er es keineswegs verschmäht, gar manches dankbare Motiv seiner Vorgänger zu verwenden, manchen bewährten Bühnentrumpf nochmals auszuspielen, bekundet er in der Führung der Handlung doch eine bemerkenswerte Unabhängigkeit des Schaffens. Ganz anders der Tragiker — er entnimmt die Handlung fast durchgehends seinen Quellen, selten versucht er sich in freier Komposition. Die Art und Weise, wie das Quellen-Material in den Tragödien verarbeitet ist, fordert oft zur Kritik heraus, die Hand des Dramatikers ist nicht stark genug, die Stoffmasse zu durchdringen, ihr die nötige symmetrische Form zu geben. Nach unseren modernen Begriffen von Bühnenwirksamkeit sind Chapman's Tragödien unaufführbar, gehören sie durchaus der Klasse der Lesedramen an. Der Leser aber wird die bilder- und gedankenreichen Worte unseres Dichters mit Genuss in sich aufnehmen. Mit einem kühnen, aber deutlichen Gleichnis ist als Shakespeare's Merkmal bezeichnet worden „das Schwungbrett, das er unter die Worte . . . legt. Einen Schritt machen wir auf der Erde, und beim nächsten fliegen wir".[1] In viel grösseren Zwischenräumen erhebt uns auch Chapman's Dialog in die reine Luft der echten, unvergänglichen Poesie.

[1] Cf. Brandes' Shakespeare p. 241.

PHILIP MASSINGER.

THE VIRGIN-MARTYR.

Eine Dramatisierung der Legende der heiligen Dorothea,[1] eines der nicht zahlreichen Bühnenspiele jener Epoche, deren Stoffe die Gedanken des Quellenforschers in das Mittelalter zurückweisen.[2] Um zu der Quelle der englischen Dramatiker zu gelangen,[3] brauchen wir jedoch vermutlich nicht weit zurückzugehen — fast alle von ihnen aufgenommenen stofflichen Elemente der Legende könnten sie einem grossen Martyrologium des 16. Jahrhunderts entlehnt haben: *De Probatis Sanctorum Historiis . . . nunc recens recognitis . . . per F. Laurentium Surium Carthusianum. Tomus primus, complectens Sanctos Mensium Januarii et Februarii. Coloniae Agrippinae, Anno MDLXXVI*; fol. 896 ff.: *Martyrium S. Dorotheae Virginis.* Wie in dieser Legende, ist auch im Drama Cæsarea der Schauplatz: die jungfräuliche Christin Dorothea — ihr Verfolger Sapritius, der sie martern und schliesslich enthaupten lässt — die vom Christentum

---

[1] Cf. Gifford vol. I p. 1 ff. Lic. 1620, Oct. 6; gedruckt 1622. Fleay (Chron. I 212): *It is evidently a recasting by Massinger of an old Dekker play.*

[2] Über mittelenglische Dorotheen-Legenden vgl. G. Willenberg 'Die Quellen von Osbern Bokenham's Legenden' ESt. XII 25 ff.

[3] Betreffs der Quellenfrage ist bis jetzt nur Langbaine's ziemlich unbestimmte Äusserung zu verzeichnen: *I presume the Story may be met with in the Martyrologies which have treated of the Tenth Persecution in the time of Dioclesian, and Maximian. See Rossweidus, Valesius, etc.* (p. 359). Ob Massinger die spanischen *autos* als Muster vor Augen hatte, wie Ward II 270 im Anschluss an Hallam vermutet, bleibt zweifelhaft.

wieder abgefallenen Schwestern Christe und Caliste (im Drama: Christeta und Calista), welche auch Dorothea zum Widerrufe bewegen sollen, jedoch beide von ihr abermals bekehrt und deshalb von den Heiden getötet werden — der Christenhasser Theophilus, der an die dem Tode geweihte Dorothea spottend die Bitte richtet: *Eia tu sponsa Christi, mitte mihi de paradiso sponsi tui mala aut rosas* (im Drama: *Pray you send me some / Small pittance of that curious fruit you boast of* Act IV sc. 3 p. 95) und nach dem Eintreffen dieses überirdischen Geschenkes als christlicher Märtyrer stirbt — alle diese Gestalten und ihre Schicksale sind der lateinischen Legende und dem Drama gemeinsam.[1] Mit anerkennenswertem Geschick haben die Dramatiker dem übernatürlichen Element, dem Eingreifen der himmlischen und höllischen Mächte, einen weiteren Spielraum gegeben. In der Legende bittet die Märtyrerin den Himmel, dem Theophilus die Früchte und Blumen zu senden: *absolutaque oratione, ecce puer ante eam apparuit, ferens in orario tria mala optima, et tres rosas*, welche er dem Theophilus bringt. Dieser himmlische Knabe ist das Vorbild des Angelo, welcher im ganzen Verlaufe

[1] Für die Annahme, dass unsere Dramatiker in erster Linie aus Surius schöpften, scheint besonders der Umstand zu sprechen, dass der Statthalter von Cæsarea, welcher in der Zusatz-Legende der 'Legenda Aurea' (ed. Graesse, Dresdae et Lipsiae 1846; Cap. CCX p. 910 ff.) *Fabricius* und bei Lipomanus (Historiae Aloysii Lipomani Episcopi Veronensis De Vitis Sanctorum, Lovanii 1564; Pars secunda fol. 158), dessen knapper Bericht als Quelle nicht in Betracht kommen kann, *Apricius* heisst, bei Surius und in dem englischen Drama *Sapritius* genannt ist. Doch fehlt es nicht ganz an Indicien dafür, dass die Dramatiker auch noch andere Versionen der Legende kannten. Macrinus sagt von Dorothea, dass sie reich und die Tochter eines römischen Senators sei *(though her birth be noble, / The daughter to a senator of Rome, / By him left rich* Act I p. 24). Bei Surius ist von der Abstammung der Dorothea nicht die Rede, die Märtyrerin ist losgelöst von allen irdischen Beziehungen, der erste Satz der bei Graesse gedruckten Legende hingegen lautet: *Gloriosa virgo et martir Dorothea ex patre Doro et matre Thea fuit progenita ex nobili sangue senatorum*, und zwar, wie der Context zeigt, aus dem Blute römischer Senatoren. Möglicherweise giebt es eine mir nicht bekannte Version der Legende, welche sowohl Dorothea's Abstammung meldet, als auch den Namen Sapritius bietet.

des Dramas der Dorothea als treuer Diener und Beschützer zur Seite steht, und er hat zugleich die Dramatiker veranlasst, ihm eine wirkunsvolle Kontrastfigur gegenüberzustellen, den Dämon Harpax, der als Geheimschreiber des Theophilus eingeführt ist.

Die Verschiebungen, welche die englischen Dramatiker innerhalb dieser der Legende entlehnten Verhältnisse vorgenommen haben, dienen der für die Bühne notwendigen Concentrierung des Interesses: Theophilus, in dessen Schicksal auch die Legende gipfelt, obwohl er in ihr erst nach der Verurteilung der Dorothea genannt ist, steht im Drama vom Anfange an im Vordergrunde, als grausamster Verfolger der Christen, als Vater und Mörder der Jungfrauen Christeta und Calista, als Vertrauter des Teufels Harpax. Für die der Legende gänzlich mangelnde Erotik haben die Dramatiker gesorgt durch die neu- und zweifellos frei erfundenen Gestalten des Sohnes des Statthalters Sapritius, des Antoninus, der sich in hoffnungsloser Leidenschaft für Dorothea verzehrt, und der in Antoninus verliebten Kaisertochter Artemia. Sehr unerwünschte Zugaben sind die beiden Schurken Hircius und Spungius, zuerst Diener, später Folterer der Märtyrerin; sie befriedigen das gemeinste Unterhaltungsbedürfnis in einer Weise, dass ihre Roheiten und das Übermass von Folterei und Blutvergiessen aller Art uns das Drama gründlich verleiden könnten. Die Gestalt der Heiligen selbt jedoch hebt sich von diesem schmutzigen und blutigen Hintergrunde in plastischer Reinheit ab, und aus dem letzten Akte strömt uns der Wohlgeruch der himmlischen Früchte und Blumen entgegen, der ein ähnliches ästhetisches Behagen erzeugt, wie der Duft der Rosen- und Lilienkränze in Chaucer's Caecilien-Legende.[1]

Zu den bekannten Shakespeare-Reminiscenzen dieses Dramas möchte ich noch auf die Worte aufmerksam machen, mit welchen der bekehrte, sich dem Märtyrertode weihende Theophilus den Macrinus fliehen heisst: *Leave me here*; / *There is a scene that I must act alone* (Act V sc. 2, p. 112).

---

[1] Cf. ten Brink's 'Geschichte der engl. Litteratur' II 59.

Juliet, von Todesfurcht gepackt und im Begriff, die Amme zurückzurufen, hatte sich beherrscht mit den Worten: *What should she do here? / My dismal scene I needs must act alone* (Act IV sc. 3, 18 f.).

Die Reden der beiden Schandbuben Spungius und Hircius sind mit gewagten Metaphern gespickt, mit possenhaften Verschmelzungen des Concreten und Abstrakten. Spungius sagt z. B.: *Untruss the cod-piece-point of our reward, no matter if the breeches of conscience fall about our heels* (Act II sc. 3, p. 42); *the thread of my life is drawn through the needle of necessity* (Act III sc. 3, p. 67); nach der Confiscation von Dorothea's Hab und Gut bemerkt er: *The petticoat of her estate is unlaced, I confess,* und Hircius fährt fort: *Yes, and the smock of her charity is now all to pieces* (Act II sc. 3, p. 50). Der Diener des Justice Bramble in Ben Jonson's „Tale of a Tub", genannt Metaphor, der sich übrigens seiner ihm durch den Etiquetten-Namen auferlegten Verpflichtung nur hin und wieder erinnert, hat sich später auch einige ebenso auffällige Metaphern geleistet, möglicherweise eine Reminiscenz aus den Bedienten-Gesprächen des Massinger-Dekker'schen Stückes, vgl. z. B.: *I shall fit / The leg of your commands with the strait buskin / Of dispatch presently . . . Let not the mouse of my good meaning, lady, / Be snapped up in the trap of your suspicion, / To lose the tail there, either of her truth, / Or swallow'd by the cat of misconstruction* (Act IV sc. 4; cf. vol. VI p. 211). Beachtenswert sind die citierten und ähnlichen Stellen des älteren Stückes als eine Reaktion gegen den überquellenden Bilderreichtum der elisabethanischen Dichtersprache, als eine parodierende Kritik derselben.

THE UNNATURAL COMBAT.[1]

Dieser unnatürliche Kampf findet statt zwischen Malefort, dem Admiral von Marseille, und seinem Sohne. Die Herausforderung geht vom Sohne aus, der Grund seines

[1] Cf. Gifford. I p. 123 ff.; gedruckt 1639. Fleay (Chron. I 215): *I date it 1621 provisionally.*

tötlichen Hasses gegen den Vater wird vor dem Kampfe nicht klar ausgesprochen. Wir ahnen mehr, als wir wissen, dass der Sohn als Rächer seiner Mutter erscheint, dass Malefort sen. sich an seiner ersten Gattin schwer versündigt hat. Im Zweikampfe bleibt der Vater Sieger, der junge Malefort wird erschlagen, schon in der ersten Szene des zweiten Aktes — nur auf diesen Bruchteil der Tragödie passt der Titel. Was noch kommt, ist ebenso unnatürlich, verstösst in ebenso frevelhafter Weise gegen die Grundgesetze der menschlichen Gesellschaft, aber es treten uns keine Kämpfer mehr entgegen, sondern zwei Verbrecher und ihr schuld- und willenloses Opfer.

Dieser unnatürliche Vater, der an der Leiche seines Sohnes frohlockt und seiner That sich rühmt, besitzt aus zweiter Ehe eine schöne, von ihm zärtlich gehegte Tochter, Theocrine. Der junge Beaufort, der Sohn des Gouverneurs von Marseille, wirbt um das anmutige Mädchen, seine Liebe wird erwidert, die Verlobung soll stattfinden, wird aber im letzten Augenblick von Malefort verhindert — weil er selbst in wahnsinniger Leidenschaft für seine Tochter erglüht ist. Vom Verlobungsmahle schleppt er die Arme fort; mit einem letzten Zusammenraffen seiner Willenskraft übergiebt er sie seinem Freunde Montreville, und befiehlt, Theocrine in eine Festung zu bringen und ihm, dem Vater, unter keiner Bedingung die Thore dieser Festung zu öffnen. Montreville, der längst auf eine Gelegenheit gewartet hatte, sich an Malefort wegen einer früheren Kränkung zu rächen, bemächtigt sich der Unglücklichen, entehrt sie und stösst sie dann hinaus zu ihrem Vater, der doch in das Schloss zu dringen versucht. Theocrine stirbt, und Malefort wird, nachdem ihm die Geister seiner Opfer, seiner von ihm vergifteten, ersten Gattin und seines von ihm erschlagenen Sohnes, warnend erschienen sind, von einem Blitze getötet.

Die Quellenfrage dieser schauerlichen Tragödie ist bis jetzt noch vollkommen unberührt. Man scheint an freie Erfindung des Dichters gedacht zu haben — ich bin überzeugt, dass dieser gegen sein eigenes Fleisch und Blut wütende Vater der Wirklichkeit entlehnt ist, der Wirklichkeit, wie sie für den Dichter und die meisten seiner Zeitgenossen bestand, vermischt mit all den fraglichen Elementen, welche erst eine viel spätere Kritik beanstandet und ausgeschieden hat. Dass Massinger seine Stoffe gern aus der Chronik der Gegenwart, aus der Zeitgeschichte schöpfte, werden uns seine Dramatisierungen der ganz Europa beschäftigenden Episode des falschen Sebastian von Portugal und des Prozesses des Holländers Barnavelt beweisen — ich zweifle nicht, dass der „Unnatural Combat" die Spiegelung einer kaum minder grosses Aufsehen erregenden, zeitgenössischen Mordgeschichte ist, einer Familien-Tragödie, welche im September 1599 in Rom ihren Abschluss erhalten hatte durch die Hinrichtung von Giacomo, Lucrezia und Beatrice Cenci.

Francesco Cenci, der Schrecken seiner eigenen Familie, der Hass und die Furcht seiner Kinder, war zweimal verheiratet. Mit seinem ältesten Sohne aus erster Ehe, Giacomo, lebte er in fortwährender Zwietracht, in offenkundiger Fehde, so dass gegen den Sohn die Anklage erhoben wurde, er habe seinem Vater nach dem Leben getrachtet. Die Frauen seiner Familie behandelte Francesco mit grosser Strenge, gegen welche sich besonders die leidenschaftliche Beatrice, eine seiner Töchter aus erster Ehe, empört zu haben scheint. — Malefort ist mit seinem Sohne aus erster Ehe verfeindet, der Sohn ist es, welcher den Vater zum Kampfe auf Tod und Leben herausfordert. Dass der Sohn seine Mutter zu rächen, dass Malefort seine erste Gattin vergiftet hat, um eine andere, seine Sinnlichkeit reizende Frau ehelichen zu können,[1] ist wohl keine Hinzufügung des Dichters, sondern eine zeitgenössische Steigerung der Verbrechen des verhassten Cenci.[2] Sehr beweiskräftig für meine

---

[1] Dem Geiste seiner ersten Frau gegenüber bekennt Malefort, dass er sie grausam behandelt habe: *I do confess it; / And that my lust compelling me to make way / For a second wife, I poison'd thee* (Act V sc. 2, p. 227).

[2] Auch Shelley's Giacomo Cenci wird, um ihn für den Mordplan gegen seinen Vater zu gewinnen, von Orsino an seine tote Mutter erinnert (Act III sc. 2).

Vermutung ist der Umstand, dass Massinger ohne jeden Zwang die für seinen Plan nicht nötige, zweimalige Verheiratung des Cenci aus der Quelle aufgenommen hat. Diese historisch verbürgte Thatsache hat er geschickt benützt, indem er Theocrine das Kind der zweiten Frau sein lässt und ihre Trauer um den Bruder dadurch abschwächt. Mit scharfer Betonung lässt er diesen Umstand hervorheben von einer der Theocrine umgebenden und tröstenden Frauen, welche dem alten Malefort den Sieg wünscht: *May he be victorious, / And punish disobedience in his son! / Whose death, in reason, should at no part move you, / He being but half your brother . . .* (Act. II. sc. 2, p. 159). Theocrine soll all unsere Sympathien besitzen und gegen jeden Vorwurf der Herzlosigkeit geschützt werden, ein Zweck, der übrigens weit besser als durch dieses Argument, durch Theocrine's Gebahren bei der Begrüssung ihres Vaters nach dem Zweikampf erreicht wird (Act. II sc. 3, p. 162).

Francesco Cenci schleppte seine rebellische Tochter nach dem einsamen Felsenschlosse Rocca di Petrella. Dort soll Beatrice ein Liebesverhältnis mit dem Castellane Olimpio Calvetti angeknüpft haben und von ihm Mutter geworden sein. Cenci verjagte ihren Geliebten und schärfte dadurch die Mordgelüste seiner Kinder, denen er schliesslich zum Opfer fiel. Den Schuldigen wurde der Prozess gemacht, und um die Vatermörderin Beatrice zu retten, wurde von den Advokaten gegen den Toten die Beschuldigung erhoben, dass er selbst der Tochter Gewalt angethan habe — eine Anklage, welche nicht bewiesen werden und die Mörderin nicht retten konnte, von den meisten der Mitlebenden aber bei dem schändlichen Charakter des Ermordeten geglaubt und der Nachwelt als Wahrheit überliefert wurde. Guido Reni's süsses Bild, Shelley's machtvolle Tragödie haben der von immer tieferen Schatten getroffenen Gestalt des Vaters Beatrice leuchtend gegenüber gestellt, bis die moderne Kritik ihren Nimbus zerstört hat.[1] — Der von seiner sündigen Leiden-

---

[1] Cf. A. Bertolotti. Francesco Cenci e la sua Famiglia. Studi istorici. 2nda Ed., Firenze 1879.

schaft gequälte Malefort lässt seine Tochter in eine Festung sperren; der Besitzer dieses Schlosses entehrt Theocrine. Dass dieser Schurke Montreville der Vertreter des Castellans ist, welcher in Beatricens Leben eine so wichtige Rolle spielt, ist wohl nicht zu bezweifeln. Alle übrigen Abweichungen von den Thatsachen der Cenci-Tragödie fliessen aus dem Bestreben des Dichters, die Gestalt der Theocrine zu verklären. Für Massinger — nach allem, was wir von ihm wissen, ein streng religiöser Mann — war es von vornherein eine Unmöglichkeit, einen Vatermord dichterisch zu verherrlichen; nie konnte der Himmel für die Bestrafung des Frevlers die Hand seiner eigenen Kinder bewaffnen: *Thou being my son, / Wert not a competent judge mark'd out by heaven / For her revenger* — diese Worte des Malefort an den Geist seines Sohnes (Act. V sc. 2, p. 228) sprechen die Empfindung des Dichters aus. Deshalb ist seine Theocrine von Anfang an zu einer durchaus leidenden Rolle bestimmt, deshalb geht sie schuldlos zu Grund an der Sünde des Vaters, den das unmittelbare Eingreifen des Himmels vernichtet. Wenn je ein so gewaltthätiger *deus ex machina* innere Berechtigung besessen hat, so war es dieser Malefort zerschmetternde Blitzstrahl — seinen unnatürlichen Verbrechen gegenüber erscheint er wie eine Naturnotwendigkeit.

So hat Beatrice Cenci im Laufe der Jahrhunderte zwei Vertreterinnen auf der englischen Bühne gefunden, die weiche, zärtliche Theocrine Massinger's, die stahlharte, heroische Beatrice Shelley's. Massinger hat die bedenklichsten Momente der Cenci-Historie vermieden, den Incest, den Vatermord — Shelley hat alles gewagt, sich eng der Überlieferung angeschlossen. Gleichwohl wirkt Massinger's Drama höchst beklemmend, Shelley's Werk befreiend. Die schuldlose Theocrine wird von dem brutalen Schicksal im Staube zertreten, für Beatricen ist der verdiente Tod die Reinigung.

THE DUKE OF MILAN.[1]

Der Zankapfel in den Kriegen zwischen Kaiser Karl V. und König Franz I. von Frankreich war das Herzogtum Mailand, welches 1522 nach den Siegen der Kaiserlichen dem Francesco Sforza als kaiserliches Lehen übertragen wurde.[2] Die Franzosen erneuerten ihre Ansprüche, bis sie 1525, bei Pavia entscheidend auf's Haupt geschlagen, die Feindseligkeiten vorläufig einstellen mussten. Die nächste Folge dieses glänzenden Sieges der kaiserlichen Waffen war die sogenannte Heilige Liga, ein gegen den Kaiser gerichteter Bund der eifersüchtigen Mächte, welchem auch Francesco Sforza beitrat. Er wurde deshalb von dem Kaiser aus seinem Herzogtum verjagt, und der Zwist währte bis 1530, in welchem Jahre Francesco Sforza sich nach Bologna zu Karl's Kaiserkrönung begab und von ihm auf's neue mit dem Herzogtum belehnt wurde. 1535 starb Francesco Sforza, nachdem er sich wenige Monate vorher mit einer Nichte des Kaisers vermählt hatte.

Diese Ereignisse bilden den mit grosser Freiheit komponierten historischen Hintergrund unserer Tragödie. Als Quellenwerk Massinger's wird gewöhnlich Francesco Guicciardini's "Historia d'Italia" bezeichnet,[3] in deren 16. bis 19. Buche die Kämpfe und schliessliche Versöhnung des Kaisers mit dem Mailänder Herzog berichtet sind. Wie wenig geneigt jedoch Massinger war, sich streng an die authentische Geschichte zu halten, deutet er schon in der Liste seiner *dramatis personae* an, in welcher der Herzog als *Ludovico Sforza, supposed duke of Milan* verzeichnet ist. Gegen die Geschichte ist Sforza als ein Verbündeter der

---

[1] Cf. Gifford vol. I p. 233 ff.; gedruckt 1623. Fleay (Chron. I 212): *Date c. 1620.*

[2] Der französische Feldzug gegen Mailand im Jahre 1522 ist neuerdings in gründlicher Weise geschildert worden von Hermann Varnhagen in der Einleitung seiner Ausgabe des 'Lautrecho. Eine italienische Dichtung des Francesco Mantovano aus den Jahren 1521—23'. Erlangen 1896.

[3] Cf. Gifford l. c. p. 234; *La Historia d'Italia di Messer Francesco Guicciardini. Divisa in 20 Libri. In Venetia MDCXVI. Gli ultimi quattro Libri MDCXV.*

Franzosen hingestellt, so dass die Schlacht bei Pavia auch über sein Schicksal entscheidet; gegen die Geschichte ist Sforza's Fahrt zum Kaiser unmittelbar nach der Schlacht bei Pavia gesetzt. Diese Änderungen hat Massinger vorgenommen im Anschluss an seinen zweiten Gewährsmann, dem er in weit höherem Maſse verpflichtet ist, als dem Italiener Guicciardini.

Massinger's Herzog Ludovico Sforza vergöttert seine Gemahlin Marcelia in einer seiner Mutter und Schwester sehr ärgerlichen, für die Herzogin selbst sehr gefährlichen Weise. Denn er vermag den Gedanken nicht zu ertragen, dass das geliebte Weib nach seinem Tode einem anderen angehören könnte: vor seiner Abreise in's kaiserliche Lager, wo er sich selbst des schlimmsten Empfanges versieht, giebt er seinem Schwager und vertrauten Ratgeber Francisco den Befehl, auf die Kunde von seinem Tode hin die Herzogin zu töten. Während der Abwesenheit des Herzogs versucht Francisco die keusche Marcelia; wie sie ihn empört zurückweist, enthüllt er ihr den grausamen Befehl ihres Gatten. Marcelia empfindet diesen herzlosen Egoismus ihres Gatten sehr schmerzlich und begrüsst den glücklich und sehnsüchtig Zurückkehrenden mit auffälligster Kälte. Die Entfremdung der Gatten wird von den Feinden der Herzogin dazu benützt, ihre eheliche Treue zu verdächtigen, ohne Erfolg, bis der verräterische Francisco selbst gesteht, dass ihn Marcelia mit ihrer Liebe verfolge. Sforza ersticht seine Gattin, doch kann sie ihn vor ihrem Tode noch von ihrer Unschuld überzeugen.

Dass Massinger auch in dieser romantischen Liebes- und Eifersuchts-Tragödie auf den Spuren eines Historikers wandelt, ist längst festgestellt worden,[1] und zwar hat er

---

[1] Cf. Langbaine p 355. Wahrscheinlich haben einige zeitgenössischen englischen Mariam-Tragödien Massinger's Aufmerksamkeit auf diesen dankbaren Stoff gelenkt. Schon im Jahre 1613 war erschienen 'The Tragedy of Mariam. The Faire Queene of Jewry. Written by that learned, vertuous. and truly noble Ladie, E[lizabeth] C[arew]' (cf. Hazlitt's Handbook p. 75a; Fleay, Chron. I 44 f., wo *Carey* als die richtige Namensform bezeichnet ist). 1622 folgte 'The True Tragedy

sich diesem Gewährsmanne viel enger angeschlossen, als dem italienischen Chronisten. Zweimal hat Flavius Josephus, der Geschichtsschreiber der Juden, das Schicksal der Mariamme, der schönen Gattin des Herodes, erzählt, in seinem Berichte „De Bello Judaico" (Lib. I cap. 21) sowohl, wie auch, und zwar ausführlicher und verschieden, in seinem Werke „De Antiquitatibus Judaicis Libri XX" (Lib. XV cap. 3 9). Auch diesen zweiten, genaueren Bericht kannte Massinger, in ihm fand er die Nachricht, dass Herodes, nachdem Marcus Antonius von Octavianus in der Seeschlacht bei Actium besiegt worden war, sich sofort zu Octavian begab, um sich dessen Gunst zu sichern. Dieser Mitteilung folgend, lässt unser Dramatiker, wie wir gesehen haben, seinen den Franzosen befreundeten Ludovico Sforza unmittelbar nach deren Niederlage bei Pavia in's kaiserliche Feldlager eilen, um den Kaiser zu versöhnen. Genau entspricht Massinger's Personal den Gestalten der Mariamme-Tragödie: Sforza = Herodes; Marcelia = Mariamme; Francisco, des Herzogs Schwager = Josephus, des Herodes Schwager; Isabella, des Herzogs Mutter = Kiparim, der Mutter des Herodes; Mariana, Schwester Sforza's und Francisco's Gemahlin = Salome, Schwester des Herodes und Gattin des Josephus. Wie Salome ihren eigenen Gatten Josephus,[1] beschuldigt Mariana (Act. IV sc. 3, p. 318) ihren Gatten des Ehebruchs mit Mariamme-Marcelia; wie Herodes,[1] hält Sforza die Tote für lebend (Act. V sc. 2). Sehr geschickt ist die alte Historie verschmolzen mit den Mailänder

of Herod and Antipater, with the death of faire Mariam' von William Sampson und Gervase Markham, welches Stück Marcus Landau knapp analysiert hat in seiner Abhandlung über 'Die Dramen von Herodes und Mariamne' in Koch's Zeitschrift, Neue Folge, Bd. VIII pp. 175 ff., 279 ff., IX p. 185 ff. Ob intimere Beziehungen zwischen diesen beiden Dramen und Massinger's freier Gestaltung desselben Stoffes bestehen, muss erst noch untersucht werden.

[1] *Salome soror eius, arrepto tempore criminandi, suspitionem de Josippo confirmavit . . . . Tanta vis autem cupidinis erat, ut ne mortuam quidem putaret eam: sed pre egritudine tanque vivam alloqueretur . . .* (De Bello Judaico l. c.); Impr. Parrhisij. Anno Dñi. M. quingentesimo decimo nono.

Verhältnissen, es wäre nur zu wünschen gewesen, dass sich Massinger mit diesem reichen Stoffe zufrieden gegeben und nicht auch noch ein gänzlich überflüssiges Motiv der Rache eingefügt hätte.

Der von Francisco an dem Herzog geübte Verrat, die Versuchung der Herzogin, wäre uns genügend erklärt gewesen durch ein Auflodern seiner Sinnlichkeit, durch eine stürmische Leidenschaft; Massinger hat diesen Beweggrund jedoch schnell wieder fallen lassen und das Hauptgewicht gelegt auf Francisco's Wunsch, sich an dem Herzog wegen der Verführung seiner Schwester zu rächen. Dieses Rache-Motiv krankt von vornherein an der groben Unwahrscheinlichkeit, dass der Herzog den Bruder des von ihm betrogenen Mädchens zu seinem Schwager und vertrautesten Ratgeber gemacht haben soll, und es hat leider auch den Schluss der Tragödie verdorben. Im fünften Akte, nach dem Tode der Herzogin, tritt diese Schwester Eugenia zum ersten Male auf, Francisco teilt ihr mit, dass er durch seine Ränke das Lebensglück ihres Verführers zerstört habe. Eugenia aber beklagt das Schicksal der Herzogin, ihre Rache soll nur den Herzog selbst treffen, in Männerkleidung will sie zu ihm dringen und ihn töten. Francisco ermahnt sie zur Vorsicht; verkleidet betritt das Geschwisterpaar den Palast Sforza's, dem seine Umgebung, um ihn vom Selbstmord abzuhalten, vorgespiegelt hat, die Wunde der Herzogin sei nicht tötlich. Francisco hat die Maske eines jüdischen Arztes angenommen, er verspricht der Leiche ein lebensähnliches Aussehen zu geben und schminkt ihr Wangen, Lippen und Hände mit dem stärksten Gifte. Der Herzog küsst die Leiche und stirbt an diesen Küssen.

Dieser plumpe Theatercoup hat nicht einmal das Verdienst der Originalität für sich, er ist der Katastrophe eines am 31. October 1611 von dem Censor zur Aufführung begutachteten Trauerspiels entlehnt, dem Drama „The Usurping Tyrant", auch „The Second Maiden's Tragedy" genannt.[1] Der in dieser mit kräftigsten Effekten ausgestatteten Tragödie

---

[1] Cf. Ward vol. II p. 272, Anm. 1.

wütende Tyrann lässt die Leiche einer von ihm begehrten Frau dem Grabe entreissen; ihr Geist beschwört ihren Gatten Govianus, dem Körper wieder zu seiner Grabesruhe zu verhelfen. Als Arzt verkleidet, dringt Govianus in den Palast des Usurpators, bemalt die Leiche, der Tyrann stirbt an den giftigen Küssen.[1] Die Autorschaft dieses Dramas ist eine offene Frage:[2] der früheren Annahme, dass Massinger an der Komposition beteiligt war,[3] würde die Wiederholung der Katastrophe in dem "Duke of Milan" nicht widersprechen. Sich in Worten, Gedanken, Charakteren und Situationen zu wiederholen, ist ja eine der auffälligsten, oft besprochenen Eigentümlichkeiten Massinger's.

Ein Gatte, welcher in einem Anfalle wütender Eifersucht das geliebte Weib tötet — dieselbe Katastrophe, wie in Shakespeare's "Othello". Bis zu dieser übereinstimmenden Katastrophe aber ist Massinger sichtlich bemüht, den Wegen seines grossen Vorgängers möglichst fern zu bleiben: nicht die Eifersucht, sondern eine schrankenlose, egoistische, den Gedanken einer Trennung nicht ertragende Liebe dominiert in seinem Drama. Eifersüchtige Regungen, Zweifeln an der Reinheit seiner Gattin ist Sforza schwer

---

[1] Nach Ward ib. p. 178 Anm. 1 ist dieses Schauerdrama, welches in dem freiwilligen Tode der von dem Tyrannen verfolgten Frau eine sehr wirkungsvolle Szene besitzt, gedruckt in dem Sammelwerke 'The Old English Drama', vol. I (1825); vgl. ausserdem Dodsley-Hazlitt vol. X p. 381 ff. Eine deutsche Übersetzung lieferte Tieck: 'Der Tyrann, oder die zweite Jungfrauen-Tragödie. Ein Trauerspiel von Massinger', gedruckt in 'Shakespeare's Vorschule' Bd. II (Leipzig 1829) p. 87 ff.

[2] Fleay (Chron. II 331): *I have little doubt that this play was by the author of 'The Revenger's Tragedy'.* Diese Tragödie wird allgemein *Cyril Tourneur* zugeschrieben, während Fleay lieber an *Webster* denken würde (ib. II 264).

[3] Auch Boyle (ESt. IX 234) *feel[s] disposed to regard it as an early, anonymous and unsuccessful attempt of [Massinger's] who made use of the death-scene in his later play.* In seinem Massinger-Artikel des Dict. of Nat. Biogr. hingegen hat sich Boyle für die Annahme einer *joint-authorship* entschieden: *Massinger's hand is traceable in the first two acts, and Tourneur's in the last three.* Zur Erledigung der Frage bedarf es noch einer genauen Untersuchung, ich selbst halte für wahrscheinlich, dass die Szenen der dem Cervantes'schen 'Curioso Impertinente' entlehnten Nebenhandlung von Massinger herrühren.

zugänglich, die Anschuldigungen, mit welchen seine Mutter und Schwester und die Höflinge die Herzogin überhäufen, finden ihn vollständig ungläubig, es bedarf des scheinbaren Geständnisses des Mannes, der ihm als Buhle seiner Gattin bezeichnet worden ist, zur Entfesselung seines totbringenden Zornes.

Von den übrigen Elementen der Handlung kann uns noch der Wortstreit der Herzogin mit ihrer Schwägerin (Act. II sc. 1, p. 266 ff.) an den Zank der Hermia und Helena im "Midsummernight's Dream" (Act III, sc. 2, 282 ff.) erinnern.[1] Dass eine der von Mariana vorgebrachten Schmähungen eine genaue Kenntnis des Don Quixote annehmen lässt, ist auch mir wahrscheinlich.[2]

THE BONDMAN.[3]

Justin berichtet, dass, während die Skythen fern der Heimat in Asien Krieg führten, ihre Sklaven sich der zurückgelassenen Frauen und Besitztümer bemächtigten und den heimkehrenden Gebietern mit den Waffen in der Hand entgegentraten, vor deren drohend geschwungenen Peitschen jedoch angstvoll davonliefen[4] — eine unter den Umständen sehr komisch wirkende Illustration der Macht der Gewohnheit. Diesen Sklavenaufstand hat Massinger zum Angelpunkt einer Liebesgeschichte gemacht,[5] mit unerwünschter

[1] Cf. Gifford l. c. p. 268.

[2] Cf. Gifford l. c. p. 268 f. Mariana sagt: *Let her but remember / The issue in her leg* (p. 268) — die Doña Rodriguez hatte von ihrer Herzogin verraten: *Pues sepa vuessa mercèd, que lo puede agradecèr primero à Dios, y luego à dos fuentes que tiene en las dos piernas por donde se desàgua todo el mal humor, de quien dizen los medicos, que està llena* (Parte II cap. 48).

[3] Cf. Gifford vol. II p. 1 ff. Lic. 1623, Dec. 3; gedruckt 1624.

[4] Cf. ed. Coloniae Agrippinae, MDXCIII, Liber II p. 24: *Stratagema Scytharum contra servos.*

[5] Cf. Langbaine p. 354; Gifford l. c. p. 2 verweist auf Herodot, als wahrscheinlichsten Gewährsmann auf Justin, und nebenbei noch auf einen ähnlichen Peitschen-Sieg in einem Berichte über Russland in 'Purchas's Pilgrims', der eine Nachahmung der antiken Fabel zu bieten scheint.

Beibehaltung der lächerlichen Peitschenkatastrophe, aber mit Verlegung in eine interessantere Gegend und Zeit: Syrakus ist der örtliche, der von dem Korinther Timoleon geleitete Kriegszug der Syrakusaner gegen die Karthager vom Jahre 340 v. Chr. der zeitliche Hintergrund seines Dramas. Cornelius Nepos und Plutarch haben Timoleon's Leben erzählt, Massinger schöpfte allem Anscheine nach aus Plutarch's viel ausführlicherem Bericht.[1] Dass seine Darstellung der sicilianischen Verhältnisse kritische Anspielungen auf die politische Lage England's enthält, ist schon öfters hervorgehoben worden.[2]

Die romantische Liebesgeschichte, welche sich auf dieser geschickt konstruierten, pseudo-historischen Basis abspielt, knüpft sich an die schöne und vornehme Syrakusanerin Cleora, eine sympathische Mädchen-Gestalt, die noch anziehender wäre, wenn sie etwas weniger von ihrer Unschuld und Keuschheit sprechen würde. Der von ihr begünstigte Freier Leosthenes muss mit Timoleon in den Krieg ziehen, beim Abschiednehmen quält er sie mit einer so grundlosen und unzarten Eifersucht, dass Cleora erzürnt sich die Augen verbinden lässt und gelobt, bis zu seiner Rückkehr weder das Licht sehen noch ein Wort sprechen zu wollen. Der von den streitbaren Männern verlassenen Stadt bemächtigen sich die Sklaven, aufgestachelt von Marullo, *the bondman*, welcher, sterblich in Cleora verliebt, sie während des Aufstandes gegen jede Unbill und seine eigene, ihr zur Kenntnis gebrachte Leidenschaft mit solcher Hingabe schützt, dass sich ihm Cleora's Gunst zuwendet. Nach der Unterwerfung der Sklaven und der Heimkehr der Sieger, spricht Cleora rühmend von Marullo, Leosthenes' Eifersucht lodert auf, Marullo wird in den Kerker geworfen — Cleora's Neigung wird zur offen ausgesprochenen Liebe.

Soweit verdient die Führung der Handlung alles Lob — leider müssen wir betreffs Marullo hinzufügen: *And in the end . . . it all comes right,* ganz in demselben Sinne, in

---

[1] Cf. Gifford l. c. pp. 2, 20, 78.

[2] Cf. Gifford l. c. p. 119; Gardiner, Contemp. Review 1876, vol. XXVIII p. 496; Boyle ESt. 1886, vol. IX p. 234 f.

welchem Mrs. Darcy diese Worte betreffs ihres bürgerlichen Romanhelden Mr. Jones gebraucht (Robert Elsmere II 17). Marullo ist kein Sklave, sondern der vornehme Thebaner Pisander, welcher, bei seiner ersten Werbung um Cleora von deren Vater abgewiesen, sich mit seiner Schwester Statilia als Sklaven in das väterliche Haus Cleora's verkaufen liess. Den Sklaven-Aufstand hat er in erster Linie deshalb organisiert, um Cleora's Aufmerksamkeit auf sich zu lenken, sein Versuch einer anderen Rechtfertigung seiner Handlungsweise (Act V sc. 3, p. 114 f.) ist ein sehr unglücklicher: der edle Pisander muss uns als ein höchst rücksichtlos mit Gut und Leben seiner Nebenmenschen spielender Intrigant erscheinen. Auch seine Schwester Statilia handelt in seinem und ihrem eigenen Interesse nach dem Grundsatze, dass der Zweck die Mittel heiligt, und entpuppt sich schliesslich als die schnöde verlassene Geliebte des Leosthenes, dem sie sich allzu bereitwillig wieder an den Hals wirft. Das während des Stückes glatt ablaufende Räderwerk knarrt am Ende bedenklich. Allem Anschein nach haben wir es mit einer selbständigen Konstruktion Massinger's zu thun; ich glaube nicht, dass sich für diese Liebesgeschichte eine Quelle finden lassen wird.[1]

Die komischen Personen des Stückes sind die von Massinger sehr geringschätzig behandelten Sklaven; Obscönitäten liefern einige üppigen Syrakusanerinnen, und zwar in einer Qualität, wie sie sonst in Massinger's eigenen Dramen nicht zu finden ist. Die schändliche Szene, in welcher Corisca ihren Stiefsohn verführt (Act II sc. 2), könnte Fletcher geschrieben haben.

THE RENEGADO.[2]

Durch die spanische Form des Titelwortes werden unsere Gedanken sofort in eine bestimmte Richtung geführt:

[1] Zu der von Gifford l. c. p. 86 f. bemerkten Shakespeare-Ähnlichkeit möchte ich noch auf Cleora's Abschiedsworte verweisen: *This kiss, when you come back, shall be a virgin / To bid you welcome* (II 1 p. 41), welche Coriolan's Ausdrucksweise spiegeln: *my true lip hath virgin'd it e'er since* (V 3, 47 f.).

[2] Cf. Gifford vol. II p. 121 ff. Lic. 1624, April 17; gedruckt 1630.

el Renegado ist eine der stereotypen Figuren der spanischen Piraten-Romantik. Mit gutem Grunde ist bemerkt worden, dass der Stoff unseres Dramas an Cervantes' Algierer Gefangenschaft erinnere;[1] nach einer knappen Analyse des Dramas werden wir dieser Spur zu folgen haben.

Wie in den beiden zuletzt besprochenen Dramen, beruht auch im „Renegado" die Haupthandlung auf dem Motiv der Geschwisterliebe: der Wunsch, eine der Schwester zugefügte Unbill zu rächen, ist die erste Triebfeder der Handlungsweise des Bruders. Wie im „Duke of Milan" Francisco das Lebensglück des Herzogs vernichtet, weil Sforza seine Schwester Eugenia verführte, wie im „Bondman" der Thebaner Pisander nach Syrakus eilte, um den Verführer und Verlasser seiner Schwester Statilia, Leosthenes, zu bestrafen, wagt sich der Venetianer Vitelli, als Kaufmann verkleidet, nach Tunis, um seine von dem venetianischen Renegaten Grimaldi geraubte Schwester Paulina zu suchen und zu rächen. Und erst bei dieser dritten Wiederholung kommt das Motiv von Anfang an wirkungsvoll zur Geltung. Während wir in den beiden anderen Dramen erst am Schluss über den ursprünglichen Beweggrund des Protagonisten plötzlich aufgeklärt werden und wir dem Dichter mit Recht vorhalten können, dass „Überraschung ohne Vorbereitung nur von halber Wirkung ist",[2] erfahren wir in diesem dritten Geschwister-Drama schon in der ersten Szene über Vitelli und Paulina alles Wissenswerte. Im weiteren Verlauf des Dramas sehen wir Vitelli's Tugend von der schönen Türkin Donusa, der Nichte des Sultans Amurath, erfolgreich, die Tugend Paulina's hingegen von Asambeg, dem Vizekönig von Tunis, erfolglos in Versuchung geführt; erfahren wir, dass Vitelli, von dem allgegenwärtigen Jesuiten Francisco ermahnt, mit Donusa brechen will, bei der

---

[1] Cf. Rapp p. 104: „Ein sehr anziehendes Gedicht; spanischer Novellenstoff ist es insofern, als es an Cervantes' Algierer Gefangenfangenschaft erinnert".

[2] Cf. Brandes' Shakespeare p. 184.

letzten Zusammenkunft aber von den Türken überrascht[1] und mit der sich zum Christentum bekennenden Geliebten zum Tode verurteilt wird, und in der letzten Szene hören wir, dass der von demselben Jesuiten gelenkte Grimaldi Vitelli, die beiden Frauen und alle Christen nebst vielen heidnischen Kleinodien auf seinem Schiffe in Sicherheit gebracht hat.

Fünf Jahre lang ist Cervantes ein Gefangener der Türken gewesen, wiederholt hat er die unvergesslichen Erinnerungen dieser schweren Zeit literarisch verwertet, mit allerlei romantischen Zuthaten geschmückt — am ausführlichsten im Don Quixote, in der Erzählung des Sklaven im 39ten bis 41ten Kapitel des ersten Teiles.[2] Dieser seiner Gefangenschaft entronnene Sklave, ein spanischer Hauptmann, der mit einer schönen Maurin in demselben Wirtshaus wie Don Quixote abgestiegen ist, berichtet, dass er in einem Seegefechte von dem Renegaten Uchalì — *al qual llamavan Uchalì Fartax, que quiere dezir en Lengua Turquesca: El Renegado Tiñoso, porque lo era* — gefangen genommen und nach Algier geschleppt worden sei, wo er nach Uchalì's Tod in den Besitz eines venetianischen Renegaten übergangen sei, in den Besitz des grausamen Azanaga. Glücklicherweise habe er (der Sklave) die Aufmerksamkeit der schönen Zorayda, der von einer christlichen Sklavin erzogenen und mit christlichen Sympathien erfüllten Tochter eines reichen Mauren, auf sich gezogen; gemeinschaftliche Flucht sei verabredet und nach vielen Schwierigkeiten auch bewerkstelligt worden mit Hülfe eines reuigen, nach Versöhnung mit der Kirche strebenden Renegaten.

---

[1] Eine für Massinger's Technik typische Szene. Antoninus wird bei seinem Versuch Dorothea's Herz der irdischen Liebe zu gewinnen, von seinem Vater und seiner kaiserlichen Braut belauscht (Virgin-Martyr II 3), Cleora und Marullo werden im Gefängnis überrascht (Bondman V 2), Domitia und Paris von Domitian beobachtet (Roman Actor IV 2), wie Donusa und Vitelli von den türkischen Fürsten (III 5).

[2] Separat gedruckt findet sich die Geschichte des Sklaven in J. Fesenmair's 'Spanischer Bibliothek', 6. Bändchen (München 1887), unter dem Titel: *El Cautivo en Argel.*

In dieser Geschichte hat die von dem venetianischen Renegaten Grimaldi geraubte Paulina unseres Dramas keine Vertreterin, wohl aber in der 1615 gedruckten Komödie „Los Baños de Argel“.[1] In der ersten Szene dieses Schauspiels wird die Spanierin Costanza von algerischen Piraten, unter deren Anführern sich der unvermeidliche *reneyado*, genannt Yzuf, befindet, geraubt und nach Algier gebracht, wo sie ihr Bräutigam, Don Fernando, wiederfindet und dann die beliebte Versuchung über's Kreuz vor sich geht: Costanza wird von dem Mauren Caurali, Fernando von dessen Gattin Halima begehrt. Dem Sklaven und seiner Zorayda entsprechen auf das Genaueste Don Lope und die Maurin Zara, das zweite Liebespaar der Komödie, in welcher sich episodenweise auch noch das Schicksal eines reuigen, für seinen alten Glauben sterbenden Renegaten, Namens Hazèn, abspielt.

Vergleichen wir das Personal dieser beiden Cervantes'schen Werke[2] mit den *dramatis personae* Massinger's, so ergeben sich folgende Entsprechungen:

Vitelli vertritt Don Fernando, welcher die Geliebte sucht, sowie den Sklaven und Don Lope, welche mit den bekehrten Maurinnen entfliehen;

[1] Cf. Comedias y Entremeses de Miguel de Cervantes Saavedra .. divididas en dos Tomos. Tomo I (Madrid 1749), p. 125 ff.

[2] Auch die in den achtziger Jahren des 16. Jahrhunderts verfasste Komödie des Cervantes 'El Trato de Argel' spiegelt algerische Erinnerungen. Aber sie wurde erst viel später gedruckt, eine Madrider Ausgabe des 'Viage al Parnaso' vom Jahre 1784, welcher dieses Schauspiel und die Tragödie 'Numancia' angefügt sind, bezeichnet sie als *dos piezas igualmente poeticas, que ahora se dan à luz la primera vez;* es ist somit wenig wahrscheinlich, dass Massinger von dieser Komödie, als deren Umformung das Stück 'Los Baños de Argel' betrachtet werden kann, Kenntnis erhielt. Sie bietet auch kein für Massinger's Drama beachtenswertes neues Motiv — man müsste denn von dem am Schlusse des 'Trato' erscheinenden *frayle Trinitario,* welcher die Christensklaven loskauft und dessen *gran christiandad y gran prudencia* gerühmt wird, eine geistige Verbindungslinie zu dem im 'Renegado' dominierenden Jesuitenpater ziehen wollen. Aber Massinger brauchte diesen wohlthätigen Mönch nicht erst in der Komödie kennen zu lernen, er fand ihn in des spanischen Dichters eigenem Leben — Cervantes selbst ist von einem dieser der heiligsten Menschenpflicht, der Nächstenliebe, aufopfernd dienenden Mönche befreit worden.

Paulina vertritt Costanza;

Donusa vertritt Halima, welche sich in Don Fernando verliebt, sowie die sich zum Christentum bekennenden und mit den geliebten Christen entfliehenden Maurinnen Zorayda und Zara;

Asambeg, der Vizekönig von Tunis, vertritt den algerischen Häuptling Caurali, welcher vergeblich nach Costanza trachtet, wie Asambeg sich vergeblich um Paulina bewirbt;

Mustapha, der Pascha von Aleppo, der Donusa bestimmte Bräutigam, vertritt den in der Komödie oft genannten Muley Maluco, König von Fez, der Zara bestimmte Bräutigam;

Grimaldi, der Renegat, welcher Paulina geraubt hat, aber später Busse thut, und die Flucht der Christen ermöglicht, vertritt den am Raube der Costanza beteiligten Renegaten Yzuf, sowie den reuigen Renegaten Hazèn der Komödie und den nicht minder bussfertigen namenlosen Renegaten, welcher in der Geschichte des Sklaven die Flucht der Christen organisiert.

Dass Massinger mit dem Material des Cervantes gearbeitet hat, werden wir nicht bezweifeln können, ebensowenig werden wir ihm aber auch das Lob vorenthalten, dass er die Verschmelzung der Motive mit grossem Geschick vorgenommen hat, und dass sein Drama nirgends Flickwerk ahnen lässt. Zwei seiner Gestalten sind wesentlich interessanter als ihre spanischen Vorgänger: die leidenschaftliche Donusa, die echtes Theaterblut in den Adern hat, und der Renegat Grimaldi.

Diesem letzteren hat Massinger eine merkwürdige, gewiss nicht frei erfundene Vorgeschichte gegeben. Die St. Marcus-Kirche in Venedig, mit knieenden Andächtigen gefüllt, der Priester am Hochaltar mit erhobener Monstranz, ein Mensch, der den Hostienkelch im Augenblick der Wandlung aus den Händen des Priesters reisst, auf den Boden schleudert und dann durch die entsetzte Menge aus der Kirche flieht — das ist eine Szene, die sich dem Gedächtnis tief einprägt, und von einer solchen Szene hat Massinger entweder durch Lesen, oder Hörensagen, oder möglicherweise auch durch eigene Anschauung eines ähnlichen Vorganges Kenntnis erhalten: er hat die Seele seines Grimaldi mit dieser Sünde belastet (Act IV sc. 1, vgl. I 1 p. 130). Nach dieser tempelschänderischen That wird Grimaldi Seeräuber, schwört seinen Glauben ab und führt im Dienste der Türken ein wildes, verbrecherisches Leben, bis er sich mit Asambeg, dem Vicekönig von Tunis, entzweit und von diesem all seiner Güter beraubt wird. Mit der physischen Not kommt die Seelenangst; Grimaldi's Gewissen erwacht und wird vor allen Dingen durch die Erinnerung an sein Verbrechen in San Marco gequält. Er fühlt sich verdammt und glaubt, nur von jenem Priester, dessen Händen er die Monstranz entriss, Absolution für diese Sünde empfangen zu können. Dieser Priester, Francisco, ein Jesuitenpater, erscheint, verzeiht, und Grimaldi erhält Gelegenheit, seine Reue durch die Rettung der Christen zu bethätigen.

Mit der weisen Sparsamkeit, welche sich in allen Teilen dieses dramatischen Organismus erkennen lässt, hat Massinger dem in der Vorgeschichte des Renegaten erscheinenden Priester alle Fäden der Handlung in die Hand gegeben. Der Jesuit findet Paulina, führt den von Donusa umgarnten Vitelli wieder auf den rechten Weg, versöhnt Grimaldi mit der Kirche und benützt ihn als Werkzeug der von ihm, dem Pater, geplanten Rettung. Dadurch dass dieser Kleriker stets das entscheidende, seinem Stande gemäss fromm gewählte Wort zu sagen hat, erhält das ganze Stück ein ausgesprochen katholisches Gepräge, in eigentümlichem Gegensatze zu den englischen Zeitverhältnissen. Im Februar 1604 hatte James I. alle katholischen Priester aus London verbannt, durch die im letzten Augenblick vereitelte Pulver-Verschwörung des Jahres 1605 waren die Gesetze gegen die Katholiken verschärft und die nationale Erbitterung gefährlich gesteigert worden — und in diesem Milieu wagt ein Dramatiker einen Priester zur zentralen Gestalt eines für die Volksbühne bestimmten Stückes zu machen, einen Jesuiten, den protestantische Zuschauer heute noch mit einem historisch höchst berechtigten Misstrauen und

Missvergnügen betrachten würden! Die Apotheose der heiligen Dorothea, Camiola's Entschluss, den Schleier zu nehmen,[1] die Verklärung des katholischen Priesters im „Renegado“ — es kann keinem Zweifel unterliegen, dass Massinger's Sympathien zur Zeit der Abfassung dieser Dramen-Gruppe der alten Kirche gehörten und dass er in hervorragendem Mafse den Mut seiner Überzeugungen besass. Allerdings mögen dem die Theater der Hauptstadt füllenden Publikum die Katholiken lange nicht so anstössig gewesen sein, wie die Puritaner, die erklärten Feinde dieser Belustigungsart, und es ist ein nicht minder bemerkens- und achtungswertes Zeugnis für die ernste, tüchtige Gesinnung Massinger's, dass er es fast gänzlich verschmäht hat, diese von den übrigen Dramatikern mit Vorliebe angegriffene Partei zum Gegenstande seiner Satire zu machen.[2] Offenbar widerstrebte es ihm, religiöse Ansichten mit billigem Spott zu bekämpfen.

THE PARLIAMENT OF LOVE.

Dieses Drama[3] ist uns verstümmelt überliefert, aber das erhaltene grosse Fragment lässt uns den Gang der Handlung klar erkennen. Am Hofe eines französischen Königs, Namens Charles, womit sehr wahrscheinlich Charles VIII. (1483—1498) gemeint ist,[4] stehen sich zwei Parteien feindlich gegenüber: die ledige weibliche und männliche Jugend. Die Hofdamen beklagen sich über die Nachlässigkeit und Selbstgefälligkeit der Männer, die Höflinge über den Stolz

---

[1] Cf. 'Maid of Honour' V 2. Fleay (Chron. I 213) setzt dieses Drama vermutungsweise vor das Jahr 1622, wozu die, in den späteren Werken sich verwischende, katholische Färbung stimmt.

[2] Ein einziges Mal hat er einer verächtlichen Persönlichkeit, der Wirtin Froth in 'A New Way to Pay Old Debts', eine puritanische Formel in den Mund gelegt. Sie sagt: *'Tis verity, I assure you,* worauf Wellborn versetzt: *Verity, you brache! / The devil turn'd precisian!* (I 1; cf. vol. III p. 493).

[3] Cf. Gifford vol. II p. 235 ff. Lic. 1624, Nov. 3; gedruckt nach der Handschrift des Dichters von Gifford 1805.

[4] Cf. Gifford l. c. p. 239.

der Damen. Um diesem die Fröhlichkeit des Hofes störenden Zustande ein Ende zu machen, bestimmt der König, dass binnen Monatsfrist ein *Parliament of Love* zu berufen sei, in welchem die bis dorthin noch nicht geregelten Streitigkeiten durch Richterspruch geschlichtet werden sollten. Mit diesem königlichen Erlass schliesst der erste Akt, in den nächsten drei Akten verwickeln sich die Fäden der verschiedenen Liebeshändel, den fünften Akt beansprucht die grosse Gerichtssitzung des *Parliament of Love.*

Enuiron la fin de Septembre, / Que faillent violettes, et flours: / Je me trouuay en la grand' chambre / Du noble parlement D'amours. / Et aduint si bien qu'on vouloit / Les derniers arrestz prononcer, / Et que à ceste heure on appelloit / Le greffier, pour les commencer — so beginnt ein im 16. Jahrhundert oft gedrucktes, von einem gelehrten Juristen mit einem höchst gründlichen lateinischen Kommentar versehenes Büchlein des Martial d'Auvergne (ca. 1440 bis 1508) betitelt: *Aresta Amorum.*[1] Diesem in französischer Prosa abgefassten, überaus langweiligen Werkchen verdankt Massinger die erste Anregung zu seinem bei allen Fehlern gewiss nicht langweiligen Drama "The Parliament of Love", für welches er auch den ersten diesem französischen *Parlement d'Amours* vorgelegten Streitfall verwertet hat.[2] Ein scherzhaftes Vorbild für die Parlamentssitzung des 5. Aktes bot unserem Dichter auch die ihn unmittelbar umgebende

[1] Cf. *Aresta Amorum LII. Accuratissimis Benedicti Curtii Symphoriani commentariis ad vtriusque iuris rationem, forensiumque actionum vsum quam acutissime accommodata. Parisiis, Apud Jacôbum Keruer, sub duobus Gallis, via Jacobœa. 1555.* Über den Verfasser des französischen Textes sagt Curtius: *Author hujus libri cognitor fuit senatus Parisiensis, nomine Martialis, origine Aruernus, cuius extant alia opera rhythmis Gallicanis. vt sunt Vigiliae Caroli VII. in quibus Britannorum ex regno ab ipso facta expulsio describitur. Quarum lectio per aratores decantata, tanti apud Gallos est, quanti Catulli Lesbiae passeris deploratio apud omneis. Sunt praeterea eius Matutinales ad diuam Mariam deprecationes* (p. 18).

[2] Cf. Gifford vol. I, Intr. p. CI f. Gifford ist der Bedeutung des Büchleins für die Entstehung des Massinger'schen Dramas nicht gerecht geworden: ohne die Aresta Amorum würde Massinger diesen Plan nicht entworfen haben.

Welt, die Bühnenwelt: Marston's Lustspiel „Parasitaster; or, The Fawn“ [1] gipfelte ebenfalls in einer grossen, vom Liebesgott selbst präsidierten Gerichtssitzung, in *Don Cupid's Parliament*, in welchem die verschiedenen Verwicklungen des Stückes durch Richterspruch gelöst wurden. Aber während in Marston's heiterem Spiele den Verurteilten nur das *Ship of Fools* droht, blitzt bei Massinger das Beil des Henkers in gefährlicher Nähe, in Folge einer tragischen Verkettung der Verhältnisse, welche zweifellos einem anderen der sensationellen Dramen Marston's entlehnt ist.

Folgende drei Prozesse worden bei dem *Parliament of Love* Charles' VIII. anhängig gemacht:

Die schöne Leonore hat sich dem lange und eifrig um sie werbenden Cleremond verlobt, das Verlöbnis jedoch in höchster Erbitterung wieder gelöst, weil sich der Bräutigam schon vor der Trauung die Rechte des Gatten anmafsen wollte. Cleremond ist trostlos, und schwört die heiligsten Eide, dass er jede von ihr geforderte Sühne leisten würde. Leonora verlangt, dass er den besten seiner Freunde töte, nur unter dieser Bedingung wolle sie ihm angehören. Der liebestolle Cleremond zwingt seinen liebsten Freund, den edlen Montrose, zum Zweikampf, der jedoch einen für ihn selbst ungünstigen Ausgang nimmt. Gleichwohl sehen wir vor Gericht Cleremond an der Bahre des von ihm erschlagenen Montrose stehen, und Leonora ist es, die ihn am lautesten verklagt. Der König fällt das Urteil dahin, dass Cleremond mit Leonora zu vermählen, aber sofort nach der Trauung zu enthaupten sei, während Leonora ihr Leben in einer über seinem Grabe zu erbauenden Klause vertrauern müsse. Das erschrockene Weib erklärt sich bereit, den Sünder gutwillig zu heiraten — die Leiche erhebt sich — die List der Freunde ist geglückt und das Paar vereint. — In diesem Plane fällt uns vor allen Dingen die sinnlose Grausamkeit des Weibes auf, welches den Tod eines ihr ganz unbekannten Menschen fordert: ein überaus törichter Einfall, auf welchen Massinger von selbst nicht gekommen

[1] Cf. Quellen I p. 27 f.

wäre. Er hat hier ein grobes Plagiat begangen und dieses Plagiat hat sich, wie es die heilsame Eigenschaft solcher Plagiate ist, bitter gerächt. Die Forderung, den Freund zu töten, stammt aus Marston's wirksamstem Drama "The Dutch Courtezan",[1] in geschmacklosester Weise hat Massinger die Haupthandlung dieses Stückes nachgeahmt. Bei Marston ist alles fest gefügt und durchgeführt, bei Massinger schwebt alles kläglich in der Luft. Francischina hat allen Grund, den Mann, dessen Leben sie als den Preis ihrer Liebe fordert, zu hassen — Leonora weiss gar nicht, wessen Tod sie verlangt. Die Dirne verfällt für ihre Mordlust dem Gericht, die *would-be* Mörderin Leonora geht ganz straflos aus — rücksichtslos ist die innere Wahrheit und die Gerechtigkeit der theatralischen Wirkung geopfert.

Den zweiten im *Parliament of Love* zum Austrage kommenden Streitfall hat sich Massinger auch mit fremdem Material konstruiert, aber viel kunstvoller; seine Vorbilder waren Martial d'Auvergne und m. E. — Shakspeare, eine wunderliche Kombination. Der leichtfertige Clarindore hat sein rechtmässiges Weib verstossen; als Mohrin verkleidet ist Madame Beaupré in den Dienst der schönen und reichen Bellisant getreten, um deren Gunst sich der treulose Gatte bewirbt. Bellisant weist seine Aufdringlichkeiten scharf zurück, bis sie das Geheimnis ihrer Dienerin erfährt. Nach dieser Offenbarung nimmt sie Clarindore freundlicher auf und bewilligt seinem stürmischen Drängen schliesslich eine Liebesnacht, unter der Bedingung, dass er über die ihm gewährte Gunst bis zu ihrem Hochzeitstage schweige. Der Roué schwört, und schreit am nächsten Tage die Eroberung der stolzen Bellisant über alle Dächer. Wegen dieser Indiskretion wird er von Bellisant vor das *Parliament of Love* citiert, wo der König der beleidigten Schönheit selbst die Bestrafung des Schuldigen überlässt. Bellisant bestimmt, dass er ihre Mohrin heiraten müsse; der verlassenen Gattin,

[1] Cf. Gifford l. c. p. 308: *The circumstance of Leonora instigating her lover to murder his friend, and then giving him up to justice, is adopted, with some variations, from Marston's 'Dutch Courtezan'*; cf. Quellen I p. 28 ff.

welche bei dem nächtlichen Stelldichein Bellisant's Rolle gespielt hatte, ist wieder zu ihrem Recht verholfen. — Als erste Entscheidung seines imaginären Liebeshofes hat Martial d'Auvergne aufgezeichnet: *Arrest interuenu sur vne sentence en matiere de trahison et exces d'vn Amoureux, lequel pour iouyr de sa mye se faignit tuer* (p. 24 ff.). Ein Verliebter beschwört seine Dame, ihm die höchste Gunst zu gewähren, und wird dabei so zudringlich, dass ihm die Dame ihr Haus verbietet: der Stoff der ersten Szene zwischen Clarindore und Bellisant (Act II sc. 3), nur äussert sich der Unwille der Bellisant noch weit energischer. Der Verliebte Martial's setzt gleichwohl seine Besuche fort, und wie die Tugend der Dame unerbittlich bleibt, will er sich vor ihren Augen einen Dolch in's Herz stossen. Um dieses Blutvergiessen zu verhüten, ergiebt sich ihm die erschrockene Frau, genau wie Bellisant dem mit gegen seine eigene Brust gezückten Schwerte vor ihr stehenden Clarindore eine nächtliche Zusammenkunft bewilligt (Act III sc. 3). Und wie bei Martial der undankbare Betrüger sich an verschiedenen Orten seiner wohl gelungenen List rühmt und deshalb von der Dame vor das *Parlement d'Amours* citiert wird, prahlt Clarindore mit seinem Erfolge und wird von Bellisant wegen dieses Verrates bei dem *Parliament of Love* verklagt (Act V p. 319 ff.). So weit hat sich Massinger der Erzählung des Martial d'Auvergne eng angeschlossen; das Mittel, die Ehre seiner Bellisant zu retten, verdankt er m. E. Shakespeare. Schon bei dem von König Charles gegen Cleremond gefällten Urteil haben sich unsere Gedanken unwillkürlich zu dem Drama Shakespeare's gewendet, dessen Höhepunkt ebenfalls eine grosse, den letzten Akt füllende Gerichtssitzung ist, zu „Measure for Measure". Shakespeare's Herzog entscheidet, dass Angelo mit Mariana vermählt und sofort nach der Trauung enthauptet werde; Massinger's König will Cleremond unmittelbar nach der Vermählung mit Leonora zum Block führen lassen. Und sind wir durch diese Übereinstimmung einmal an das Shakespeare'sche Drama erinnert worden, so erkennen wir bald, und m. E. mit voller Sicherheit, dass die Handlung von "Measure for Measure" Massinger's

Vorbild für die Beaupré-Intrigue war. Wie Isabella, weist Bellisant den frechen Werber entrüstet zurück; Angelo und Clarindore werden in derselben Weise getäuscht: bei der nächtlichen Zusammenkunft umarmen sie nicht die begehrte Schönheit, sondern ein von ihnen verratenes und verlassenes Weib; in beiden Stücken werden die Sünder schliesslich mit ihren ersten Geliebten vereinigt, eine allzu gelinde Strafe. Isabella wird Herzogin, Bellisant, in deren Charakter einige Elemente der herben Jungfräulichkeit der Shakespeare'schen Heldin übergegangen sind, die glückliche Gattin des tapferen Montrose.[1]

In dem dritten Teile der Handlung, welcher vor Gericht als der Prozess Perigot-Novall *versus* Chamont-Dinant zur Verhandlung kommt, herrscht nicht die schwüle, von schönen Worten bemäntelte Sinnlichkeit der bisher besprochenen Vorgänge, sondern von Anfang an frank und frei, ohne jeden Versuch einer Maskierung, die lauteste Zote. Der Höfling Perigot bemüht sich Lamira, die Gattin Chamont's, zu verführen, der erzürnte Gatte lässt ihn von seinen Dienern prügeln und prellen; der Höfling Novall stellt der jungen Frau des Hofarztes Dinant nach, der Gatte nimmt seine Rache durch einen Trank, welcher den Wüstling impotent

---

[1] Im Texte dieses Teiles des Massinger'schen Dramas ist mir eine bemerkenswerte Hamlet-Reminiscenz aufgefallen. Um Bellisant seinen Wünschen willfährig zu stimmen, sagt Clarindore: *Dearest Lady, marriage / Is but a ceremony* — nebenbei bemerkt in vollkommenster Übereinstimmung mit den Empfindungen einer der modernsten Romanheldinnen, der Miss Bertha Lancaster in F. Frankfort Moore's 'I forbid the Bans', welche ihrem Geliebten versichert: *Every form and every ceremony making up what people of the world call a marriage is only a mockery — an insult to love* (cf. Tauchnitz ed. Nr. 2908 p. 151). Der Roué des Stuart-Dramas fährt fort: *and a hurtful vow / Is in the breach of it better commended, / Than in the keeping* (III 3, p. 284) — wohl in Erinnerung an Hamlet's Worte: *It is a custom / More honour'd in the breach, than the observance* (I 4, 15 f.). — Perigot bringt Zahnweh und Liebe in Zusammenhang *(I am troubled / With the tooth-ach, or with love, I know not whether* I 5, p. 247), wie Scæva und indirekt Shakespeare's Benedick (cf. Quellen I p. 80). — Auf eine Gedanken-Ähnlichkeit mit 'Twelfth Night' hat Gifford l. c. p. 253 aufmerksam gemacht.

macht. Die Höflinge haben die Keckheit, Klage zu erheben und werden verdientermafsen mit Schimpf und Schande gegestraft. — Bei dem Novall's ehebrecherische Gelüste vereitelnden Tranke denken wir daran, dass in „Thierry and Theodoret“ [1] die Vollziehung der Ehe zwischen Thierry and Ordella durch dasselbe Mittel verhindert wird: Brunhalt kredenzt ihrem Sohne Thierry einen von Lecure gebrauten, ihn seiner Manneskraft beraubenden Trank. Da die neuere englische Kritik einstimmig der Ansicht ist, dass Massinger an der Komposition dieses Dramas beteiligt war, so hat er wahrscheinlich wieder einmal eine Anleihe bei sich selbst gemacht und das von ihm in „Thierry and Theodoret“ eingefügte Trank-Motiv in diesem späteren Stücke wiederholt.[2]

Noch an ein zweites Drama der Fletcher-Series, unter dessen Autoren Massinger genannt wird, an das Lustspiel „The Little French Lawyer“ (ca. 1620),[3] werden wir im „Parliament of Love“ öfters erinnert. Vor allen Dingen durch die Namen: *Dinant*, *Cleremond*, *Lamira, Beaupré* finden wir in beiden Stücken, nur bietet die ältere Komödie die Schreibung Cleremont und Beaupré richtig als Mannesnamen. Ausserdem ist längst auf zwei Übereinstimmungen im Text aufmerksam gemacht worden,[4] und endlich weist m. E. auch der Plan das „Parliament“ gewisse Ähnlichkeiten mit dem „LFL.“ auf. In beiden Stücken wird Lamira's

[1] Cf. Quellen I p. 35 f.

[2] Von 'Thierry and Theodoret' kommen in Betracht: Act II sc. 1 erste Erwähnung des Trankes; Act II sc. 4 Genuss des Trankes; Act III sc. 1 Wirkung des Trankes. Von den nicht ganz übereinstimmenden Meinungen der Kritiker hinsichtlich der Autorschaft dieser Szenen ist mir — von seiner mir überflüssig erscheinenden Revisions-Hypothese abgesehen — Oliphant's Ansicht die ansprechendste: nach ihm hat Massinger die beiden ersteren Szenen (II 4 soweit der Trank eine Rolle spielt) verfasst und war an der Abfassung der letzteren beteiligt (cf. ESt. XV 352). Bei einem derartigen literarischen Kompagnie-Geschäft wird doch wohl der Erfinder eines Motivs es zumeist auch ausgeführt haben.

[3] Cf. Quellen I p. 60 f.

[4] Cf. Gifford l. c. pp. 249, 289.

Tugend in Versuchung geführt, ist von einem Duell die Rede, bei welchem ein Sekundant fehlt, wird der Verführer gefoppt. Es sind das nur flüchtige Berührungspunkte, doch beweisen Namen, Text und Plan jedenfalls, dass Massinger das ältere Stück frisch im Gedächtnis hatte.[1]

Alles in allem, ist das „Parliament of Love" eines der unselbständigsten Werke unseres Dichters, bühnenwirksam mag es jedoch in hohem Grade gewesen sein. Die reiche, spannende Handlung wickelt sich rasch ab und die verschiedenen Gruppen sind durch Freundschaft und Neckerei der Höflinge gut verbunden.

THE ROMAN ACTOR.

Die Ehrfurcht vor dem klassischen Altertum bewirkte, dass Massinger sich in diesem seinem einzigen Römer-Drama[2] seinen Quellen viel genauer angeschlossen hat, als in den schon besprochenen pseudo-historischen Dramen. In die Kaiser-Zeit mag ihn Ben Jonson's „Sejanus" gewiesen haben, wenigstens werden wir in der einleitenden Szene seiner edelgesinnten, den Druck der Zeit schmerzlich empfindenden Römer (I 1, p. 334 ff.) stark an die Reden der um Arruntius gruppierten Gegner des Sejanus erinnert.[3] Seine Hauptgewährsmänner waren Suetonius und Cassius Dio Cocceianus,[4] ihre Berichte hat er nach seinem Belieben ge-

[1] An Fletcher werden wir ausserdem durch Bellisant's Begründung ihrer Angst vor einer Indiscretion Clarindore's erinnert: *Pardon, Sir, / My fears, since it is grown a general custom, / In our hot youth, to keep a catalogue / Of conquests this way got; nor do they think / Their victory complete, unless they publish, / To their disgrace, that are made captives to them, / How far they have prevail'd* (IV 4, p. 297; vgl. eine ähnliche Bemerkung in 'The Bondman' II 1, p. 39). Wie wir, wird auch Massinger bei diesen Stellen an Fletcher's Mirabel in dem Lustspiel 'The Wild-Goose-Chase' (1621/2) gedacht haben, welcher der Oriana ein Buch mit den Namen der von ihm betrogenen Frauen überreicht (cf. Quellen I p. 104).

[2] Cf. Gifford vol. II p. 327 ff. Lic. 1626, Oct. 11; gedruckt 1629.

[3] Cf. ib. p. 335.

[4] Cf. ib. pp. 328, 425 f.; Langbaine p. 358: *For the Plot read Suetonius in the Life of Domitian, Aurelius Victor, Eutropius, Lib. 7.*

mischt und mit manchen Zuthaten eigener Erfindung ausgestattet.

Uxorem Domitiam . . ., Paridis histrionis amore deperditam, repudiavit, intraque breve tempus impatiens discidii, quasi efflagitante populo, reduxit — berichtet Suetonius in seinem Leben des Kaisers Domitian:[1] die eng verknüpften Schicksale der drei in diesem Satze erwähnten Menschen füllen die ersten vier Akte der englischen Tragödie. Am Schlusse des 4. Aktes ist der Schauspieler Paris — ungeschichtlich,[2] aber dramatisch wirksam — von dem Kaiser eigenhändig getötet worden, und zu Anfang des letzten Aktes, dessen Analyse uns den besten Einblick in Massinger's Misch-Methode gewähren wird, erfahren wir, dass Domitia wieder zu Gnaden aufgenommen worden ist. Aber sie selbst kann dem Kaiser die Ermordung ihres Geliebten nicht verzeihen, sie überhäuft ihn mit Vorwürfen und Schmähungen, so dass der erzürnte Tyrann ihren Namen auf die Liste der Proskribierten setzt. Domitia erfährt die ihr drohende Gefahr, entwendet dem schlafenden Kaiser die verhängnisvolle

Tacitus, Lib. 13 etc. Die drei zuletzt genannten Autoren können Massinger nur sehr wenig, nebensächliches Material geliefert haben, vgl. z. B. in Tacitus' 'De vita et moribus Julii Agricolae liber' cap. 43 die Bemerkung über das Testament des Agricola mit den Worten des Aretinus: *And he compell'd to write you a coheir / With his daughter, that his testament might stand, / Which, else, you had made void* (II 1, p. 357). Die Namen seiner Personen hat unser Dichter meist dem Sueton entlehnt: *Aelius Lamia* (Dio: *Lucius Lamia Aemilianus*), *Junius Rusticus* (Dio: *Rusticus Arulenus*), *Palphurius Sura* (bei Dio nicht erwähnt), *Ascletario* (bei Dio nicht genannt); aus Dio stammen *Stephanos* (Suet.: *Stephanus*) und die von Sueton nicht erwähnten Verschwörer *Entellus* und *Sejeius*, wohl verlesen für den von Dio einmal genannten Σιγηρός (67, 15). Von Massinger hinzugefügte Nebenpersonen sind der Senator *Fulcinius*, der Denunciant *Aretinus*, der Geizhals *Philargus*, die Schauspieler *Aesopus* und *Latinus*.

[1] Cf. C. Suetoni Tranquilli quae supersunt omnia. Rec. C. L. Roth. Lipsiae 1875; Lib. VIII 3, p. 242 f.

[2] Sueton meldet Paris' Tod nicht, Dio (cf. Cassii Dionis Cocceiani Rerum Romanarum Libri Octoginta ab J. Bekkero recogniti, Lipsiae 1849) Lib. 67, 3 berichtet, dass Domitian den Buhlen der Kaiserin auf offener Strasse töten liess.

Liste, liest ihren Namen und verbündet sich mit den Verschworenen, die Domitian's Tod beschlossen haben (V 1, pp. 411, 414 = Dio Lib. 67, 15). Der Kaiser lässt den Wahrsager Ascletario, der ihm Tag und Stunde seines nahen Endes vorausgesagt hatte, gefangen nehmen, und fragt ihn, ob ihm auch sein eigenes Schicksal bekannt sei. Der Wahrsager erwidert, dass sein eigener Körper von Hunden zerrissen werden würde, worauf Domitian, um die Nichtigkeit derartiger Prophezeiungen zu beweisen, befiehlt, ihn zu töten und seine Leiche zu verbrennen. Ein Regen löscht das Feuer des Scheiterhaufens und die Hunde Roms zerreissen die Leiche; der Kaiser wird von Todesangst gepackt (V 1, pp. 412 f, 416/18 — eine Mischung von Sueton VIII 14, 32—34; 15, 37 ff. und Dio 67, 16). Domitian träumt, dass die auf seinen Befehl unschuldig hingerichteten Römer Junius Rusticus und Palphurnius Sura erscheinen, blutige Schwerter gegen ihn schwingen und mit dem Standbilde der Minerva, der Schutzgöttin des Kaisers, verschwinden (V 1, p. 415 f.), ein merkwürdiges Mosaik: Dio lässt den Kaiser von Rusticus mit dem Schwerte und dem Verschwinden Minerva's träumen (67, 16), während Sueton's Fassung des Traumes nur von dem Scheiden der Göttin spricht, aber seinen Text hat Massinger dem erwachenden Domitian in den Mund gelegt: *Minervam . . . somniavit excedere sacrario *negantemque ultra se tueri eum posse, quod exarmata esset a Jove* (VIII 15, 35 ff.) = *And methought, / Minerva, ravish'd hence, whisper'd that she / Was, for my blasphemies, disarm'd by Jove, / And could no more protect me* (l. c. p. 416). In Verzweiflung ruft Domitian aus: *The fatal hour / Steals fast upon me: I must die this morning / By five, my soldiers* (p. 418) — die Tribunen schaaren sich zum Schutz um ihn, und aus ihrem eisernen Wall wird er durch den Verschworenen Parthenius gelockt, der ihm vorspiegelt, die verhängnisvolle Stunde sei längst vorbei, und soeben eine Siegesbotschaft eingetroffen. Domitian entlässt die Soldaten und wird sofort ermordet — genau nach Sueton VIII 16, 18 ff., während Dio diese List des Parthenius nicht kennt. So hat Massinger Schritt für Schritt die beiden Historiker verglichen und bald aus diesem, bald aus jenem geschöpft, ohne dass wir uns bei seiner Darstellung dieses Mischungsprozesses irgendwie störend bewusst würden.

Den Charakter des Domitian fand Massinger in seinen Quellen mit festen Strichen vorgezeichnet, er ist auch im Drama eine abstossende Verkörperung des Cæsarenwahnsinns, welchem der Dichter einmal grossartige, echt "übermenschliche" Worte leiht: die Götter haben keine Zeit sich um die Menge der Menschen zu kümmern — *Mankind lives / In few, as potent monarchs, and their peers* (III 2, p. 376). Im übrigen hat aber Massinger den Imperator durch unnötige Grausamkeiten noch erniedrigt: die Hinrichtung des schuldlosen Junius Rusticus wird von den Historikern ganz kurz gemeldet (cf. Suet. VIII 10, 22 ff.; Dio 67, 13) — im Drama werden Rusticus und Palphurius Sura bei offener Szene vor dem Kaiser gemartert und Domitian selbst treibt die Folterknechte an, die Qualen zu steigern, in der vergeblichen Hoffnung, den beiden Stoikern einen Schmerzenslaut zu entreissen (III 2, p. 377 ff.).

Die Historiker berichten, dass Domitian schon vor seiner Thronbesteigung die Domitia ihrem Gatten Aelius Lamia raubte, Massinger hat dieses Ereignis gegen das Ende seiner Regierung verlegt, so dass sein Drama den ganzen historischen Lebenslauf des Weibes umfasst. Er hat sich für diese seine weibliche Hauptgestalt genau an die Andeutungen der Quellen gehalten, nur hat er den Gedanken schärfer herausgearbeitet, dass das herzlose, sinnliche Weib der böse Genius des von ihr beherrschten Imperators wurde.

Dem zwischen diese beiden gefährlichen Gönner gestellten Schauspieler Paris hat erst der Dramatiker einen ausgeprägten Charakter geben müssen, in den Quellen fand er nur Namen, Buhlschaft und Tod verzeichnet. Massinger hat den Mimen zu der sympathischsten Gestalt der Tragödie gemacht, und sich selbst im ersten Akte mit ihm identifiziert. Paris wird vor den Senat citiert, er hat sich zu rechtfertigen gegen den Vorwurf, dass in den Vorstellungen seiner Truppe an Adel und Senat eine feindliche, ihre Autorität schädigende Kritik geübt würde. In glänzender Rede (I 3, p. 346 ff.)

führt Paris aus, dass es nicht die Schuld der Schauspieler ist, wenn sich die Zuschauer von ihren Darstellungen menschlicher Laster getroffen fühlen — da hören wir die Stimme des Dichters selbst. Noch mehr — ich bin überzeugt, dass die von Paris mit wenig Strichen skizzierten Charaktere, welche manchen Leuten ärgerlich gewesen waren, zum grössten Teil Massinger's eigenen Dramen entlehnt sind, dass uns die schöne Rede somit auch für die Chronologie der Werke unseres Dichters wertvoll ist. Stösst sich einer von den Zuhörern daran, sagt Paris-Massinger, wenn sich auf der Bühne ein ungeduldiger Erbe gegen das Leben seines Vaters verschwört: *we cannot help it*: der junge Simonides in "The Old Law"[1] kann es nicht erwarten, bis das Leben seines Vaters dem grausamen Gesetze verfällt. Erkennt sich ein Patrizier wieder in einem habsüchtigen Manne: *whose lordships / A falcon in one day cannot fly over*, und der gleichwohl den schmutzigsten Geiz zeigt: *we cannot help it* — dabei hat Massinger gewiss an den habsüchtigen Wucherer Sir Giles Overreach in seinem Schauspiel "A New Way to Pay Old Debts"[2] gedacht, von dem gesagt wird, er besässe *so much land, / . . . as would tire / A falcon's wings in one day to fly over* (III 1, vol. III p. 540). Auch der ungerechte, von persönlichen Gesichtspunkten aus sein Urteil fällende Richter, den Paris unter den Rollen seines Repertoirs erwähnt, war in derselben Komödie aufgetreten, als Greedy, *a hungry justice of peace*, und hatte in einem Atem den ihn bestechenden Wirt Tapwell verteidigt und verdammt, in Folge einer grösseren Bestechung von gegnerischer Seite (IV 2, p. 573 f.; vgl. auch II 1, p. 514).[3] Nur

---

[1] Gedruckt 1656, vgl. p. 149 Anm. 1.

[2] Gedruckt 1633, vgl. p. 137 Anm. 2. Die Richtigkeit meiner Erklärung vorausgesetzt, stützt die Rede des Paris Fleay's Annahme, welcher diese beiden Stücke vor 1626, das Aufführungsjahr des 'Roman Actor' setzt.

[3] Noch besser würde der Charakter des Richters auf den alten Novall in 'The Fatal Dowry' passen, welches 1632 gedruckte Stück Malone (cf. Gifford vol. III p. 355) vor 1620, Fleay (cf. p. 134 Anm.) in das Jahr 1619 setzt. In diesem Novall hat man das Spiegelbild eines zeitgenössischen englischen Richters erkennen wollen, des Sir Edward Coke, der Sir Walter Raleigh zum Tode verurteilt hatte und deshalb selbst

die von Paris an zweiter Stelle erwähnte Ehebrecherin, welche mit ihrem Geliebten in Saus und Braus lebt, ihre rechtmässigen Kinder aber verhungern lässt, findet sich nicht in der uns erhaltenen dramatischen Gallerie Massinger's; möglicherweise ist sie einem seiner zahlreichen uns verlorenen Dramen[1] entlehnt.

Dem Schauspieler Paris und seinen Genossen hat der Dramatiker Gelegenheit gegeben zur Entfaltung ihrer Talente durch drei Zwischenspiele, welche geschickt mit der Haupthandlung verknüpft sind. Parthenius, einer der Freigelassenen und Günstlinge Domitian's, hat einen unverbesserlichen Geizhals zum Vater; in Worten, welche Shakespeare's "Hamlet" als Inspirationsquelle deutlich erkennen lassen,[2] schlägt Paris dem bekümmerten Sohne vor, die Seele des Alten durch ein Schauspiel zu erschüttern, ihm auf der Bühne die Hässlichkeit seines Lasters zu zeigen. Aber der alte Philargus bekundet nach dem Anhören des Intermezzo *The Cure of Avarice* so wenig Neigung, seine Lebensart zu ändern, dass ihn der erzürnte Tyrann kurzweg aufhängen lässt, trotz der flehentlichen Fürbitte des Sohnes — womit Massinger den bei den Historikern nicht näher begründeten Abfall des Parthenius von Domitian motiviert. Die Quelle der Handlung des Zwischenspiels wird von Domitia in ihrer abfälligen Kritik richtig angegeben: *For the subject, / I like it not; it was filch'd out of Horace* (Act II, p. 369): einen in tödliche Lethargie versunkenen Geizhals erweckt

---

von der *vox populi* verurteilt worden war (cf. Gifford l. c. p. 487). Die Erinnerung an die Hinrichtung des letzten berühmten Seehelden der elisabethanischen Ära, welche die öffentliche Meinung zu einem Justizmord stempelte, mag den betreffenden Worten des Paris die ihnen eigene, besondere Schärfe verliehen haben.

[1] Unter den durch Warburton's Nachlässigkeit vernichteten Handschriften befanden sich 10 Dramen Massinger's, die spurlos verschwunden zu sein scheinen, vgl. Gifford vol. I p. LI f.

[2] Paris sagt: *I once observed, / In a tragedy of ours, in which a murder / Was acted to the life, a guilty hearer, / Forced by the terror of a wounded conscience, / To make discovery of that which torture / Could not wring from him* (Act II p. 356), wozu bei Gifford mit Recht auf Hamlet II 2, 617 ff. verwiesen ist.

sein Arzt zu neuem Leben, indem er seinen Geldschrank aufbrechen und das Gold auf den Tisch schütten lässt, frei nach Horaz Serm. Lib. II 3, 142—157.[1]

Den verstockten alten Sünder Philargus vermochte die vereinte Kunst des Dichters und Mimen nicht zu rühren: der leidenschaftlich erregten Seele des Weibes entreisst sie ihr schuldiges Geheimnis. Schon während des ersten Zwischenspiels hat Domitia ihre Augen an der schönen Gestalt des die Rolle des Arztes spielenden Paris geweidet, am nächsten Tage wird auf ihren Wunsch das Interludium *Iphis and Anaxarete* aufgeführt, damit sie Paris in einer Liebhaberrolle sehen kann. In dieser Dramatisierung einer Episode der Ovid'schen Metamorphosen (Lib. XIV 698 ff.)[2] wird Iphis durch die Kälte seiner geliebten Anaxarete zum Selbstmorde getrieben — von der sinnlichen Schönheit des Darstellers hingerissen, verfolgt Domitia sein Schicksal mit wachsender Aufregung, und wie er die Absicht des Selbstmordes ausspricht, springt sie selbstvergessen von ihrem Sitze auf, mit dem Schrei: *Not for the world — / Restrain him, as you love your lives!* (III 2, p. 387).

Dem schamlosen Liebeswerben der Kaiserin gegenüber hält sich der Schauspieler zurück, bis sie sich ihm an den Hals wirft — und in diesem Augenblick erscheint Domitian. Paris weiss, dass sein Leben verwirkt ist, der Kaiser befiehlt ihm, eine Szene aus der Tragödie *The False Servant* aufführen zu lassen. Dieser treulose Diener wird von der Gattin seines Herrn mit Liebe und Drohungen verfolgt, bis er der Versuchung unterliegt. Der Gatte überrascht das Paar, seine Rolle hat der Kaiser selbst übernommen: *I should talk now; / But I've forgot my part. But I can do: / Thus, thus and thus* (IV 2 p. 406) — Paris wird von dem Schwerte des Kaisers selbst tötlich getroffen: der Dichter hat seiner Lieblingsgestalt ein möglichst würdiges Ende bereitet. Dieses letzte Intermezzo ist zweifellos *ad hoc* erfunden; die Ehebrecherin, welche dem ihr widerstehenden

---

[1] Cf. Ward II 274 Anm. 3.
[2] Cf. Gifford l. c. p. 381.

Manne mit einer Notzuchtsanklage droht, hat in der Weltliteratur viele Vorgängerinnen.[1]

THE GREAT DUKE OF FLORENCE.[2]

Italien, das gelobte Land der elisabethanischen Dramatiker, besass auch für Massinger noch eine grosse Anziehungskraft, gern versetzt er seine Gestalten in eine der weltberühmten Städte dieses Landes. Der Judenkönig Herodes und seine Gattin Mariamme wurden ihm zum Herzogspaar von Mailand; die alte englische Märe von König Edgar und seinem treulosen Günstling hat er in die herrliche Arno-Stadt verpflanzt und den englischen König in einen Grossherzog von Florenz verwandelt, genannt Cozimo. Er wird dabei an den ersten Grossherzog von Florenz, Cosimo I (gest. 1574), gedacht haben, wenn auch die Angaben des Dramas nicht ganz zu den historischen Thatsachen stimmen.[3]

Beim Suchen nach der Quelle Massinger's brauchen wir wohl nicht über ein volkstümliches älteres Drama, betitelt „A Knacke to Knowe a Knave“,[4] hinauszugehen, dessen romantische Handlung eine schlichte Dramatisierung der Edgar-Sage bietet. Der gute König Edgar sendet seinen Neffen Ethenwald, Earl of Cornwall, als Brautwerber zu Alfrida, Osrick's Tochter, deren Schönheit den Königsboten bezaubert. Kurz entschlossen vermählt sich Ethenwald selbst mit Alfrida und meldet dem König, dass das Mädchen seiner nicht würdig gewesen wäre. Aber Edgar erfährt bald die Wahrheit und besucht in eigener Person das Haus der Neuvermählten, wo Ethenwald ihm zuerst die Küchen-

---

[1] Cf. Landau, Quellen p. 62 ff.

[2] Cf. Gifford vol. II p. 427 ff. Lic. 1627, July 5; gedruckt 1635. Fleay (Chron. 1 221): *Probably written by 1625.*

[3] Cf. Gifford l. c. p. 527.

[4] Gedruckt 1594 und neuerdings bei Dodsley-Hazlitt vol. VI p. 503 ff. Über ältere und jüngere Versionen der Edgar-Sage vgl. ib. p. 26 f., Ward II pp. 139, 275; ferner Langbaine p. 356, welcher verweist auf *our English Chronicles, that have writ the Reign of Edgar, as Speed, Stow, Baker, etc.*

magd in Alfrida's Gewändern zuführt. Auch dieser Täuschungsversuch missglückt, erzürnt will der König den treulosen Werber töten, wird jedoch von dem h. Dunstan zur Verzeihung gestimmt. Von einem ganz zwecklosen Teufel abgesehen, den sich der h. Dunstan als Helfershelfer beschwört, ohne in der uns überlieferten Form des Dramas irgendwelche Verwendung für ihn zu haben, wickelt sich die in kurzen Szenen über das ganze Stück verzettelte Handlung einfach ab, in ziemlich genauem Anschluss an die alte Sage. Dass Massinger jedoch dieses allem Anscheine nach sehr populäre Drama und nicht die historische Form der Sage im Gedächtnis hatte, wird durch die von ihm übernommene, und keineswegs verbesserte, groteske Szene der Küchenmagd bewiesen, welche, soweit ich sehe, dem älteren Stücke eigentümlich ist. In den Berichten der englischen Chronisten lässt sich die eitle und ehrgeizige Frau zu keiner derartigen Täuschung des Königs bewegen sie tritt ihm herrlich geschmückt, im vollen Glanze ihrer Schönheit entgegen.[1]

Massinger hat den Plan des alten Stückes wenig geändert, doch bedurfte er für die zu füllenden fünf Akte einer reicheren Handlung und eines grösseren Personals. In den knappen Edgar-Episoden des alten Stückes treten, den überflüssigen Teufel mitgezählt, nur sieben Personen auf, bei Massinger siebzehn. Die merkwürdigste Ver-

[1] Cf. Annales, or, a Generall Chronicle of England. Begun by John Stow: continued and augmented with matters Forraigne and Domestique, Ancient and Moderne, unto the end of this present yeere, 1631 [ed. princeps 1580]. By Edmund Howes Gent. Londini, Impensis Richardi Meighen, fol. 83b/84a; John Speed's 'History of Great Britain', London (Jahreszahl fraglich, das Titelblatt fehlt dem mir vorliegenden Exemplar; ed. pr. 1611) Book 7. Chapt. 42. fol. 371 f. (Quelle: *Malms. de regibus*); Sir Richard Baker's 'Chronicle of the Kings of England', Eighth Impression, London 1684 [ed. pr. 1641), fol. 11 f. Auch in der Ballade *A Song of King Edgar, Shewing how he was deceived of his love, etc. To the Tune of 'Labandulishot'* in Thomas Deloney's Gedichtsammlung 'The Garland of Good-Will', ed. by James Henry Dixon for the Percy Society, vol. XXX (London 1851/2) p. 12 — auch in dieser Ballade erscheint die Küchenmagd n i c h t.

mehrung des Personals ist, dass Massinger den treulosen Werber verdoppelt hat, dass er zwei Männer von dem Wunsche beseelt sein lässt, Lidia's Schönheit dem Herzog zu verbergen: den Neffen und den Günstling Cozimo's.

Giovanni, der Neffe des Herzogs, ist fern der Residenz, auf dem Lande erzogen worden, im Hause des Carolo Charomonte und in Gemeinschaft mit dessen lieblicher Tochter Lidia: junge Liebe ist die natürliche Folge. Nicht ohne Bestürzung hört der verwittwete Herzog von Lidia's Schönheit und der Neigung des jungen Paares; da er selbst unter keiner Bedingung eine zweite Ehe eingehen will, ist Giovanni der Erbe der Herzogskrone. Cozimo sendet deshalb sofort seinen Günstling, den Grafen Sanazarro, ab, um sich nähere Auskunft über dieses Mädchen zu verschaffen, von dem er zu Sanazarro zweideutig sagt: *It may be her fair graces do concern us* (I 2, p. 449). Aber auch Sanazarro giebt sich auf den ersten Blick dem Liebreiz der jungen Lidia gefangen, und da er in dem Grossherzog den gefährlichsten Nebenbuhler vermutet, beschliesst er, ihm Lidia's Vorzüge zu verheimlichen. Der junge Giovanni, der die Geliebte zu verlieren fürchtet, lässt sich bewegen, die Täuschung zu unterstützen, und der Herzog glaubt den beiden, von ihm mit Gunst überschütteten Männern, erhält jedoch sofort einen sicheren Beweis ihrer Falschheit.

Die sehr verschiedene Art und Weise, wie König Edgar und Herzog Cozimo von dem an ihnen geübten Betrug Kenntnis erhalten, lässt uns besonders deutlich erkennen, wie sehr sich die Technik der Dramatiker in den zwischen den beiden Stücken liegenden ca. 30 Jahren verfeinert hatte. In dem alten Stücke zeigt ein anderer Höfling, Perin, dem König einfach ein Bild der schönen Alfrida, welches ihm Ethenwald höchst unvorsichtiger Weise geschenkt hatte[1] — bei Massinger ist die Entlarvung der Betrüger mit Sardou'scher Berechnung vorbereitet und in Szene gesetzt. Voll Sehnsucht nach der fernen Geliebten hat Giovanni die am Florentiner Hof lebende, in Sanazarro verliebte Herzogin

---

[1] Cf. Dodsley-Hazlitt l. c. p. 564 f.

von Urbino, Fiorinda, gebeten, Lidia als Hofdame zu verlangen, mit einer glühenden Schilderung der Reize und Tugenden dieser jungen Dame. Die Herzogin erklärt sich bereit, und unmittelbar, nachdem die beiden Schelme dem Herzog möglichst viel Ungünstiges von der armen Lidia gesagt haben, tritt von der anderen Seite die Herzogin auf und verlangt die Geschmähte als Gefährtin, unter ausdrücklicher Berufung auf Giovanni's begeisterte Schilderung (Act II sc. 1, p. 454 ff.; III 1, p. 481 ff.).

Diese feine Szene ist der technische Höhepunkt des Dramas, die beiden letzten Akte fallen bedeutend ab. Wenn Massinger komisch sein soll und will, wird er plump und derb: bei dem zweiten Täuschungsversuch sinkt er noch tief unter den älteren Dramaturgen, dessen *kitchen-maid* sich mit bäuerischen Gebärden und Worten begnügt. Massinger's Petronella trinkt und liebelt und tanzt mit einem Bedienten und wird schliesslich betrunken hinausgetragen — und das alles vor den Augen des zu täuschenden Herzogs (IV 2, p. 500 ff.). Sehr hässlich sind Charomonte's übertriebene Loyalitäts-Versicherungen ausgedrückt (IV 2, p. 498 f.), unglaublich töricht ist der letzte Versuch, den Herzog zu täuschen, die alberne Lüge, dass Giovanni Lidia für sich gewonnen habe, nur um den Herzog vor einem Bruche seines Gelübdes ewiger Wittwertrauer zu bewahren (V 3, p. 525). Das Schauspiel, welches in den ersten drei Akten ein Kunstwerk versprach, verwirkt diesen Anspruch durch die beiden letzten Akte, die schwer an einem in der Bühnendichtung jener Zeit so weit verbreiteten Übel kranken — an der Hast, der Übereilung des Dramatikers.

Der Schluss ist der gleiche wie im alten Stück: der Herzog verzeiht. Giovanni wird mit Lidia beglückt, der charakterlose Sanazarro gegen Verdienst und Würdigkeit mit Fiorinda.[1]

---

[1] Der Herzog hat es dem Sanazarro zur Pflicht gemacht, sich nicht selbst um die Gunst der Lidia zu bewerben (I 2, p. 449). Nachdem der Graf das Mädchen gesehen hat, fasst er seine Gedanken über dieses Verbot in folgendes Gleichnis: *It is tyranny / To call one pinch'd with hunger to a feast, / And at that instant cruelly deny him / To taste*

THE MAID OF HONOUR.[1]

Bertoldo, der natürliche Bruder des Königs Roberto von Sicilien, ist im Kriege von den Soldaten der Herzogin von Sienna gefangen genommen worden, und sieht sich, da sein königlicher Bruder ihn nicht loskaufen will, von lebenslänglicher Haft bedroht. Da tritt eine von ihm geliebte und ihn liebende Jungfrau, die schöne und sittenstrenge Camiola, für ihn ein, sie bezahlt das geforderte, ungeheure Lösegeld, unter der Bedingung, dass er sie eheliche. Mit tausend Freuden willigt Bertoldo ein, aber schon wenige Stunden nach seiner Befreiung wird er von einer unerwarteten Gunst des Schicksals, von der plötzlichen Liebe der Herzogin Aurelia von Sienna, die sich ihm geradezu an den Hals wirft, so geblendet, dass er Ehre und Liebe vergisst und sich der Herzogin verlobt. Unmittelbar vor der Trauung verkündet Camiola seinen Treubruch, der König und die Herzogin erkennen ihre Rechte an, Bertoldo selbst liegt in Reue und neu erwachter Liebe zu ihren Füssen — aber die Jungfrau kann seine Falschheit nicht vergessen, sie versagt sich ihm und entsagt der Welt. Sie nimmt den Schleier.

Die bis jetzt noch nicht bestimmte Quelle fliesst in der Nähe, an oft besuchter Stelle: Massinger hat eine Novelle von Painter's „Palace of Pleasure" dramatisiert, die zweiunddreissigste Novelle des zweiten Bandes, überschrieben: *A Gentlewoman and Wydow called Camiola of hir owne minde Raun-*

---

of what he sees (II 3, p. 466). Vielleicht hatte Massinger das eindrucksvolle Gleichnis im Gedächtnis, dessen sich in Beaumont's und Fletcher's Drama 'A King and no King' Tigranes für seine erotische Enttäuschung bedient hatte: *Thou might'st as well / Search i' the deep of winter through the snow / For half-starved people, to bring home with thee / To shew 'em fire, and send 'em back again, / As use me thus* (III 1, cf. vol. II p. 286). — Giovanni's Verschwiegenheits-Beteuerung: *What you deliver to me shall be lock'd up / In a strong cabinet, of which you yourself / Shall keep the key* (III 1, p. 472) scheint beeinflusst von Ophelia's Worten: *'Tis in my memory lock'd / And you yourself shall keep the key of it* (Hamlet I 3, 85 f.).

[1] Cf. Gifford vol. III p. 1 ff. Nach Fleay (Chron. I 213): *Probably written before 1622;* gedruckt 1632.

somed Roland the Kyng's Sonne of Sicilia, of purpose to haue him to hir Husband, who when he was redeemed vnkindly denied hir, agaynst whom very Eloquently, she Inueyed, and although the Law proued him to be hir Husband, yet for his vnkindness, shee vtterly refused him.[1] Massinger's wesentlichste Änderungen betreffs der beiden Hauptpersonen sind, dass Camiola bei ihm Jungfrau, nicht Wittwe ist, dass sich das Paar schon vor Bertoldo's Missgeschick liebte, und die überraschende Schlusswendung. Leider hat der Dramatiker versäumt, eine vollkommene Harmonie zwischen seinen Änderungen und dem ihm überlieferten Stoffe herzustellen. In der ersten, von ihm frei entworfenen Szene der Liebenden dringt Bertoldo auf Verheiratung, während Camiola's Frömmigkeit die Lösung seines Gelübdes als Malteser Ritter scheut (Act I sc. 2, p. 22 ff.) — nichtsdestoweniger lässt Massinger später Camiola durch ihren Zwischenhändler Adorni den Ehekontrakt ausdrücklichst stipulieren (Act III sc. 3, p. 69; IV 3 p. 76; V 1 p. 95), weil die Wittwe in der Novelle, die vorher keine Beziehungen zu Roland gehabt hatte, die Ehe fordern, als eine *conditio sine qua non* kontraktlich feststellen lässt. Von diesem die Vornehmheit ihres Wesens schädigenden Fehler des Dichters abgesehen,[2] ist Massinger's Camiola eine edle, fesselnde Erscheinung.

Die wichtigste der von Massinger neu geschaffenen Gestalten ist die Herzogin Aurelia von Sienna, ihre plötzliche Gunst erklärt Bertoldo's Undankbarkeit, welche in der Novelle nicht motiviert ist. Die Art und Weise, wie Mas-

---

[1] Cf. Jacobs vol. III p. 354 ff. Als vermutlichen Gewährsmann Painter's habe ich in den 'Studien' p. 9 Baptista Campofulgosus bezeichnet, mit der Bemerkung, dass Painter noch eine andere Quelle benützt haben müsse. Inzwischen ist Painter's einzige Quelle richtig bestimmt worden von Marcus Landau in seiner Besprechung der 'Studien', Koch's Zeitschrift vol. VI n. F. p. 414. Painter bietet eine genaue Übersetzung von Boccaccio's Bericht in seinem Compendium 'De Mulieribus Claris': *De Camiola Vidua* Cap. CIII (Bernae MDXXXIX).

[2] Mit richtigem Gefühl hat Gifford l. c. p. 109 diesen Ehekontrakt beanstandet. Die Quelle erklärt ihn, ohne ihn zu entschuldigen. Immer wieder müssen wir bei Shakespeare's Nachfolgern die Hast der Produktion beklagen.

singer diese Herzogin Aurelia in die Handlung eingreifen lässt, erinnert höchst auffällig an die Rolle der gleichnamigen Schwester des römischen Kaisers Carinus in dem Drama „The Prophetess", der herrschenden Ansicht nach von Fletcher und Massinger verfasst.[1] Wie Bertoldo an Camiola, ist auch Diocles durch ein Eheversprechen an Drusilla, die Nichte seiner Wohlthäterin Delphia, gebunden,[2] und erweist sich ebenso pflichtvergessen, wie sich ihm die Prinzessin Aurelia als Gattin anträgt,[3] was ebenso plötzlich geschieht, wie von seiten der Herzogin Aurelia. Ausserdem ist die ganze Szene, in welcher die Herzogin um Bertoldo wirbt (Act IV sc. 4, p. 80 ff.), nach demselben Muster gebaut, wie die Szene, in der Delphia's Zauber bewirkt, dass sich die Kaiserschwester dem Maximinian in die Arme wirft[4]: der plötzliche Liebeswahnsinn des Weibes, die leidenschaftliche Schilderung der Reize des Geliebten, das Erstaunen des umworbenen Mannes, die Verblüffung und Empörung der Augenzeugen finden wir übereinstimmend in beiden Szenen. Wahrscheinlich sind auch die Aurelia-Episoden der „Prophetess" von Massinger entworfen,[5] und er, zu dessen auffälligsten Eigentümlichkeiten die Neigung, sich selbst zu wiederholen, gehört,[6] trug kein Bedenken, den groben, aber bühnenwirksamen Effekt dieser blitzähnlichen Liebe zweimal zu verwerten.

Unter den sich um Camiola's Gunst bewerbenden Männern befindet sich Signior Sylli, die harmlose komische Figur des Dramas, in welchem Posse und Zote auf das damals mögliche Mindestmafs beschränkt sind. Durch seinen

---

[1] Cf. Quellen I p. 104 ff.

[2] Act I sc. 3; cf. vol. VIII p. 224.

[3] Act II sc. 3; cf. ib. p. 238 f.

[4] Act III sc. 3; cf. ib. p. 252 ff.

[5] Die englischen Kritiker lassen den dritten Akt von Fletcher ausgeführt sein.

[6] Boyle gab ESt. IX 211 ff. eine interessante Liste von *Parallel Passages from Massinger's Plays,* und prüfte ib. X 383 ff. auch die Stücke, an welchen Massinger mitgearbeitet haben soll, auf phraseologische Wiederholungen; p. 402 ist eine derartige Übereinstimmung in 'Prophetess' und 'Maid of Honour' verzeichnet.

Etiquetten-Namen und seine Thorheiten erinnert uns Signior Sylli an einen der bekanntesten und belachtesten Vertreter seiner Spezies, an den Sir Amorous La-Foole in Ben Jonson's „Epicoene".[1]

THE PICTURE.[2]

Der böhmische Ritter Mathias zieht in den Krieg, nachdem er von einem Magier ein Bild Sophia's, seiner Gattin, erhalten hat, dessen Farbe ihm jede Untreue der Frau verraten soll. Durch seine Tapferkeit bald zu hohem Ansehen gelangt, weckt Mathias, das Lob seiner Gattin verkündend, die Eifersucht der ehrgeizigen Honoria, der vergötterten Gattin des ungarischen Königs Ladislaus. Sie

---

[1] In einem anderen Freier der Camiola, in Fulgentio, dem lasterhaften Günstling des Königs, will Fleay (Chron. I 214) den von den zwei ersten Stuarts begünstigten Duke of Buckingham erkennen, eine Vermutung, die Robert Boyle in dem Massinger-Artikel des Dict. of Nat. Biogr. (vol. XXXVII p. 10 ff.; London 1894) akzeptiert und die auch mir sehr beachtenswert erscheint. Die Quelle kennt diese Rivalen Bertoldo's nicht. Jedenfalls stellt Camiolas kräftige Ausdrucksweise dem Könige gegenüber (Act IV sc. 5) dem politischen Mannesmute Massinger's das beste Zeugnis aus. In einem sehr lesenswerten Aufsatze: *The Political Element in Massinger* (Contemp. Review 1876 vol. XXVIII p. 495 ff.) hat der Historiker S. R. Gardiner versucht, die Handlungsweise des sizilianischen Königs Roberto in unserem Drama als eine Kritik des Verhaltens der zeitgenössischen Könige Englands, James I. und Charles I., zu erklären. Wie Roberto sich entschieden weigert, zu Gunsten des Herzogs von Urbino Krieg zu führen (Act I sc. 1, p. 11 ff.), waren James und später auch sein Sohn abgeneigt, die Ansprüche ihres Verwandten, des böhmischen Winterkönigs, mit Waffen zu verteidigen. Die Ähnlichkeit besteht; aber jetzt, nach der Feststellung der Quelle, wissen wir, dass die Kriegsunlust des Königs kein von Massinger eingeführtes Motiv ist: schon in der Painter'schen Novelle ist zu lesen, dass der König von Sizilien seinen Unterthanen verboten hatte, den Kriegszug nach Lipari mitzumachen, und sehr erzürnt gegen alle Teilnehmer war: *King Pietro . . ., for that [Rowlande's] warres had no better successe, and done contrary to his commaundement, conceyued displeasure so wel agaynst him, as all others, which were at that battell* (l. c. p. 357). Deshalb weigert er sich, Rowland's Lösegeld zu zahlen.

[2] Cf. Gifford vol. III p. 111 ff. Lic. 1629, June 8; gedruckt 1630.

sendet zwei Höflinge ab, welche Sophia's gepriesene Keuschheit gefährden sollen, und übernimmt dem Ritter gegenüber selbst die Rolle der Versucherin. Ein doppelter Sieg der Gattentreue krönt das schön und fest gebaute Stück.

Das Zauberbild und die List der Gattin, mit welcher sie sich die ungestümen Werber vom Leibe hält und bestraft, hat Massinger einer von Painter (II 28) übersetzten Novelle Bandello's (I 21) entlehnt;[1] die psychologisch fesselnde und das dramatische Interesse bedeutend steigernde Gestalt der ehrsüchtigen Königin ist seine Schöpfung, wie denn überhaupt das ganze Drama eine seiner besten Leistungen ist.

Die Versuchung der verlassenen Sophia erinnert uns an die Drangsale Imogen's, und es ist beachtenswert, dass sich ihre Versucher zuerst desselben Mittels bedienen, mit

[1] Cf. Gifford l. c. p. 113, welcher seine Quellenkunde dem Werke „The Companion to the Playhouse" verdankt. Dieses Werk ist, worauf mich Varnhagen freundlichst aufmerksam gemacht hat, identisch mit der 'Biographia Dramatica', deren Titel in der ersten Ausgabe von 1764 lautete: 'The Companion to the Play-House' etc. In den späteren Auflagen von 1782 und 1812 erscheint dieser alte Titel, welchen auch Lessing in seiner 'Hamburgischen Dramaturgie' wiederholt anführt, an zweiter Stelle: 'B. Dr., or, a Companion to the Play-House' Die von Gifford wiederholte Quellennotiz steht 1812 im 3. Bande p. 149. Über eine metrische, von Gifford auch erwähnte Version Whetstone's vgl. Studien p. 31 f., ein Einfluss dieses Gedichtes auf unser Drama ist mir nicht wahrscheinlich. Langbaine hatte die Geschichte gelesen *in a Book of Novels in octavo, call'd 'The Fortunate Deceiv'd, and Unfortunate Lovers', see Nov. 4 of the 'Deceiv'd Lovers'*, einer öfters erwähnten Novellen-Sammlung, von der ich leider noch nicht Einsicht nehmen konnte. Über die Sage von dem Zauberbild cf. Dunlop-Liebrecht p. 287 und Anm. 368; Landau 'Quellen' p. 141. Die grösste Ähnlichkeit mit der Novelle Bandello's zeigt ein me. Gedicht: 'The Wright's Chaste Wife . . . A Merry Tale by Adam of Cobsam, from a Ms. . . . about 1462 a. d. copied and edited by F. J. Furnivall', London 1865 (EETS. 12); 'Supplement' und 'Additional Analogues to The W.'s. Ch. W.' by W. A. Clouston, London 1886 (EETS. 84). Von seiner Schwiegermutter erhält dieser Zimmermeister einen Rosenkranz, dessen Frische von der Treue seiner Gattin abhängt. Drei Männer erfahren das Geheimnis dieses Kranzes und thun ihr Möglichstes, ihn verwelken zu lassen, aber die tugendhafte und kluge Frau bringt es zu Weg, einen nach dem anderen einzusperren, und sie zu zwingen, sich ihr tägliches Brot mit Spinnen zu verdienen, genau wie in der italienischen Fassung.

welchem Iachimo Imogen's Reinheit zu erschüttern versucht: Mathias wird von den Höflingen ebenso verläumdet, eines ausschweifenden Lebenswandels und vieler Buhlschaften bezichtigt (Act III sc. 6, p. 187 ff.), wie Posthumus von Iachimo (Act I sc. 5). Die Novelle bot Massinger keine Anregung für diese Verläumdungs-Szene. Andrerseits hat er, wohl um die allzu grosse Ähnlichkeit mit dem Shakespeare'schen Drama zu vermeiden, das in der Quelle stark betonte Motiv der Wette nicht verwertet, sondern sehr glücklich durch die Eifersucht der Königin ersetzt.

THE EMPEROR OF THE EAST.[1]

Bei seinem eifrigen Studium der Historiker sind die Augen des englischen Dramatikers Philip Massinger an derselben Gestalt haften geblieben, welche späterhin die Aufmerksamkeit des deutschen Historikers Ferdinand Gregorovius[2] fesselte: an der Gestalt der schönen Tochter des heidnischen Sophisten Leontius von Athen, an Athenaïs, welche, in der Taufe Eudocia genannt, als Gattin Theodosius des Zweiten den byzantinischen Kaiserthron bestieg. In den ersten vier Akten seines Athenaïs-Dramas ist Massinger, von wenigen Einzelheiten abgesehen, im Bereiche der authentischen Geschichte geblieben; im fünften Akte hat er die historische Tragödie sehr geschmacklos in eine Komödie verwandelt.

Act I und II: Athenaïs, deren Heimat und Vater im Drama nicht genannt sind, ist von ihrem Vater in seinem Testament sehr benachteiligt worden, weil ihr ein besonders

[1] Cf. Gifford vol. III p. 239 ff. Lic. 1631, March 4; gedruckt 1631.

[2] Cf. Athenaïs. Geschichte einer byzantinischen Kaiserin. 3. Auflage. Leipzig 1892. Gregorovius scheint weder Massinger's Athenaïs-Drama noch Nathaniel Lee's schwülstige Tragödie: "Theodosius, or The Force of Love" (1680) gekannt zu haben, er erwähnt von literarischen Bearbeitungen des dankbaren Stoffes nur einen sentimentalen französischen Roman des 18. Jahrhunderts, verfasst von einem gewissen Baculard d'Arnaud (p. VIII).

glänzendes Loos beschieden sein würde. Nach dem Tode ihres Vaters weigern sich die Brüder ihr das kleine Legat auszuzahlen und stossen sie aus dem Hause, mit Spottreden über ihre künftige Grösse. Klagend tritt Athenaïs in Konstantinopel vor Pulcheria, die allmächtige Schwester des jungen Kaisers Theodosius II., und ihre Schönheit und Klugheit entzücken die Fürstin in so hohem Maſse, dass sie ihrem Bruder die holde Fremde als Gattin vorschlägt. Der kaiserliche Jüngling verliebt sich auf den ersten Blick: Athenaïs wird Christin und Kaiserin. — Act III: Der glückliche Theodosius verschwendet Gunst und Geschenke an alle Welt, Pulcheria, die durch Athenaïs-Eudocia mässigend auf ihn wirken will, predigt tauben Ohren. Da wird auch sie zur Bittstellerin und legt dem Kaiser eine Schenkungsurkunde vor, laut welcher er seine junge Gattin der Schwester als Sklavin cediert. Gedankenlos unterzeichnet Theodosius, Pulcheria bemächtigt sich der Kaiserin und erteilt auf diese Weise ihrem Bruder eine scharfe Lektion, welche die junge Kaiserin sehr übel vermerkt. — Act IV: Ein Bauer schenkt dem jagenden Kaiser einen Apfel von ungewöhnlicher Schönheit, den der verliebte Fürst seiner Gattin sendet. Eudocia aber will mit der herrlichen Frucht den kranken Höfling Paulinus, der sie zuerst am Hofe beschützt hatte, erquicken, und Paulinus hinwieder findet dieses auserlesenen Produktes der Natur einzig den Kaiser würdig: der Apfel wandert zu Theodosius zurück. Argwöhnisch fragt er die Gattin nach dem Apfel, verwirrt versichert Eudocia, sie habe ihn gegessen und beteuert diese Lüge mit heiligen Eiden. Der Kaiser glaubt den Beweis eines verbrecherischen Liebesverhältnisses in Händen zu haben: Paulinus wird zum Tode verurteilt, die Kaiserin vom Hofe verbannt.[1]

[1] Den wandernden Apfel fand Massinger bei den byzantinischen Historikern. Schon Gifford (l. c. p. 325) und genauer Gregorovius (p. 178) haben auf eine ähnliche Apfel-Geschichte in "Tausend und eine Nacht" aufmerksam gemacht, vgl. die "Geschichte der drei Äpfel" in Gustav Weil's Übersetzung (Stuttgart 1871/2, 4 Bde.) Bd. 1 p. 113 ff. Eine viel tiefsinnigere, poetische Version dieser Fabel hat ein zu wenig beachteter moderner englischer Dichter geliefert, Owen Meredith (Lord

Bevor wir uns zu dem letzten, von Massinger frei komponierten Akte des Dramas wenden, wollen wir versuchen Massinger's Quelle oder Quellen etwas näher zu bestimmen.[1] In seinem für die Aufführungen im Blackfriars Theatre gedichteten Prolog sagt der Dramatiker, dass er sich seiner Erfindungskraft nicht rühmen könne: *this work being a story / Of reverend antiquity,* eine Bemerkung, welche, auf die vier ersten Akte bezogen, der Wahrheit vollkommen entspricht: sie enthalten fast nur historisch verbürgte Thatsachen.[2] Wenden wir uns nun — allerdings ohne *a priori* zu dieser Beschränkung berechtigt zu sein — zu jenen byzantinischen Schriftstellern, welche die meisten der von unserem Dichter verwerteten Fakta bieten, so wird uns vor allen Dingen Zonaras beachtenswert scheinen — aus dem sehr

---

Lytton) in seinem Gedichte "The Apple of Life" (Tauchnitz ed. vol. 1053 p. 155 ff.). König Salomo klagt über die Vergänglichkeit des Menschen, da bringt ihm ein Bote Gottes einen Apfel vom Baume des Lebens: *None shall taste death, having tasted this apple.* Aber der alte König will nicht von dem Apfel essen, er schenkt ihn der blühenden Jugend seiner Favoritin, der schönen Shulamite. Sie schenkt die köstliche Frucht ihrem Geliebten, dem Fürsten Azariah, und er wirft den Apfel in den Schooss seiner Geliebten, einer egyptischen Buhlerin. Aber nach der durchschwelgten Nacht, in der grauen Morgendämmerung, entsetzt sich das Weib vor dem Gedanken, ein ewiges Leben der Schande leben zu müssen. Nur das lichte Leben des Königs scheint ihr ewiger Dauer würdig zu sein: der Apfel wandert zu Salomo zurück. Der betrogene König erkennt, dass den Schmerzen und Enttäuschungen des Lebens gegenüber der Tod des Menschen bester Freund ist.

[1] Cf. Langbaine p. 355: *See Socrates L. 7. Theodoret L. 5. Nicephorus L. 14. Baronius, Godeau, etc.* Dr. Ireland (cf. Gifford p. 351) lehnt die Historiker Socrates, Theodoret und Sozomen als Gewährsmänner ab, und verweist für das Gerücht einer erotischen Beziehung zwischen Athenaïs und Paulinus auf Cedrenus, für die Apfel-Geschichte auf Theophanes. Der von Gilchrist zweimal (cf. Gifford pp. 265, 325) citierte Burton, der Verfasser der "Anatomy of Melancholy", kann Massinger's Gewährsmann nicht gewesen sein, er bietet ja nur zwei Episoden aus dem Leben der Athenaïs.

[2] Seine auffälligste Abweichung von der Historie hat bereits Gifford betont. Der dramatische Theodosius sagt: *Though in my father's life, I held it madness / To usurp his power* (II 1 p. 274 f.) — der wirkliche Theodosius war aber bei dem im Frühjahr 408 erfolgten Ableben seines Vaters Arcadius erst sieben Jahre alt.

einfachen Grunde, dass seine Annalen Massinger in einer prächtig gedruckten französischen Übersetzung bequem zugänglich waren: *Les Histoires et Croniques du Monde. De Jean Zonaras . . . Disposez en trois livres. Le premier . . . par J. de Maumont. Le second . . . [et] le troisiesme . . . par J. Milles de S. Amour. Traduit de Grec en François, avec annotations . . . A Paris MDLXXXIII; Troisiesme Livre Fol. 801ff.: L'Empire du Petit Theodose.* In der That bietet dieses Kapitel des Zonaras alle Hauptbestandteile der Handlung des Dramas: ein ausführliches Vorleben der Athenaïs, die List der Pulcheria, den Versuch des Eunuchen Chrysapius, Eudocia gegen Pulcheria auszuspielen, die Apfel-Geschichte. Aber Massinger's einzige Quelle könnte dieser Bericht des Zonaras doch nicht gewesen zu sein: es ist in ihm z. B. kein Wort gesagt von der Erkrankung des Paulinus, welche im Drama für die Kaiserin der nächste Anlass ist zu der Übersendung des verhängnisvollen Apfels. Erwähnt finden wir diesen Nebenumstand bei Cedrenus, dem Byzantiner des 11. Jahrhunderts: *Ea aegrotanti Paulino transmisit [pomum]*, und Cedrenus lässt überdies die unkluge Kaiserin ihre Lüge bei dem Leben ihres Gatten beschwören: *Se id edisse dicenti, iuramentum per salutem Imperatoris deferre, quo id nemini abs se missum confirmaret*, wie Massinger's Eudocia beteuert: *By your sacred life and fortune, / An oath I dare not break, I have eaten it* (IV 5 p. 327). Ausserdem könnte uns eine Notiz des Cedrenus begreifen lassen, warum der Engländer Pulcheria, gegen die geschichtliche Wahrheit, zur ältesten Schwester des Theodosius gemacht hat, Cedrenus führt nämlich die Töchter des Arcadius in folgender Ordnung an: Pulcheria, Falcilla (Massinger: Flaccilla!), Arcadia, Marina.[1] Andererseits bestimmt Cedrenus die Zahl der Brüder der Athenais nicht, und äussert sich auch über die Gründe ihrer Reise nach Konstantinopel nicht so genau wie Zonaras. Verschmelzen

[1] Cf. Georgii Cedreni Annales . . . Guilielmo Xylandro Augustano interprete . . Basileae s. a. (Jahreszahl der Widmung: 1566), fol. 274 ff. Griechischer und lateinischer Text.

wir hingegen die betreffenden Berichte der beiden Byzantiner, so erhalten wir das gesamte geschichtliche Material des englischen Dramas, ohne dass ich in Abrede stellen möchte, dass Massinger nebenbei noch andere Autoren konsultierte.[1] Dieses die Quellenfrage nicht ganz abschliessende Resultat war das zu erwartende: wenn unser Dramatiker eine historische Gestalt in's Auge gefasst hatte, scheint er sich möglichst vielseitig über sie informiert und die Elemente der verschiedenen Berichte nach seinem Geschmack gemischt zu haben, wie wir das bereits bei „The Roman Actor" und ähnlich auch bei der Legenden-Tragödie „The Virgin-Martyr" festzustellen hatten.

Von den historischen Charakteren ist die Gouvernanten-Natur der frommen Kaiserschwester Pulcheria am consequentesten festgehalten, die Anmut und Würde der Athenaïs hingegen nach schönen Ansätzen durch in dem seit Fletcher üblichen Stil gehaltene, allzu andeutungsreiche Äusserungen über das Glück ihrer jungen Ehe geschädigt (III 2, p. 292) und das Bild des Kaisers selbst durch ähnliche derbe Striche der Dichterhand verdorben. Massinger's Theodosius ist fromm und schwach, leicht zu beeinflussen, gereizt ein Tyrann, wie der historische Theodosius — die Szene aber, in welcher der junge Fürst an den Bildern der ihm als Frauen angetragenen Prinzessinnen eine weltmännisch gewandte, scharfe Kritik übt (II 1, p. 278 ff.), passt ebenso schlecht zu seinem

---

[1] So bestimmt z. B. Cedrenus die Krankheit des Paulinus nicht näher, während Massinger wiederholt von einem Gichtanfall spricht, und ebenso lesen wir bei Nicephorus: [*Paulinus*] *domi ex podagra decumbebat* (cf. Nicephori Callisti Xanthopuli, Scriptoris vere catholici, Ecclesiasticae Historiae Libri Decem et octo .. opera .. ac studio doctiss. viri Joannis Langi . . . è Graeco in Latinum sermonem translati . . . Parisiis 1574; Lib. XIV cap. 23). Ausserdem bezeichnet dieser Byzantiner des 9. Jahrhunderts Pulcheria ausdrücklich als die älteste Tochter des Arcadius: *Duas autem filias Arcadio [Eudoxia] genuit, Pulcheriam primum, deinde Arcadiam, ac tertiam rursus Marinam* (Lib. XIII cap. 4), berichtet jedoch manche andere von Massinger verwertete Einzelheit nicht. Ein drolliges Missverständnis ist dem Übersetzer Lang passiert, er hat τὸ μῆλον mit *ovis* wiedergegeben; die Rundreise dieses grossen Schafes wirkt sehr komisch.

von Massinger adoptierten historischen Charakter, wie seine spätere brutale Aufklärung über die Art und Weise, wie er sich für seine Pflichten als Ehemann rüstete (IV 5, p. 329). In der überflüssigen Bilder-Kritik haben wir m. E. wieder einen der Fälle zu erkennen, in welchen ein Strahl des Shakespeare'schen Genius für die Epigonen zum Irrlicht wurde — ohne Portia's schelmische Kritik ihrer Freier (Merch. I 2) würde Massinger schwerlich auf den Gedanken gekommen sein, den frommen Kaiser auf Kosten der Ehestands-Kandidatinnen diesen seinem Wesen widersprechenden spitzigen, frivolen Witz entfalten zu lassen. Wie voll Massinger's Seele von Shakespeare-Erinnerungen war, wird uns in diesem Drama auch noch durch seine Schilderung der Eifersucht des Theodosius bewiesen: unwillkürlich sind ihm dabei Gedanken und Worte Othello's eingefallen und aus der Feder geflossen.[1]

Ebenso unerfreulich wie die von unserem Dramatiker eingefügte Bilder-Kritik sind in diesen ersten vier Akten seine übrigen selbständigen Zugaben, welche das Unterhaltungsbedürfnis des lachlustigen Publikums befriedigen sollten. Ein Projektenmacher, ein Kuppler, ein *Master of the Manners and the Habit*, welcher der jeunesse dorée sehr bedenkliche Sitten lehrt (I 2) und ein Quacksalber (IV 4) enthüllen uns ihre schwarzen Seelen — Satire und Komik sind in diesen Szenen gleich schwerfällig und langweilig. *How I abuse / This precious time*! ruft Pulcheria aus,

---

[1] Gifford l. c. p. 328 verweist mit Recht auf Othello IV 2, 71 f. und bemerkt dazu leider, dass er die übrigen Imitationen *as sufficiently obvious* nicht hervorgehoben habe. Mit Theodosius' Worten: *Methinks I find Paulinus on her lips* (IV 5, p. 326) vergleiche man: *I found not Cassio's kisses on her lips* (III 3, 341). Beachtung verdient, dass sich auch in einem Drama der Fletcher-Series, in „The Knight of Malta", ein unverkennbares Othello-Motiv findet, und zwar in einer Szene, welche die Kritiker übereinstimmend Massinger zuteilen, vgl. Quellen I pp. 68, 70. — Zu Theodosius wohlgesetzter Rede: *Wherefore pay you / This adoration to a sinful creature?* etc. (V 2, p. 339) sagt Gifford: *In this fine speech Massinger has ventured to measure weapons with Shakspeare* — er wird dabei wohl an Cassius' eindrucksvolle Betonung der menschlichen Schwächen Cæsar's gedacht haben (Cæs. I 2, 97 ff.).

nachdem sie den Auseinandersetzungen der drei zuerst genannten Schelme mit unbegreiflicher Langmut gelauscht hat — eine Äusserung, deren Berechtigung jeder moderne Leser rückhaltslos anerkennen wird.

Für den letzten Akt bot die Geschichte unserem Dichter die Katastrophe einer Tragödie. Paulinus wurde von dem eifersüchtigen Kaiser wirklich getötet, Eudocia vertauschte das prächtige Konstantinopel mit dem verfallenen Jerusalem, wo sie ihr Leben beschloss. Der Tod des Paulinus, der Sturz der Kaiserin, die Möglichkeit, den wiederholt angedeuteten Konflikt zwischen Eudocia und Pulcheria dramatisch auszunützen — auf alle diese ihm zur Hand liegenden Mittel für einen bedeutenden tragischen Abschluss seines Werkes hat Massinger verzichtet, um seine Zuschauer in fröhlicher Stimmung zu entlassen. Zur Erzielung eines glücklichen Ausganges des Stückes musste der Kaiser von der Unschuld seiner Gattin und des Paulinus überzeugt werden. Massinger ist dabei nach der praktischen, aber recht prosaischen Regel verfahren: Doppelt genäht hält gut — zweimal lässt er dem Kaiser beweisen, dass zwischen seiner Gattin und dem Höfling kein sträfliches Verhältnis bestanden hat, einmal in romantisch annehmbarer Weise, das zweite Mal durch eine jeden Zweifel beseitigende, aber höchst unästhetisch, ja lächerlich wirkende Enthüllung — und beide Male m. E. mit Verwertung literarischer Erinnerungen.

Für den Plan des soeben (p. 131 Anm.) erwähnten Dramas der Fletcher-Series "The Knight of Malta", an dessen Abfassung alle Kritiker Massinger beteiligt sein lassen, wurde eine Novelle Bandello's stark benützt, seine von Painter übersetzte Erzählung von den Leiden der Duchessa di Savoia (vgl. Band. Nov. II 44, Palace of Pleasure I 45).[1] Der unter der Anklage des Ehebruchs eingekerkerten Herzogin kommt der spanische Ritter Don Giovanni di Mendozza zu Hülfe; bevor er jedoch für sie in die Schranken tritt, will er sich selbst von ihrer Unschuld überzeugen. In

[1] Cf. Quellen I p. 68 f.

einer Mönchskutte begiebt er sich zu der gefangenen Herzogin, hört ihre Beichte und gewinnt auf diese Weise die Sicherheit ihrer Unschuld, die ihn zu siegreichem Kampfe begeistert. Die Situation ist in dem Fletcher-Drama nicht benützt, Massinger wurde durch das Schicksal seiner des Ehebruchs verdächtigten Kaiserin wieder an die Herzogin erinnert und hat die Unschuld seiner Heldin auf dieselbe Weise feststellen lassen. Als Mönch verkleidet begiebt sich Theodosius zu seiner Gattin und gewinnt beim Anhören ihrer Beichte die Überzeugung ihrer Unschuld, Athenaïs kommt wieder zu vollen Ehren (V 3 p. 343 ff.).

So weit wäre alles gut: die zu beweisende Unschuld der Kaiserin ist zur allgemeinen Befriedigung bewiesen und somit auch Paulinus glänzend gerechtfertigt. Diesen sehen wir in der ersten Szene dieses Aktes mutig zur Hinrichtung gehen, mit geheimnisvollen Andeutungen, dass seine Schuldlosigkeit noch über jeden Zweifel gehoben werden würde. Dem Kaiser wird sein Tod gemeldet, Theodosius bereut seine Übereilung schmerzlichst, und diese Reue hat der Dichter sehr überflüssiger Weise noch dadurch verschärft, dass er dem Kaiser mitteilen lässt, Paulinus habe die ihm aufgebürdete Sünde nie begehen können, denn er sei seit seinem vierten Jahre entmannt, ein Eunuch gewesen, und habe diesen Umstand nur verheimlicht *to hold grace with ladies* (V 3, p. 347)! Und damit noch nicht genug, muss der so schmählich degradierte Paulinus in der Schlussszene noch lebend auf der Bühne erscheinen, eine unverzeihliche Geschmacklosigkeit. Auf diesen Irrweg wurde Massinger m. E. durch seine für einen Dichter fast bedenklich grosse Belesenheit und sein gutes Gedächtnis gelockt: der eines sträflichen Verhältnisses mit der Gattin seines kaiserlichen Herrn bezichtigte Paulinus hatte ihn an den schönen Combabus in Lucian's Aufsatz *Περὶ τῆς Συρίης Θεοῦ* [1] erinnert, welcher ebenfalls des Ehebruchs mit der Gattin seines Königs angeklagt und, wie Paulinus, zum Tode verurteilt worden war.

---

[1] Cf. Lucianus ab J. Bekkero recogn. Lipsiae 1853; vol. II p. 393 ff.

In der letzten Stunde konnte sich Combabus überzeugend rechtfertigen, er hatte sich, wie er zum Reise-Cavalier der jungen Königin Stratonike ernannt wurde, selbst entmannt. Diese sonderbare Geschichte hatte sich Massinger's Gedächtnis eingeprägt und durch diese Reminiscenz wurde er leider zu der überflüssigen und auf der Bühne sehr anstössigen Herabwürdigung seines Paulinus veranlasst.

THE FATAL DOWRY.

Der Vorwurf, dass die Entwicklung der Charaktere keine folgerichtige sei, kann gegen diese Tragödie [1] nicht erhoben werden. Mit unerschütterlicher Festigkeit, mit unerbittlicher Strenge handelt der junge Charalois, der Sohn eines Feldmarschalls Karl's des Kühnen von Burgund, nach den ihm von seinem Vater eingeprägten Grundsätzen der Ehre und der Pflicht. Nach dem Tode seines Fürsten in der Schlacht bei Nancy, im Januar 1477, hatte der Marschall grosse Summen geborgt, um den Krieg fortsetzen und einen ehrenvollen Frieden erzwingen zu können; nach dem Abschluss dieses Friedens war er, da er seine Gläubiger nicht befriedigen konnte, von seinen Landsleuten mit der herkömmlichen stumpfsinnigen Undankbarkeit der Massen in's Gefängnis geworfen worden, wo er starb. Da seine Gläubiger der Leiche die Bestattung verweigern, besinnt sich Charalois, im vollen Bewusstsein seiner Sohnespflicht, keinen Augenblick, der Erbitterung der Gläubiger sein junges blühendes Leben zu opfern: er nimmt seines Vaters Stelle im Gefängnis ein, um dessen sterblicher Hülle die letzte Ehre erweisen zu können. Mit Recht ist schon längst hervorgehoben worden, dass diese den ersten Akt füllende Handlung die grösste Ähnlichkeit mit einer wohlbekannten Episode des klassischen Altertums hat, dass der burgundische Marschall und sein Sohn Spiegelungen sind des atheniensischen Feldherrn Miltiades

[1] Cf. Gifford vol. III p. 353 ff.; gedruckt 1632. Fleay (Chron. I 208): *Massinger and Field. I date the original production of this play . . . in 1619 . . . I guess . . . that the play as we have it is an alteration made by Massinger.*

und seines Sohnes Cimon, der an die Stelle des im Schuldgefängnisse verstorbenen Vaters trat,[1] um die Leiche auszulösen und zu bestatten. *Bene egissent Athenienses cum Miltiade* — ruft Valerius Maximus aus —, *si eum post trecenta millia Persarum Marathone devicta, in exsilium protinus misissent, ac non in carcere et vinculis mori coegissent; sed, ut puto, hactenus sævire adversus optime meritum abunde duxerunt: immo ne corpus quidem ejus, sic exspirare coacti, sepulturae prius mandari passi sunt, quam filius ejus Cimon eisdem vinculis se constringendum traderet. Hanc heriditatem paternam maximi ducis filius .... solam se crevisse, catenas et carcerem, gloriari potuit.*[2] An der Richtigkeit dieser Quellenbestimmung ist nicht zu zweifeln.

Das Gefängnis des jungen Charalois wird geöffnet durch die Grossmut Rochfort's, des früheren Gerichtspräsidenten von Dijon. Von Bewunderung der Sohnestreue des Jünglings erfüllt, begnügt sich der würdige Greis nicht damit, ihn durch die Bezahlung der Schulden zu befreien, sondern giebt ihm auch seine einzige Tochter und Erbin zur Frau. Beaumelle, ein im Wohlleben aufgewachsenes, oberflächliches Mädchen, ist in den jungen Gecken Novall verliebt, hat jedoch nicht den Mut und, von der bedeutenden Erscheinung Charalois' gefesselt, im Augenblick auch nicht den Willen, dem Wunsche ihres Vaters zu widersprechen — die Ehe wird geschlossen. Eine von Novall bestochene Dienerin beeinflusst ihre schwache Herrin zu seinen Gunsten, und die Liebelei wird in so offenkundiger Weise betrieben, dass

---

[1] Cf. Langbaine p. 355 f.: *The behaviour of Charalois in voluntarily choosing imprisonment to ransom his Fathers Corps, that it might receive Funeral Rights, is copied from the Athenian Cymon, that admirable Example of Piety so much celebrated by Valerius Maximus, Lib. 5. C. 4. Ex. 9. Plutarch and Cornelius Nepos notwithstanding make it a forc'd Action, and not voluntary.*

[2] Cf. Valerius Maximus de dictis factisque memorabilibus etc. Ed. C. B. Hase, Parisiis 1822. Lib. V Cap. III *De ingratis externorum 3*; vgl. ferner ib. Lib. V Cap. IV *De pietate in parentes, cujus exempla externorum sunt 2.*

sich ein Freund des jungen Gatten veranlasst sieht, diesen zu warnen. Aber Charalois setzt die sein Thun bestimmenden Gefühle der Pflicht und Ehre auch bei anderen voraus, das Vertrauen, welches er seiner Gattin entgegenbringt, ist ein schrankenloses. Er weist den Warner scharf zurück, und gewährt Beaumelle vollkommene Freiheit des Handelns, bis er sie in den Armen ihres Geliebten überrascht. Novall wird zum Kampfe gezwungen und getötet; das schuldige Weib aber will Charalois nicht selbst verurteilen, ihr Vater, sein Wohlthäter, soll der Richter sein. In einer erschütternden Szene spricht der Greis das Todesurteil aus, welches der Gatte sofort vollzieht. Des zweifachen Mordes beschuldigt, den beiden Vätern als Anklägern gegenübergestellt, gelingt es Charalois gleichwohl, die Richter von der Gerechtigkeit seiner Rache zu überzeugen. Er wird freigesprochen, in demselben Augenblick aber von einem Klienten des Hauses Novall niedergestochen. Ergreifend ist uns in dieser Gerichtssitzung der Seelenkampf des alten Rochfort zum Bewusstsein gebracht, sein Schwanken zwischen dem Schmerz um die Tochter und seiner Bewunderung des hochsinnigen Mörders.

Eine Quelle ist bis jetzt für die spannende, in raschem Tempo entwickelte Handlung dieser Tragödie noch nicht gefunden worden. Auf der modernen Bühne zeigt uns der „Fall Clemenceau“ dieselbe Sünde und die gleiche Bestrafung der Ehebrecherin, nicht aber die pathetische, unser ganzes Mitgefühl erregende Gestalt des richtenden Vaters.

Im Text der Tragödie werden wir einmal an Cervantes erinnert, Charalois ruft dem unwillkommenen Warner, dem Ankläger seiner Fran, zu: *Away, thou curious impertinent!* mit Verwendung des Titels der bekannten spanischen Novelle *El Curioso Impertinente.*[1] Ausserdem soll die technisch schwächste Scene der Tragödie, die Entdeckung der Schuld (IV 2, p. 431 ff.), einem Schwanke des Cervantes entlehnt sein.[2] Die Ähnlichkeit ist eine sehr flüchtige, liegt nur in

[1] Cf. Gifford l. c. p. 418; Quellen I p. 54 f.

[2] Cf. Rapp p. 243: „Die Verführung spielt im Hause eines Musikmeisters. Diese Szene ist ein lächerliches Plagiat aus Cervantes *En-*

der unzeitgemässen Redseligkeit der beiden Frauen,[1] deren Grund in dem spanischen Zwischenspiel diskret angedeutet, in der englischen Tragödie mit unnötiger Genauigkeit angegeben ist. Die Möglichkeit eines inneren Zusammenhanges der beiden Szenen möchte ich jedoch nicht bestreiten.

A NEW WAY TO PAY OLD DEBTS.[2]

Diesen neuen Weg, alte Schulden zu bezahlen, findet der durch seine eigene Verschwendung und Wucherzinsen verarmte Frank Wellborn.[3] Er bestimmt eine reiche und

---

tremes: El viejo zeloso und hat nichts mit Massinger zu schaffen". Die letztere Behauptung wird sich schwer beweisen lassen, gerade die Cervantes-Reminiszenz würde eher für Massinger's Autorschaft sprechen (vgl. oben p. 95). Auch Fleay (Chron. I 208) schreibt die Szene Massinger zu, aus anderen Gründen.

[1] In dem Drama wird die Entdeckung dadurch herbeigeführt, dass Charalois seine Frau im Nebenzimmer lachen hört und rufen: *Ha! ha! 'tis such a groom!* (p. 435), worauf Charalois hinausstürzt und sie in den Armen Novall's findet. In dem spanischen *Entremes del Viejo Zeloso* (gedruckt 1615) geht die schlimme Donna Lorenza vor den Augen ihres alten Gatten in das Nebenzimmer, wo der eingeschmuggelte Galan verborgen ist, verschliesst die Thüre und nun entspinnt sich zwischen ihr und ihrer auf der Bühne neben dem Alten stehenden Nichte folgendes Zwiegespräch: Donna Lorenza *por dentro. Christinica? Christinica?* Christ. *Què quiere, tia?* Lor. *Si supiesses què galàn me ha deparado la buena suerte, mozo bien dispuesto, pelinegro, y què le huele la boca à mil azahares.* Christ. *Jesus, y què locuras, y què niñerias: està loca, tia?* etc. (cf. die p. 100 Anm. 1 citierte Ausgabe der Cervantes'schen Komödien, Tomo II pp. 315 ff., 324). Zu einer Entdeckung kommt es bei Cervantes nicht, sein Schwank schliesst mit einer weiteren, verblüffend keck ausgeführten Überlistung des alten Gatten.

[2] Cf. Gifford vol. III p. 489 ff. Gedruckt 1633. Fleay (Chron. I 214) *venture[s] to assign 1621 for the original production.*

[3] An einer Stelle des Dramas erhält der Titel allerdings eine viel engere Interpretation, wird nur auf Wellborn's Einfall bezogen, seine Gläubiger durch Trommelwirbel versammeln zu lassen: *He has summon'd all his creditors by the drum, / And they swarm about him like so many soldiers / On the pay day; and has found out such a new way / To pay his old debts, as 'tis very likely / He shall be chronicled for it* (Act IV sc. 2, p. 571), und Wellborn selbst bemerkt nach der Befriedigung seiner Gläubiger: *Since old debts are clear'd by a new*

vornehme Dame, die Lady Allworth, deren verstorbenem Gatten er wichtige Dienste geleistet hatte, ihn freundlichst aufzunehmen, und erreicht dadurch, dass ihn die Leute für deren Bräutigam halten. Als solcher gelingt es ihm, sich neue Mittel für die Bezahlung seiner alten Schulden zu beschaffen, auf Kosten des Mannes, der, obschon sein leiblicher Onkel, doch seinen Ruin beschleunigt und schonungslos ausgenützt hat, auf Kosten des Sir Giles Overreach.

Seine Phantasie hat Massinger bei der Skizzierung dieses Planes wenig angestrengt — die ganze Intrigue ist einem älteren Stück entlehnt, dem lebhaften Lustspiele „A Trick to Catch the Old One" des Thomas Middleton, überliefert in einem Druck des Jahres 1608.[1] Bei Middleton hat der alte Wucherer Lucre den Leichtsinn seines Neffen Witgood benutzt, um sich dessen Hab und Gutes zu bemächtigen, ganz wie Sir Giles Overreach seinen leichtsinnigen Neffen Wellborn von Haus und Hof getrieben hat. Middleton's Witgood veranlasst seine Maitresse, die Rolle einer reichen, ihm verlobten Wittwe vom Land zu spielen, und in der Hoffnung, sich auch der Güter dieser Wittwe bemächtigen zu können, fördert Lucre diese Heirat nach Kräften, indem er seinen Neffen mit Geld unterstützt — ganz wie Massinger's Wellborn die verwittwete Lady Allworth durch die Erinnerung an seine Freundschaft mit ihrem Gatten bestimmt, auf seine Pläne einzugehen und ihn offenkundigst zu begünstigen, wodurch Overreach, den es auch nach den Gütern der Lady gelüstet, veranlasst wird, sich scheinbar mit seinem verarmten Neffen zu versöhnen und diesen mit den für seine Rehabilitierung nötigen Mitteln auszustatten. Auch in den Nebenumständen lässt sich erkennen, dass Massinger Middleton's Komödie stets im Gedächtnis hatte: bei einem Besuche der vermeintlichen Wittwe in Lucre's Hause fordert dieser alte Sünder den Neffen auf, sich der

way (ib. p. 575). Jedenfalls passt der Titel aber auch auf Wellborn's ganzes, gewagtes Experiment.

[1] Cf. Ward II 281, der Massinger m. E. in diesem Falle zu viel Selbständigkeit zugesteht durch die Bemerkung: *The construction of the plot remains essentially original.*

Wittwe an Ort und Stelle um jeden Preis zu versichern (II 1) — vor dem Besuche des Lord Lovell schärft Overreach seiner Tochter ein, den Lord auf jede Weise zu gewinnen, ihm keine Gunst zu versagen (III 2, p 543 ff.) — eine empörende Steigerung des Cynismus, wie denn überhaupt die Gestalt des Wucherers bei Massinger, der auch im Schauspiel tragische Töne anzuschlagen pflegt, ungeheuerliche Dimensionen angenommen hat.

Der Richterstand, den die englischen Satiriker so oft auf's Korn genommen haben, hat in diesem Stücke einen höchst unwürdigen Vertreter in dem Friedensrichter Greedy, einer Kreatur des Wucherers, zu dessen Gunsten er die Prozesse zu entscheiden pflegt. Das Leitmotiv dieses erbärmlichen Gesellen ist sein unersättlicher Hunger, eine Eigenschaft, die er wahrscheinlich von dem Ariost'schen Parasiten Pasifilo geerbt hat.[1] Wie der stets esslustige

[1] Cf. Gifford l. c. p. 551: *M. has taken a few traits of the character of his justice from Pasilipho, in the old comedy of the "Supposes".* Gascoigne hat übrigens auch die Namensform *Pasiphilo.* Interessant, aber nicht kontrollierbar, ist Gifford's Angabe, dass Massinger in Overreach und seinen Spiessgesellen einen zeitgenössischen Wucherer mit seinen Helfershelfern abconterfeit habe (l. c. p. 517 f.). — Das Verhältnis der Tochter des Wucherers zu ihrem Vater könnte, nach Rapp's Ansicht (p. 244), "eine Steigerung der shakspearischen Jessica heissen", und "wo sie [Margaret und der junge Allworth] gegen des Vaters Vermuten von der Trauung zurückkommen, ist die Situation aus den *Merry wives* entlehnt". In beiden Fällen glaube ich nicht an irgendwelche Beeinflussung durch Shakespeare. Es geht nicht an, aus der natürlichen Entwicklung eines Planes eine Episode herauszureissen, um sie mit einem ähnlichen Vorkommnis in einer sonst ganz verschiedenen Handlung zu vergleichen, und was die Ähnlichkeit der Schicksale der Jessica und der Margaret betrifft, so war die Bühne mit jungen Mädchen bevölkert, die hinter dem Rücken harter Väter einen Liebesbund schlossen und besiegelten. Mit grösserer Wahrscheinlichkeit könnte man bei der überraschenden Schlussszene des Stückes, bei dem Wahnsinn des seiner Tochter und seiner Beute beraubten Wucherers, an eine literarische Reminiszenz denken, aber gewiss nicht mit Rapp l. c. an den Wahnsinn des einen der Menächmen in der plautinischen Komödie (V 2), wo alle Nebenumstände so verschieden wie nur denkbar sind und der Wahnsinn selbst nur eine Finte ist — nicht bittrer Ernst wie in dem englischen Drama. Ich selbst halte diese Szene für Massinger's eigene

Pasifilo in der 1566 von George Gascoigne übersetzten Komödie „I Suppositi“ (V 2), wird auch Greedy mit der Zurüstung eines festlichen Mahles betraut (III 2), und die Freude der beiden Esser äussert sich ähnlich; wie Pasifilo (V 4), will auch Greedy sich auf das Kochen besser verstehen als der Koch selbst. Der gute Einfall, ein wichtiges Gespräch durch die Beschwerden dieses Küchenhelden stören zu lassen, ist jedoch auf Massinger's Konto zu setzen.

THE CITY MADAM.

Zweien Aufgaben wollte der Verfasser dieses Dramas [1] genügen, zwei Laster, ein allgemein menschliches und ein zeitgenössisches, sollten an den Pranger gestellt und bestraft werden: die Heuchelei und die thörichte Hoffart der geldstolzen Londoner Bürgersfrauen. Mit grossem Geschick ist der Heuchler Luke Frugal als Züchtiger der anmafsenden City-Madam, seiner Schwägerin Lady Frugal, verwendet; sehr ungeschickt ist die schliessliche Enthüllung des Heuchlers bewerkstelligt, durch eine Intrigue, die uns einem so verschlagenen Widersacher gegenüber doppelt plump erscheinen muss. Die Charakterzeichnung ist in diesem Drama die Hauptsache, die eitle Frau und ihre verzogenen Töchter, der hinterlistige Luke, ein Vorgänger Tartuffe's, die leichtsinnigen Lehrlinge Goldwire und Tradewell, sind kräftig herausgearbeitet und in das hellste Licht gestellt — aber nicht in das die harten Umrisse weich umflutende Tageslicht, sondern in die auf den Effekt berechnete, grelle Lichter und scharfe Schatten erzeugende Bühnen-Beleuchtung.

Die sehr einfache Handlung, welche diese für die Bühne geprägten Typen in Bewegung setzt, scheint des Dramatikers eigene Erfindung zu sein. [2]

Erfindung, für eine seiner krassen Zugaben zu seinen Schauspiel-Plänen.

[1] Cf. Gifford vol. IV p. 1 ff. Lic. 1632, May 25; gedruckt 1658. Fleay (Chron. I 225 f.): *An old play altered . . . I believe the original play was written c. 1619 . . . it was Jonson's.*

[2] Rapp (p. 245) will in “einigen Bordellszenen im Anfang eine deutliche Nachahmung der shakspearischen Pistolpartien“ erkennen;

THE GUARDIAN.

Ein Drama,[1] dem sich ein gutes Textbuch für eine *opera buffa* abgewinnen lassen müsste. Caldoro liebt Calista, die ihr Herz dem mit ihr spielenden Wüstling Adorio geschenkt hat. Plötzliche Bekehrung dieses Sünders, in welchen sich ebenso plötzlich Mirtilla, die Zofe Calista's, verliebt; Verabredung einer Entführung. Allerlei Störungen bewirken, dass in der bestimmten Nacht Calista sich dem verschmähten Freier anvertraut, während Adorio Mirtilla erbeutet, zu ihrer grossen Freude und seinem intensiven Missvergnügen — Verwechselungen, die nicht mehr rückgängig gemacht werden: der treue und wohlgesittete Caldoro behält Calista, Adorio muss sich zur Strafe für seine früheren Sünden mit Mirtilla zufrieden geben, die jedoch zur Versüssung der Pille schliesslich noch mit vornehmen Eltern bedacht wird. Caldoro's Vormund, Durazzo, ist ein komischer Alter, der die Handlung nirgends bestimmend beeinflusst, er und Fletcher's „Humorous Lieutenant" beweisen, dass die Dramatiker ihre Stücke gern nach den komischen Nebenfiguren betitelten.

Die Quelle dieser bunten Handlung ist noch nicht ermittelt worden.[2] Mirtilla, die sich plötzlich in den von ihrer Herrin geliebten Mann verliebt und ihn derselben abspänstig machen will, hat diese Treulosigkeit gemein mit Aminta in Fletcher's und Rowley's „Maid in the Mill."[3] Ich halte es für möglich, dass Massinger's Plan eine von ihm selbst componierte Variation des Themas dieses älteren Stückes

---

Ward (II 284) bemerkt: *[Luke's] advice to the apprentices* (II 1 [p. 31 f.]) *comes very near to that of the Unjust Steward in the New Testament* [Luc. XVI 1—8], eine Bemerkung, die gestützt wird durch Massinger's häufige Bibel-Reminiszenzen. Durch das höchst anspruchsvolle Programm, welches die Tochter Anne ihrem künftigen Gatten entwickelt (Act II sc. 2, p. 40 f.), werden wir an die Forderungen Maria's in Fletcher's "The Woman's Prize" (Act II sc. 6) erinnert.

[1] Cf. Gifford vol. IV p. 121 ff. Lic. 1633, Oct. 31; gedruckt 1655.

[2] Das Wort *entrada* (p. 222) könnte eine spanische Quelle vermuten lassen, doch ist es bei Murray auch noch aus anderen Schriftstellern des 17. Jahrhunderts belegt.

[3] Cf. Quellen I p. 112.

ist, in welchem eine ähnliche Vertauschung versucht wird. Es ist vielleicht kein Zufall, dass aus Aminta's und Mirtilla's Bemerkungen über das Erröten ihrer Gefährtinnen dieselbe Skepsis klingt. Ismenia sagte: *I blush to think what I writ*, worauf die sehr zwanglose Aminta bemerkt: *What should you blush at? Blush when you act your thoughts, not when you write 'em; / Blush soft between a pair of sheets, sweet cousin* (Act I sc. 3, vol. IX p. 217). Die von ihren *blushes* sprechende Calista wird von Mirtilla feiner, aber nicht minder andeutungsreich beruhigt mit den Worten: *Sweet lady, / Do something to deserve them, and blush after* (Act I sc. 2, p. 148 f.).

Neben diesen von heisser, aber schuldloser Liebe beherrschten jungen Menschen stehen vier ältere Menschen im Banne der sündigen Leidenschaft eines Weibes. Jolante's Gatte, Severino, ist landesflüchtig, weil er im Zweikampf ihren Bruder erschlagen haben soll; das üppige Weib verliebt sich in einen Fremden, den sie durch ihre Parasitin Calipso zu sich bestellt. In derselben Nacht, in welcher sie den Buhlen erwartet, kehrt Severino plötzlich zurück; Jolante's Schmuck und das bereitstehende Banquet lassen ihn die Wahrheit ahnen; er fesselt die Frau und entfernt sich, um den Mann zu suchen. Calipso befreit ihre Herrin, nimmt deren Stelle ein und wird von dem wütenden Severino schwer verwundet: er schneidet ihr die Nase ab. Abermaliger Rollentausch der beiden Frauen; der unverletzten Gattin gegenüber muss Severino an ein ihre Unschuld verkündendes Wunder glauben (Act III sc. 5, p. 183 ff.). Eine uralte, indischen Quellen entstammende Geschichte,[1] als unmittelbare Quelle Massinger's ist die erste Erzählung der Novellen-Sammlung „Westward for Smelts“ (1620) in Vorschlag gebracht worden: *The Fishwife of Brainford's Tale.*[2] In dieser Erzählung wird der Stellvertreterin die Nase nicht

---

[1] Cf. Dunlop-Liebrecht p. 242 f.; Landau "Quellen des Dekameron" p. 132 ff.; über einige ältere englische Versionen Studien p. 83.

[2] Von Gifford l. c. p. 123. Langbaine p. 356 bezeichnet als Quelle *the 'Cimerian Matron' a Romance 8°*, eine Angabe, deren Richtigkeit ich nicht prüfen kann.

abgeschnitten, sondern nur zerschnitten,[1] während Calipso immer und immer wieder den Verlust ihrer ganzen Nase beklagt (cf. p. 191: *Oh my nose! I had one!* und pp. 192 f., 209 f.). Die an und für sich sehr geringfügige Differenz wird beachtenswert, wenn uns noch ein anderes Quellenwerk vorliegt, in welchem das Abschneiden der Nase betont wird. Diese Quelle fliesst in der 1579 veröffentlichten und 1601 neu gedruckten Übersetzung des weit verbreiteten Werkes eines italienischen Polyhistors, in *The Fables of Bidpai; or, The Morall Philosophie of Doni: Drawne out of the auncient writers, a work first compiled in the Indian tongue.*[2] Die in dieser Arbeit des fleissigen Sir Thomas North enthaltene Version der fraglichen Geschichte hat wohl das nächste Anrecht, als Massinger's Quelle betrachtet zu werden. Dass der von Jolante begehrte Mann ihr eigener Bruder ist, liefert uns nur einen weiteren Beweis dafür, dass das verbotene Gebiet des Incests für viele Dramatiker jener Epoche eine ebenso grosse Anziehungskraft besass, wie für einige hochbegabte Dichter aus dem Anfang unseres Jahrhunderts. Auch Seelenkrankheiten treten epidemisch auf.

Der verbannte Severino ist unter die Räuber gegangen, Räuberhauptmann geworden, doch sind seine Räuber kaum berechtigt zu singen: Ein freies Leben führen wir. Sein Regiment ist ein strenges, genau wird bestimmt, wer beraubt werden darf, wer nicht (Act II sc. 4, p. 165 ff.). Wir brauchen dabei nicht an die feinen Sitten der Räuber in spanischen Novellen zu denken,[3] auf der englischen Bühne selbst war schon ein solch idealer Räuberhauptmann erschienen, mit ganz ähnlichen pädagogischen Tendenzen: Charles, der Sohn des Earl of Bulloigne, einer

---

[1] Cf. Studien p. 72 f.

[2] *Englished out of Italian by Thomas North . . . 1570. Now again edited and induced by Joseph Jacobs. London 1888.* Die Mängel der Jacobs'schen Einleitung hat Landau beleuchtet in Koch's Zeitschrift n. F. III 375 ff., VI 413 Anm.

[3] Ward II 285 vermutet eine spanische Quelle, verweist jedoch gleichzeitig und wahrscheinlich richtiger auf *the traditions of Robin Hood.*

der vier wehrhaften Lehrlinge in Thomas Heywood's Zugstück „The Foure Prentises of London". Notzucht wird von beiden Häuptlingen mit dem Strang bestraft.[1]

A VERY WOMAN; OR, THE PRINCE OF TARENT.[2]

Das Mädchen, welchem der erste Titel die Bezeichnung ‚Ein echtes Weib' giebt, ist kein Idealbild der Weiblichkeit: der hervorstechendste Charakterzug Almira's, der Tochter des *Viceroy of Sicily*, ist eine unberechenbare Launenhaftigkeit. Von zwei Jünglingen umworben, bringt sie dem einen, Don Cardenes, eine leidenschaftlich gesteigerte Liebe entgegen, während sie den anderen, Don John Antonio, den Prinzen von Tarent, nicht nur zurückweist, was ja ihr gutes Recht gewesen wäre, sondern auch launisch auf jede denkbare Weise kränkt. Es kommt zu einem Duell zwischen den beiden Werbern, Don Cardenes wird schwer verwundet, Almira hält ihn für verloren und giebt sich einem so maſslosen Schmerze hin, dass ihr Geist sich zu verwirren droht. Don Antonio kann zwar der Rache des Vaters seines Gegners entfliehen, wird jedoch auf dem Meere von Seeräubern gefangen genommen, nach Sicilien zurückgebracht und an Cuculo, den Hausverwalter des Vicekönigs, als Sklave verkauft. So kommt er der Prinzessin wieder vor Augen, und diese verliebt sich in den türkischen Sklaven ebenso schrankenlos, wie sie den Prinzen verabscheut hatte. Da der inzwischen genesene Don Cardenes mit seinem Blute jedes Gefühl der Liebe für Almira verloren hat, steht der schliesslichen Vereinigung des Paares nichts mehr im Wege.

Es ist richtig bemerkt worden, dass dieses Drama einige Ähnlichkeit mit einer der „Novelas Exemplares" des Cervantes besitzt, mit der Novelle: *El Amante Liberal.*[3]

---

[1] Cf. Heywood vol. II p. 182; gedruckt 1615.

[2] Cf. Gifford vol. IV p. 237 ff. Lic. 1634, June 6; gedruckt 1655. Oliphant (ESt. XVI 189 ff.): *Massinger, Fletcher and a third author;* Fleay (Chron. I 228): *Fletcher and Massinger.*

[3] Cf. Rapp p. 246: „Cervantes orientalische Scenen schimmern deutlich hervor, sowohl aus dem Don Quixote als auch einige Hauptmotive aus der Novelle 'El amante liberal'".

Leonisa, zwischen zwei Verehrer gestellt, entscheidet sich für den knabenhaft hübschen Cornelio, während sie dem männlichen Ricardo sein Werben mit Verachtung und Abscheu vergilt *(pagando mi voluntad con desdeñarme, y aborrecerme)*. Ricardo's Eifersucht führt ein Gefecht herbei, welches jedoch durch einen Piraten-Überfall ein ganz anderes Ende erhält, als das Duell im Drama; andererseits ist es wohl möglich, dass eben diese Piraten der Novelle, welche sich der Leonisa und des Ricardo bemächtigen, die englischen Dramatiker auf den Gedanken brachten, ihren Antonio von Seeräubern gefangen nehmen und verkaufen zu lassen und ihre Almira selbst späterhin derselben Gefahr auszusetzen (Act V sc. 3, p. 331 ff.). Im weiteren Verlauf der Novelle wird uns noch die plötzliche Leidenschaft der Señora Halima für den Sklaven Ricardo an Almira's nicht minder überraschende Liebe für den Sklaven ihres Hausmeisters erinnern, und der Schluss der Erzählung zeigt dieselbe Lösung wie das Drama: auch Leonisa schenkt Herz und Hand dem früher verschmähten Liebhaber.

Dieser wahrscheinlichen, wenn auch mit grösster Freiheit behandelten Quelle gegenüber zeigt das englische Drama denselben verhängnisvollen Fehler, welcher so vielen Dramatisierungen von Novellen anhaftet: die Charakterentwickelung ist eine überstürzte, die Extreme berühren sich in höchst unkünstlerischer Weise. Die spanische Leonisa, deren Neigung sich allmählich dem getreuen, tausend Gefahren mit ihr und für sie bestehenden Ricardo zuwendet, ist eine vollkommen achtbare Erscheinung; die hochgeborene Almira, welche, in sinnlicher Leidenschaft für den schönen Sklaven entflammt, plötzlich nicht nur ihre erste Liebe, sondern auch ihre Standes- und Frauen-Würde so weit vergisst, dass sie ihn zu einem nächtlichen Stelldichein auffordert (Act V sc. 2, p. 330 f.), sinkt zur Dirne herab. Im ersten Akte finden sich Ansätze einer feineren Charakterzeichnung: wenn Almira, nachdem ihr Bruder beweglich von den Opfern spricht, welche der verschmähte Werber ihr bereits gebracht habe, als ganze Antwort ihre Handschuhe verlangt (p. 244), so passt diese Rücksichtslosigkeit zu dem Wesen einer verwöhnten, launischen Schönheit der grossen Welt. Der lockenden Aufgabe aber, uns die Wandlung dieser Frauenseele verständlich zu machen, konnten die hastigen Dramaturgen nicht genügen, sie häuften Knalleffekte auf Kosten der Wahrheit und mit Preisgabe des sittlichen Adels ihrer Titelheldin, der wir die Bezeichnung 'A very Woman' nicht zugestehen können.

In dem nach seiner Verwundung eine Zeit lang trübsinnigen, sich schliesslich philosophisch resignierenden Don Cardenes hat man „eine fast plumpe Erinnerung an Hamlet" erkennen wollen.[1] Die selbstquälerische Melancholie des Cardenes, und die Äusserlichkeit, dass er einmal in einem Buche lesend auftritt und bei der Frage, was er da lese, auf den Inhalt dieses Buches eingeht (Act IV sc. 2, p. 307 f.), können allerdings an Hamlet erinnern — weiter und tiefer geht die Ähnlichkeit nicht.

Dass die Dramatiker humanistisch gebildete Leute waren, wird uns einmal in unangenehmer und überflüssiger Weise verraten durch ein abgebrauchtes Citat aus Virgil (Act IV sc. 3, p. 321), und in erfreulicherer Weise durch eine Entlehnung aus Plautus. Almira und Leonora, ihre Freundin, werden von der alten Borachia bewacht, welche den strengsten Befehl hat, den Liebhaber Leonora's fernzuhalten. Edler Wein geht ihr aber noch über ihre Pflicht, es werden ihr einige Flaschen Wein in die Hände gespielt und während ihrer Trunkenheit wird die Verbindung zwischen den Liebenden wieder hergestellt (Act III sc. 5, p. 297 ff.). Diese List war schon in Plautus' "Curculio" zu demselben Zweck und mit gleich günstigem Erfolg gebraucht worden.[2]

THE BASHFUL LOVER.[3]

Die siegreiche Gewalt der Schönheit, verkörpert in Matilda, der Tochter des Herzogs von Mantua, wird an drei Männern demonstriert: an Hortensio, einem verkappten

---

[1] Cf. Rapp l. c.

[2] Cf. Gifford l. c. p. 297 f.

[3] Cf. Gifford vol. IV p. 351 ff. Lic. 1636, May 9; gedruckt 1655.

Prinzen, dem Typus schüchterner, bis zum Übermafs, bis zur Unmännlichkeit hingebender und selbstloser Liebe, welche schliesslich belohnt wird; an dem ziemlich farblosen Prinzen von Parma, Uberti, und an dem rauhen, tyrannischen Herzog Lorenzo von Toscanien, der sich in ein Bild der Prinzessin verliebt hatte und nach abschlägigem Bescheid ihren Vater mit Krieg überzog und besiegte. Auch Matilda fällt in seine Hände und vor der lebenden Schönheit sinkt der stolze Krieger in die Kniee, nur auf Erfüllung all ihrer Wünsche bedacht. Bei diesem plötzlichen, sich *coram publico* vollziehenden Wandel (Act IV sc. 1, p. 421 f.) wenden sich unsere Augen zu der ähnlichen Szene eines etwas älteren Dramas zurück: wir sehen den im Kriege ergrauten Memnon, Fletcher's 'Mad Lover',[1] von dem Strahl der Schönheit der Prinzessin Calis getroffen, anbetend auf die Kniee fallen (Act I sc. 1).[2] Weiter geht die Ähnlichkeit jedoch nicht, der bekehrte Herzog zeigt viel feinere Sitten, als der General.

Diesem Trio anbetungsvoller Verehrer dient ein treuloser Liebhaber als Folie, Alonzo, der Neffe des toscanischen Herzogs. Die von ihm betrogene und verlassene Maria hat mit Shakespeare's Viola nicht nur die Verkleidung als Page, sondern auch die wehmütige Stimmung gemein. Eine der Frauen der Prinzessin Matilda, in deren Dienst der vermeintliche Page getreten war, sagt von ihm: *He would tell, too, / A pretty tale of a sister, that had been / Deceived by her sweetheart; and then, weeping, swear / He wonder'd how men could be false* (Act II sc. 1, p. 377), wie Viola dem Herzog ihr eigenes Liebesleid als die Geschichte ihrer in hoffnungsloser Liebe sich verzehrenden Schwester erzählt (Act II sc. 4, 110 ff.).[3]

---

[1] Cf. Quellen I p. 78.

[2] Cf. vol. VI p. 125.

[3] Gifford, der diese Shakespeare-Reminiszenz nicht festgestellt hat, bemerkt zu Act III sc. 1 (p. 397 ff.): *There are several incidental resemblances to Shakspeare in this scene* (p. 401), und Ward II 286 findet, dass *the situation in Octavio's retreat vaguely resembles that of Imogen's refuge in Cymbeline.* Auffälliger scheint mir, dass der *clown*

Um den als Liebhaber ziemlich uninteressanten Uberti, den Prinzen von Parma, einigermafsen zu heben, lässt ihn der Dichter auch noch als aufopferungsfähigen Freund erscheinen. Er rettet seinen Freund Farneze, der, von den Soldaten Lorenzo's gefangen genommen, niedergemacht werden soll, mit eigener Lebensgefahr, indem er sich für des Gefangenen unversöhnlichsten Feind ausgiebt und dessen Bestrafung für sich als höchste Gunst in Anspruch nimmt. Die heimtückischen Grausamkeiten, welche er dem Farneze in seiner erdichteten Anklage vorwirft (Act II sc. 7, p. 393 f.), könnten eine Erinnerung an jene ebenso blutige, wie weitverbreitete Mohrengeschichte sein, aus welcher meiner Ansicht nach Shakespeare's Aaron stammt.[1]

Eine Quelle der Haupthandlung ist bis jetzt noch nicht ermittelt worden. Mit dem *great John Galeas*, dessen Tod in der letzten Szene gemeldet wird, um Hortensio als *the absolute Lord of Milan* proklamieren zu können, wird wohl Giovanni Galeazzo, der erste Herzog von Mailand (gest. 1402), gemeint sein. Massinger's Namensform liesse eher eine französische, als eine italienische Quelle vermuten.

Gothrio etwas von der Trunkseligkeit Caliban's geerbt hat, er begrüsst die gestohlene Weinflasche mit den Worten: *Thou bottle of immortality!* (p. 400), wie Caliban bereit war, bei der *bottle* zu schwören: *for the liquor is not earthly* (Act II sc. 2, 130 f.). Die grösste Familien-Ähnlichkeit hat Gothrio m. E. jedoch mit dem *clown* eines älteren Dramas, an dessen Komposition Massinger stark beteiligt war, mit dem Geta-Getianus in "The Prophetess". Namentlich die Vorsicht, mit welcher sich Gothrio dem totgeglaubten Pisano nähert (Act III sc. 3, p. 411), erinnert stark an Geta's Verhalten dem toten Eber gegenüber (Act I sc. 3, cf. vol. VIII p. 218). — Alonzo's Worte: *With all the pomp and circumstance of greatness* (Act IV sc. 2, p. 426) führen unsere Gedanken sofort zu Othello Act III sc. 3, 354.

[1] Cf. ESt. XVI 365 ff. Eine interessante, wesentlich ältere Version der betreffenden Geschichte hat inzwischen Varnhagen mitgeteilt, ESt. XIX 163 f., zu dessen Aufsatz ich bemerke, dass Collier die Mohren-Ballade nicht mit dem 'Titus Andronicus' in Verbindung gebracht hatte; eine Wiederholung des 17. Jahrhunderts Fraenkel, ESt. XIX 427.

THE OLD LAW.[1]

Dieser Titel ist zu übersetzen nicht ‚Das alte Gesetz‘, sondern ‚Das Altersgesetz‘. Es handelt sich um ein ganz neues von Evander, dem Herzog von Epirus, erlassenes Gesetz, demzufolge jeder 80jährige Mann und jede 60jährige Frau getötet werden muss, damit die jüngeren Menschen Platz bekommen. Wo die Dramatiker dieses merkwürdige Gesetz gefunden haben, ist bis jetzt noch nicht ermittelt worden: ich bezweifle nicht, dass sie es einem klassischen Schriftsteller entnommen haben, den Berichten des Geographen Strabo. Von verschiedenen Völkerschaften hat Strabo ganz ähnliche unmenschliche Gesetze zu vermelden. Auf der Insel Keos galt das Gesetz: „alle über 60 Jahre alten Leute durch Schierling zu töten, damit die Nahrung für die übrigen ausreiche“;[2] „die Kaspier“, heisst es, „töten die über 70 Jahre Alten durch Hunger und setzen sie in die Wüste aus“;[3] noch grausamer ging es bei den Baktrianern zu: „Die wegen Alter oder Krankheit Aufgegebenen nämlich wurden [noch] lebend eigens dazu gehaltenen Hunden vorgeworfen, welche in der Landessprache Totengräber hiessen ... Alexander jedoch habe diese Sitte abgeschafft“,[4] und vollkommene Kanibalen waren die Derbiker: „Die über siebenzig Jahre alten Männer schlachten sie, und die nächsten Verwandten verzehren ihr Fleisch; die alten Weiber aber hängen

---

[1] Cf. Gifford vol. IV p. 459. Das 1656 gedruckte Drama gilt als eine gemeinschaftliche Arbeit von Massinger, Middleton und Rowley Fleay (Chron. II 100 f.): *Certainly written by Middleton in 1599 . . . altered . . by Massinger c. 1615 . . . Rowley certainly had [a hand. in it].*

[2] Cf. Strabo's Erdbeschreibung übersetzt . . . von Dr. A. Forbiger; 8 Bändchen (Stuttgart 1856—1862); 4. B. p. 162.

[3] Cf. ib. 5. Bd. p. 47.

[4] Cf. ib. p. 42. Chapman hat in „The Tragedy of Charles Duke of Byron“ auf Alexander's Ausrottung dieses Gräuels angespielt, wobei er aus Versehen nicht die Baktrianer, sondern die bei Strabo unmittelbar vorher genannten Sogdianer erwähnt: *As the little, yet great Macedon / Was said, with his humane philosophy / To teach the rapeful Hyrcans marriage, / And bring the barbarous Sogdians to nourish, / Not kill, their aged parents, as before* etc. (IV 1, p. 258).

sie auf und begraben sie dann".[1] Diese barbarischen Gesetze lieferten den Engländern das Fundament ihres Dramas; der unerfreuliche Vortritt, welchen ihr Gesetz den Frauen gestattet, scheint ihre eigene Erfindung zu sein.

Eine Gruppe liederlicher und verschwenderischer Höflinge lässt uns beobachten, mit welcher Ungeduld diese Söhne die verhängnissvolle Altersgrenze ihrer Väter ersehnen; ein sinnliches junges Weib zählt die Tage, welche ihr alter, reicher Gatte noch zu leben hat; viele Ehemänner erwarten das 60. Lebensjahr ihrer Gattinnen mit solcher Spannung, dass der schlimmste von ihnen, Gnotho, die lustige Person des Stückes, sogar den Eintrag ins Kirchenbuch fälschen und seine Frau um ein Jahr älter machen lässt. Von diesem dunklen Hintergrund hebt sich gewinnend das Ehepaar Cleanthes und Hippolita ab, welches alles aufbietet, den alten Leonides, Cleanthes' Vater, zu retten. Sie geben ihn für tot aus, flüchten ihn in den Wald, sein Versteck wird dem Herzog verraten, Evander selbst greift ein, aber in höchst unerwarteter Weise — sein Gesetz sollte nur die Herzen und Nieren seiner Umgebung prüfen, die Guten und Bösen sondern. Es ist zu bedauern, dass die Ausführung dieses geschickt ersonnenen Planes an Feinheit und an Vertiefung der ethischen Gegensätze viel zu wünschen übrig lässt.[2]

---

[1] Cf. ib. p. 46.

[2] Gifford l. c. p. 506 spricht von *several passages in this play that resemble some in the 'Queen of Corinth'*; Fleay l. c. p. 100 sagt, diese Bemerkung steigernd: *The likeness to parts of 'The Queen of Corinth' is unmistakable.* Es ist schade, dass die beiden Gelehrten keine genaueren Angaben gemacht haben, mir selbst sind, von dem Kirchbuch-Anachronismus abgesehen, keine Ähnlichkeiten aufgefallen. Dass Gnotho (Act IV sc. 1, p. 532 ff.) mit dem Namen *Nell* wortwitzelt, wie Shakespeare's Dromio of Syracuse (Act III sc. 2, 111 ff.), hat Gifford angedeutet. Ebenda begegnet sich Gnotho mit Pistol in einem bekannten, von ihm entstellten Citat (*we have Siren here* pp. 534, 536), und bedient sich, um die Eile, mit welcher er an e i n e m Tag die Beerdigung seiner ersten Frau und seine zweite Hochzeit zu feiern gedenkt, zu rechtfertigen, eines Argumentes, welches uns an Hamlet's bitteres *Thrift, thrift, Horatio!* etc. (Act I sc. 2, 180 f.) erinnert. Gnotho sagt: *There*

BELIEVE AS YOU LIST.[1]

Antiochus, ein asiatischer König, wird von seinen siegreichen Feinden, den Römern, von Land zu Land gehetzt. Zuerst sucht er Schutz in Carthago, dann bei dem König Prusias von Bithynien, welcher ihn den Römern ausliefert. Der von den Römern verfolgte Hannibal war von Carthago zu dem König Antiochus von Syrien und später zu König Prusias nach Bithynien geflohen, wo er sich, eine Auslieferung befürchtend, vergiftete. Dass einige Namen unseres Dramas der Lebensgeschichte des punischen Feldherrn entlehnt sind, ist offenbar. Doch besteht ein sehr wesentlicher Unterschied zwischen den Drangsalen der beiden Flüchtlinge: im Drama bestreiten die Römer die Identität ihres Opfers, der echte König Antiochus sei in der Schlacht gefallen, der Schutzflehende aber ein Betrüger. Bei dem ersten Entwurf seines Dramas hatte Massinger nämlich durchaus nicht an Hannibal gedacht: sein Stück war ursprünglich die Dramatisierung eines aller Welt bekannten hochpolitischen Prozesses der jüngsten Vergangenheit gewesen. Das klassische Kostüm wurde dem Dichter erst später aus politischen Gründen aufgenötigt.

In dem Rechnungsbuche des *Master of Revels*, Sir Henry Herbert, findet sich am 11. Januar 1630/1[2] die Notiz, dass der Censor die Aufführung eines Stückes von Massinger verbot, weil es einen gefährlichen Stoff behandelte — die Absetzung Sebastian's, des Königs von Portugal, durch den König Philip von Spanien.[3] 1578, im August, war der König Sebastian von Portugal auf einem Feldzuge gegen die

will be charges saved too; the same rosemary that serves for the funeral, will serve for the wedding (p. 533).

[1] Cf. T. Crofton Croker's Ausgabe dieses Dramas, London 1849 (Percy Society vol. XXVII), die editio princeps dieses erst 1844 wieder entdeckten Werkes. Lic. 1631, May 6, cf. ib. p. 105.

[2] Nach Fleay, History p. 334 f. lautet Herbert's Notiz: *I did refuse to allow a play of Massinger's because it did contain dangerous matter, as the deposing of Sebastian King of Portugal by Philip the [King of Spain], and there being a peace sworn betwixt the Kings of England and Spain.* Ward (II 287) druckt *Philip II*, es ist jedoch gewiss der dritte Philipp (1598—1621) gemeint.

afrikanischen Könige gefallen, in der Schlacht bei Alcacer-el-Kebir; 1580 hatte Philipp II. von Spanien das herrscherlose Portugal annektiert, womit die Portugiesen keineswegs einverstanden waren. Gestützt auf diese Unzufriedenheit und von ihr begünstigt, traten im Laufe der nächsten zwanzig Jahre wiederholt Betrüger auf, welche sich für den fern der Heimat verschwundenen König Sebastian ausgaben. Der letzte und gefährlichste dieser Prätendenten, der Calabrese Marco Tullio, wusste 1598 seine Ansprüche in Venedig mit einer solchen Sicherheit zur Geltung zu bringen, dass die Signoria schwankte und ein energischer Protest des spanischen Gesandten nötig war, um die Ausweisung des Tullio zu veranlassen. Fünf Jahre lang machte dieser falsche Sebastian, von verschiedenen Orten aus, der spanischen Regierung viel zu schaffen, bis er im September 1603 auf Befehl Philipp's III. von Spanien hingerichtet wurde. [1] Ganz Europa interessierte sich für diese Streitfrage, und wie in Portugal, wurde auch im Auslande für und wider Partei ergriffen. Flugblätter, die rasch in verschiedene Sprachen übersetzt wurden, verkündeten aller Welt das Wiedererscheinen des verschollenen Königs von Portugal. Ein zeitgenössischer französischer Historiker, Cayet, den wir bereits kennen gelernt haben (vgl. oben p. 17 ff.), schreibt: *L'accident d'vn personnage qui se dit D. Sebastien autres-fois Roy de Portugal, est si commun par la Chrestienté, qu'il n'y a peuple qui n'en parle, diuersement toutesfois* (Chron. Sept. Livre IV p. 234 b). In England scheint sich zuerst der rastlose, nach allen Richtungen der Windrose spähende Anthony Munday des romantischen Stoffes bemächtigt zu haben — 1601, am 30. März, löste er die Druck-Lizenz für eine sofort gedruckte Schrift: *The strangest Adventure that ever happened: either in the ages past or present. Containing a discourse concerning the successe of the King of Porttigall, Dom Sebastian, from the time of his voyage into Affricke, when he was lost in the battell against*

[1] Näheres über diese Prätendenten in der Schrift „Les faux Don Sébastien. Étude sur l'Histoire du Portugal“ par Miguel d'Antas. Paris 1866.

the infidels in the yeare 1578, unto the sixt of January this present 1601. All first done in Spanish, then in French, and now lastly translated into English, etc. *London 1601.*[1] Dem Prosa-Pamphletisten traten der Balladendichter und die Dramatiker auf die Fersen: am 12. April 1601 ist eine Ballade in das SR. eingetragen und im April und Mai desselben Jahres leistete Henslowe den Dramatikern Chettle und Dekker Zahlung für ein von ihnen geliefertes Stück „King Sebastian of Portugal".[2] Dieses Drama ist uns leider nicht erhalten. Während des Prozesses des letzten Prätendenten erschienen in England, wo Spanien begreiflicher Weise sehr wenig Sympathien genoss, wiederholt Flugschriften,[3] deren Zweck es war: *to prove . . . assuredly, that the prisoner . . . is the true and lawful King of Portugal Don Sebastian, whom God*

---

[1] Cf. Hazlitt's Handbook p. 406 b. No. 24.

[2] Cf. Fleay Chron. I 127; History p. 110.

[3] Betitelt: *The true History of the late and lamentable Adventures of Don Sebastian, King of Portugal, after his Imprisonment at Naples until this present Day, being now in Spain, at san Lucar de Barrameda.* London 1602. — *A Continuation of the lamentable and admirable Adventures of Don Sebastian, King of Portugal, with a Declaration of all his Time employed since the Battle in Africk against the Infidels, 1578, until this present year 1603.* London 1603. Diese beiden den falschen Sebastian verherrlichenden Pamphlete, deren Kenntnis ich einer Notiz in der Scott-Saintsbury'schen Dryden-Ausgabe (vol. VII p. 309 Anm.) verdanke, sind neu gedruckt in dem „Harleian Miscellany" vol. IV p. 423 ff., V 461 ff. Von den zeitgenössischen Dramatikern spielen, wie bekannt, Beaumont und Fletcher auf Don Sebastian's Schicksal an, in der Posse „Wit at Several Weapons" (Act I sc. 2; cf. Dyce vol. IV p. 20); ausserdem habe ich mir aus Chapman's Schauspiel "Byron's Conspiracy" (1608) eine Stelle notiert, welche erkennen lässt, dass Chapman selbst an den Schlachtentod des Königs glaubte. Byron sagt: *And as Spain / When the hot scuffles of barbarian arms / Smother'd the life of Don Sebastian, / To gild the leaden rumour of his death / Gave for a slaughter'd body, held for his, / A hundred thousand crowns; caused all the state / Of superstitious Portugal to mourn / And celebrate his solemn funerals; / The Moors to conquest thankful feasts prefer, / And all made with the carcass of a Switzer: / So in the giantlike and politic wars / Of barbarous greatness, raging still in peace, / Shows to aspire just objects are laid on . . .* (Act. II, p. 223; vgl. p. 21 Anm. dieses Buches).

of his divine mercy will . . . restore to his former crown and dignity (cf. Harl. Misc. vol. V p. 461).

Dass auch Massinger in seinem Drama für den Prätendenten und gegen Spanien Stellung genommen hatte, geht aus Sir Henry's Weigerung und der uns vorliegenden Überarbeitung auf das deutlichste hervor. Sein König Antiochus, der Vertreter des Don Sebastian,[1] erscheint durchaus als der rechtmässige, von den Römern (i. e. Spaniern) grausam und heimtückisch verfolgte Fürst, unsere ganze Teilnahme wird für ihn gefordert. In den Thatsachen hat sich der Dichter so genau an den wirklichen Lebenslauf des falschen Sebastian gehalten, dass die klassische Maske für die Zeitgenossen eine sehr durchsichtige sein musste. Überdies hat Massinger in seinem Prologe noch selbst auf die Ähnlichkeit mit *A late and sad example* aufmerksam gemacht und die Entscheidung, ob seine Darstellung das Richtige getroffen habe, seinen Zuschauern anheimgestellt, mit den Titelworten: *Beleeve you as you list* (cf. l. c. p. 106).

Die unmittelbare Vorlage Massinger's ist noch nicht festgestellt worden, und bei der grossen Zahl der möglichen Quellen, die ich nicht zu überblicken vermag, ist bei einem derartigen Versuche die grösste Vorsicht nötig. Immerhin sind die Übereinstimmungen, welche sich mir zwischen dem Plane und zum Teil Wortlaut des Dramas und dem Berichte eines zeitgenössischen französischen Historikers ergaben, so auffällig, dass sie eine genaue Prüfung verdienen. Es handelt sich um die ausführliche Darstellung, welche der bereits genannte Pierre Victor Palma Cayet (1525—1610) den Schicksalen des falschen Sebastian gewidmet hat in seinem 1605 veröffentlichten Werke: *Chronologie Septenaire de l'Histoire de la Paix entre les Roys de France et d'Espagne. Contenant les choses plus memorables aduenuës en France* etc. etc. *depuis le commencement de l'an 1598 iusques à la fin de l'an 1604. Diuisee en sept liures. A Paris . . . MDCV* (vgl. oben p. 17 f.); Livre IV p. 234 b ff.

[1] Nach Ward II 287 Anm. 1 gebührt das Verdienst dieser Identification dem zweiten Herausgeber unseres Dramas, Col. Cunningham. Seine Arbeit ist mir leider nicht zur Hand (vgl. jedoch Nachträge).

Die beiden ersten Akte des Dramas, in welchen sich König Antiochus vergeblich bemüht, den Senat von Carthago von der Berechtigung seiner Ansprüche zu überzeugen, decken sich mit dem Aufenthalte des falschen Sebastian in Venedig (1598/99), wo er den Schutz der Signoria zu gewinnen sucht. In Carthago und Venedig siegt die Staatsklugheit, die Rücksicht auf das mächtige Rom und Spanien: der Bittsteller wird ausgewiesen. Wie die in Venedig weilenden Portugiesen dem Prätendenten als ihrem rechtmässigen König huldigen, wird König Antiochus von einigen asiatischen Kaufleuten erkannt, und die Aufzählungen der Merkmale, welche die Identität des Fürsten beweisen sollen, entsprechen sich in der französischen Prosa und in dem englischen Drama auf das vollkommenste, hinsichtlich der Art dieser Kennzeichen sowohl, als auch in der Reihenfolge und in der Zahl:

Quand [Sebastiano Figuera] eut bien consideré les traicts de son visage et le front, les yeux, le nez, la leure d'Austriche ... sa taille, sa parole ... la main droite plus longue que la gauche, le bras depuis les espaules iusques à la ceinture, et de la ceinture iusques aux genoux, la iambe et le pied ... Ils disent avoir veu qu'il baisoit de ladite partie gauche de plus d'vn doigt que de la droicte. Ils luy veirent les lentilles de son visage et de ses mains: la blessure qu'il a sur le sourcil droit, et fit à quelques vns d'entr' eux toucher auec les doigts celle de sa teste. Puis leur monstra la place de la dent qui luy manque en la machouëre droite de la partie inferieure, leur disant que Sebastien Nero son barbier la luy auoit iadis tiree, des nouuelles duquel il s'enquit fort particulierement (p. 243).

2 Marchant. *His verye countenance! his forhead! eies!*

3 M. *His nose! his very lippe!*

Berec. *His stature — speech!*

1 M. *[His verie hand, legge and foote, on the lefte side shortyr then on the right].*[1]

2 M. *The moles upon | His face and handes.*

3 M. *The scarres, causde by his hurts, | On his right browe and head.*

Berec. *The hollownesse | Of his underjawe, occasion'd by the losse | Of a tooth pull'd out by his chirurgion.*

1 M. *To confirme us, | Tell us your cherurgion's name, when hee serv'd you.*

Antiochus. *You all knewe hym, | As I doe you; Demetrius Castor* (Act I sc. 2, p. 19 f.).

---

[1] Diese nicht skandierte Stelle ist im Manuscript ausgestrichen.

Ausserdem bemerken wir noch folgende Ähnlichkeiten:

Estant las de courir le monde, et fatigué de la vanité, [le Roy Dom Sebastien] se rendit à vn hermitage où il demeura iusqu'à tant qu'il eut des visions et reuelations en sa personne, et en la personne d'vn bon homme Hermite auquel il s'estoit [r]endu: tellement qu'apres beaucoup de remises, il se partit de luy ... Mais il luy suruint vn autre accident, que ses seruiteurs le desrobberent tellement qu'il demeura tout nud et sans moyens, si bien qu'il alla par l'Italie demandant l'aumosne: et finalement .. arriua à Venise n'ayant qu'vne gazete, qui vaut... trois liards de France: où il se retira en vn pauure grenier (p. 241). — Vgl. zu dieser Stelle ausserdem das Geständnis der Räuber im Drama (Act II sc. 1). —

In der ersten Szene des Dramas verabschiedet sich der König Antiochus von einem stoischen Philosophen, der den Eremiten der französischen Erzählung vertritt. Antiochus spricht von den ihn quälenden Visionen (p. 2 f.). Der Schluss der Abschiedsszene fehlt und von der folgenden Szene sind in dem beschädigten Manuscripte nur unverständliche Bruchstücke entziffert worden. Der zusammenhängende Text beginnt wieder mitten in einem Monologe des Antiochus, dessen Anspielungen uns erst durch einen Blick in Cayet's Bericht klar werden. Der König ist von den drei Strauchdieben Chrysalus, Geta und Syrus ausgeraubt worden, hat in Chrysalus einen seiner früheren Sklaven erkannt, und dieser Schelm hat ihm schliesslich, wie einem Bettler, eine kleine Silbermünze zugeworfen, als ein Zeichen seiner Verachtung. Alle Thatsachen der knappen französischen Erzählung finden wir somit, zeitlich zusammengerückt, in dem Drama wieder: die Münze, mit welcher der Räuber den König kränkt, entspricht der einzigen *gazete* in den Händen des zum Bettler herabgesunkenen Dom Sebastien.

Les Portugais disent, que quand leur Roy D. Sebastien entra dans le Senat [de Venice] ... que tous les Seigneurs estoient debout sur pieds auec beaucoup de respect (p. 242 b)

Wie der Prätendent dem Vizekönig von Neapel vorgestellt wird, sagt er zu diesem, der wegen

Diese beiden Stellen liefern den Kommentar zu den ersten Worten, welche Antiochus an den Senat von Carthago und an den römischen Gesandten richtet: *Health to the Senate / Wee doe suppose your [du]ties donne, sit still. / Titus Flaminius, wee remember you; / As you are a publicque* der Hitze seinen Hut abgenommen hatte: *Couurez vous, Comte de Lemos* (p. 245 a).

Über das Benehmen und die Erklärungen des Dom Sebastien vor den venetianischen Richtern bemerkt Cayet u. a.: *Du commencement il leur respondit fort à propos sur toutes les responces qu'il auoit donné autresfois à leurs Ambassadeurs, et les expeditions qu'ils en auoient rapporté... entre tant de puissances souueraines de la Chrestienté il ne s'estoit voulu addresser qu'à leur Seigneurie, pour iuger de la verité de sa condition* (p. 242 a).

Von den früheren Pseudo-Sebastiens sagt Cayet: *Quant au maçon de la Tercere qui se voulut dire Roy de Portugal, que ce fut de verité vn imposteur . . . Pour celuy de la Prouince de Beyra . . . que ce fust plustost vne risee de paysans qu'autre subtilité* (p. 249 b f.).

Das lange Wanderleben und das verspätete Wiederauftreten ihres Königs erklärten sich die Portugiesen, nach Cayet, mit seinem Schmerz und seiner Reue wegen des grossen Verlustes der Christen in der Schlacht bei *Alcacerquibit: de regret d'auoir faict perdre tant de Chrestiens, honteux de paroistre au monde apres ceste si grande perte* (p. 250 a).

Von der venetianischen Signoria ausgewiesen, flieht der Prätendent nach Florence, wo ihn der Grossherzog verhaften lässt.

minister from Rome, / You may sit cover'd (Act II sc. 2, p. 32).

Antiochus erklärt den Carthagern: *Of all potentates / In Affricque, to determine of the truth / Of my life and condition, I prefer'd / The common welth of Carthage.* Er überreicht ihnen einen von ihm eigenhändig niedergeschriebenen Bericht über alle Verhandlungen, die er in früherer Zeit mit ihren Gesandten gepflogen hatte: *A true memoriall of all circumstances, / Answers, despatches, doubts, and difficulties, / Betwene my selfe, and your embassadors / Sent to negotiate with mee* (l. c. p. 39).

Der römische Gesandte erinnert den Senat an die beiden Betrüger, welche bereits die Rolle des verschollenen Königs gespielt hatten: *A mason of Callipolis heretofore / Presumde as far, and was like this impostor / By slavishe Asians follow'd, and a second, / A Cretan of a base condition, did / Maintaine the like* (l. c. p. 36).

Desselben Argumentes bedient sich Antiochus, um den Hinweis des Flaminius auf sein 22jähriges Schweigen zu erklären: *Pray you conceave / . . . How greate the griefe, and agonie of my soule was / When I consyder'd that the violence / Of my ill reyn'd ambition had made Greece / The fatall sepulchre of soe many thousands / Of brave and able men* etc. (l. c. p. 38).

Von den Carthagern ausgewiesen, flieht Antiochus zu Prusias, dem König von Bithynien, der ihn freundlich aufnimmt, bis

Der König von Spanien verlangt Auslieferung, der Grossherzog zögert: *Mais apres que le Roy d'Espagne luy eut fait cognoistre le danger prochain des forces que le Duc de Sauoye son beau-frere tenoit tousiours sur pied, contre ses terres. . :par le Conseil de l'Archeuesque de Pise l'enuoya en Orbitelle, d'où il fut soudain enleué et seurement conduit à Naples, et mis dans le Chasteau de l'Oeuf* (p. 244 a).

Ainsi le prisonnier mis au Chasteau de L'oeuf à Naples, les Portugais afferment qu'il ne trouua rien en la chambre où l'on auoit mis, qu'vne corde, et vn cousteau long comme le bras. On ne luy donna à boire ny à manger, ny sur quoy se coucher l'espace de trois iours . . . Au quatriesme iour l'Auditeur general accompagné de deux Greffiers le venant visiter, et le trouuant en vie auec bonne disposition, s'en esmerueilla (car ils estimoient que se voyant si mal traicté, il se pendroit de desespoir, ou se feroit mourir auec les instruments susdits que pour cest effect on auoit preparez en ceste maison là . .) et luy dict, Que s'il ne se desdisoit, et ne cessoit de soustenir, comme il se disoit, et soustenoit estre Dom Sebastien de Portugal, ils n'auoient chose aucune pour luy bailler à boire, à manger, ny à coucher (p. 244 b) *De la en auant on commença à luy donner pour sa nourriture du pain et de l'eau* (p. 245 a). *Le dernier iour d'Auril* [1602] *ils le tindrent hors du Chasteau, le monterent sur vn asne, et le menerent publiquement par les ruës de la ville. T r o i s t r o m p e t t e s marchoient deuant luy*

der römische Gesandte erscheint und Auslieferung verlangt. Prusias zögert, wird jedoch bald zur Nachgiebigkeit gestimmt durch die Warnungen des Gesandten und das Drängen seines Ratgebers Piloxenus. Flaminius droht: *Our olde victorious bandes are ever readie* (III 3 p. 59). Antiochus wird ausgeliefert und von den Römern nach Calipolis gebracht.

Im denkbar engsten Anschluss an diesen Bericht entwickelt sich die Leidensgeschichte des Antiochus während seiner Gefangenschaft in Calipolis. Auch Antiochus hat drei Tage lang keine Nahrung zu sich genommen (IV 1, p. 68), auch er findet in seinem Kerker einen Dolch und einen Strick als Aufforderung zum Selbstmorde (IV 2, p. 69 ff.), auch er wird von 3 Gegnern, von 3 Römern, beobachtet, die seine Standhaftigkeit bestaunen, (l. c. p. 70 ff.) und erhält schliesslich Brod und Wasser (l. c. p. 71 f.), mit dem Bemerken, dass nur ein Verzicht auf seine Ansprüche seine Lage bessern könne (p. 72). Auch er wird auf einem Esel durch die Stadt geführt und als Betrüger proklamiert (IV 4, p. 82 ff.), auch er wird schliesslich mit geschorenem Haupte auf die Galeere gebracht (l. c. p. 84 f.). Die Übereinstimmung erstreckt sich bis auf die Zahl der ihn bei seinem Eselritte begleitenden Trompeter, auch im Drama heisst es: *His faults . . . by t h r e e t r o m p e t e r s / Proclaimde before hym* (l. c. p. 82). Hin und wieder bieten die englischen Verse *auec un crieur qui crioit à haute voix . . . Apres qu'ils l'eurent ainsi mené par toute la ville, ils le firent monter dans la galere Royale, où quand et quand on luy fit poser ses propres vestemens, l'habillerent en forçat . . . Les Portugais aussi disent que . . ils . . luy coupperent les cheuaux de la teste et de la barbe* (p. 246 b).

geradezu eine Übersetzung der französischen Prosa. Bei Cayet verkündet der Ausrufer: *"C'est la iustice que mande faire sa maiesté Catholique. Il mande qu'on mene honteusement cet homme, et qu'il soit mis au[x] galeres perpetuelles, pour se faire D. Sebastien, Roy de Portugal, attendu que c'est vn Calabrois" . . . Et quand on le nommoit Roy, il disoit à haute voix: "Aussi le suis-ie." Et quand on disoit "attendu que c'est vn Calabrois", il respondoit, "Cela est faux"* (p. 246 b). Der Römer Sempronius giebt folgende Schilderung von dem Verhalten des Antiochus bei der Proklamation:

When the cittie clarke with a lowde voice read the cawse / For which hee was condemnde in takinge on hym / The name of a kinge, with a setled countenance / The miserable man replied I am soe / But when hee touch'd his beeinge a cheatinge Jewe / His pacyence mov'd with a face full of anger / Hee boldlye sayde 'tis false (l. c. p. 83).

Am auffälligsten kommt die Ähnlichkeit jedoch zur Geltung in der letzten Szene des 5. Aktes, welche in der That zum grössten Teil nur eine Versification des Cayetschen Berichtes ist:

De Barcellone les galleres entrerent en la mer Occeane, et arriuerent au mois d' Aoust 1602 au port de S. Lucar de Barrameda, où le Duc de Medina Sidonia et sa femme l'ont voulu voir: Ayans longuement deuisé auec luy, les Portugais asseurent que celuy qu'ils appellent leur Roy luy demanda s'il auoit encore vne espee qu'il luy donna quand il s'embarqua pour passer en Barbarie. Le Duc respondit, Qu' à la verité, D. Sebastien Roy de Portugal luy fit present d'vne espee deuant que s'embarquer, laquelle il gardoit

Die den König Antiochus an Bord habende Galeere läuft in den Hafen von Syracus ein, wo Marcellus, der Proconsul von Sicilien, und seine Gattin Cornelia den Gefangenen zu sehen und zu sprechen wünschen. Zu Marcellus sagt Antiochus u. a.: *Can you call to your memorie when you were / At Sardis with Antiochus, before / His Græcian expedition, what hee / With his owne handes, presented you as a favour / No third man by 'to witnesse it?* Marcellus . . . *Hee gave mee a faire sword.* Ant.

auec d'autres. Puis que vous l'avez encore (repliqua leur Roy) ie vous prie la vouloir faire apporter: Car encore qu'il y ait vingtquatre ans que ie la vous ay donnee, si la recognoistray-ie fort bien. Le Duc en fit venir enuiron vne douzaine, lesquelles leur Roy ayant distinctement regardees, luy dit, La mienne n'est point parmy celles-cy, à lors le Duc commanda qu'on apportast toutes les autres: Et leur Roy la voyant entre les mains du porteur, Voyez Duc (ce fit-il) voylà l'espee que ie vous donnay quand ie passay en Afrique (p. 247 a).

. . . *Is it still in your possession?* **Marc.** *The same sword I have / And while I live will keepe.* **Ant.** *Will you not say / It beeinge fower and twentye yeares since you /Were master of that guift, yf now I knowe it / Amonge a thousande others, that I have / The art of memorie?* **Marcellus lässt viele Schwerter bringen. Ant.** *Most choice and curious swordes / But mine is not amonge 'em.* **Marc.** *Bringe the rest.* **Ant.** *I, this is it. This is the sword I gave you / Before I went to Greece* (V 2, p. 97 f.).

Nicht minder genau hat Massinger das Gespräch des D. Sebastien mit der Herzogin wiedergegeben:

Puis s'addressant à sa cousine femme dudit Duc de Medina Sidonia, fille du Prince d'Eboly, apres luy auoir dit ce qui se passa de plus secret entr' eux, en luy disant l'adieu à Calis, il luy dit, J'ay memoire que ie vous donnay vne bague, l'auez vous encores? La Duchesse luy dit, Qu'elle auoit vne bague que le Roy D. Sebastien luy auoit donnee, Monstrez la moy, dit-il, ie la cognoistray bien, et vous diray vn secret qui y est que vous ne scavez pas. La Duchesse enuoya querir plusieurs bagues, entre lesquelles celle-là estoit, il la choisit entre toutes, et la luy monstra, luy disant, Voylà la bague que ie vous ay donnée, et pour preuue de mon dire, faictes en desenchasser la pierre vous y trouuerez mon nom et mon chiffre engrauez dessous (p. 247).

In dem Gespräche mit Cornelia, der Gattin des Proconsuls Marcellus, sagt Antiochus: *Mine eie / Hath on the suddaine founde a pretious jewell, / You dainde to receave from mee. [The* — **fehlt ein Wort** — *Which you weare on your sl[eeve].* **Nach dem französischen Text wäre** *ring* **einzusetzen, wozu das von dem Herausgeber ergänzte, metrisch anstössige** *sleeve* **schlecht passt. Der Quelle, dem Verse und dem Kontext werden wir gerecht durch die Lesart:** *The ring / Which you weare on your finger.* **Corn.** *I acknowledge / It was the Kinge Antiochus guift.* **Ant.** *I will / Make a discoverie of a secret in it / Of which you yet are ignorant . . . I can / Pull out the stone, and under it you shall finde / My name and cipher I then usde ingraven.* **Corn.** *'Tis most apparent* (l. c. p. 99).

Und schliesslich findet sich im Drama auch noch das Intermezzo der Mohrin:

Il y auoit en la compagnie de la Duchesse vne Negre que leur Roy recogneut, et dit qu'elle l'auoit seruy au blanchissage de son linge, lorsqu' il regnoit en Portugal (p. 247 b).

Ant. *I should knowe / This Moorishe woman. Yes. 'Tis shee. Thou weret / One of my laundrie* . . . Moore. *Mine owne kinge!* (l. c. p. 100).

Der sich auf diese ergebnisreiche Vergleichung stützenden Annahme, dass Massinger gerade diese französische Fassung der Sebastian-Historie vor sich liegen hatte, kann selbstverständlich noch die Vermutung entgegengestellt werden, dass der französische Historiker und der englische Dramatiker aus ein und derselben Quelle schöpften. Gegen diesen Einwurf möchte ich noch die Übereinstimmung des Schlusses der beiden Darstellungen betonen. Bei der Veröffentlichung der Cayet'schen „Chronologie Septenaire", im Jahre 1605, war der falsche Sebastian längst hingerichtet (vgl. oben p. 152); bei der Abfassung des dem portugiesischen Prätendenten gewidmeten Abschnittes hingegen war Cayet über dessen Schicksal noch im Unklaren, glaubte er ihn noch im Kerker des Schlosses von S. Lucar. Denn er wendet sich schliesslich an den König von Spanien mit der Mahnung, entweder den Betrug vor aller Welt zu brandmarken und zu bestrafen oder die Ansprüche des Prätendenten anzuerkennen: *Nous finirons donc les contrarietez des Espagnols et des Portugais, touchant le Roy Sebastien, par les mesme parolles que nous auons dites dez le commencement de ce discours: Qu'il est en la puissance du Roy d'Espagne de faire verifier la plus grande et plus asseuree imposture qui fut iamais au monde par vne punition publique de l'imposteur: ou bien estant recognu pour tel qu'il se dit, de faire rauir en admiration tout le monde* (p. 251 a). Auch im Drama werden wir über das schliessliche Schicksal des Antiochus nicht aufgeklärt. Marcellus verkündet ihm: *You are confinde unto the Gyarae / With a stronge garde upon you*, und Antiochus entgegnet: *Then 'tis easie / To prophecie I have not longe to live / Though the manner how I shall dye is uncertaine* (l. c. p. 104) — mehr erfahren wir nicht. Ich selbst trage, im Rückblick auf die Hauptpunkte der Vergleichung, kein Bedenken, Cayet als den Gewährsmann Massinger's zu bezeichnen.[1]

Neuerdings ist dem Drama jedoch noch eine zweite Interpretation gegeben worden,[2] die vielen Beifall gefunden hat.[3] Massinger's Antiochus soll nicht nur den falschen Sebastian, sondern auch noch einen legitimen, entthront als Flüchtling umherirrenden Fürsten vertreten, dessen Schicksal auch für die englische Dynastie eine brennende Frage war: den Kurfürsten Friedrich V. von der Pfalz, den böhmischen Winterkönig, den Schwager des englischen Herrschers. Carthago, wo Antiochus zuerst vergeblich Hilfe sucht, wird der holländischen Republik verglichen, und die übrigen Personen des Trauerspiels werden in folgender Weise mit den Akteuren des damals noch nicht abgeschlossenen historischen Dramas identifiziert: Prusias mit Charles I., der seinem Schwager jede thatkräftige Hilfe versagte; Flaminius, der römische Verfolger des Antiochus, mit dem gegen den Winterkönig intriguierenden spanischen Gesandten am englischen Hofe; Philoxenus, der von Rom gewonnene Ratgeber des Prusias, mit dem Lord Treasurer Weston, der den englischen König in seiner Zurückhaltung bestärkte; die Gattin des Prusias endlich, welche sich für Antiochus verwendet, mit der Weston abgeneigten englischen Königin Henrietta Maria.

Für die Beantwortung der Frage, ob die vermutliche Quelle diese zweite Erklärung stützt, haben wir zunächst

---

[1] Dryden spricht in dem Vorworte seines "Don Sebastian" (l. c. p. 312) von einer französischen Novelle über das Schicksal dieses Königs, und Langbaine (p. 162) bemerkt betreffs des Dryden'schen Dramas: *For the Plot read the French Novel call'd „Don Sebastian Roy de Portugal" translated into English.* Für Massinger wird diese mir nicht bekannte Novelle als Quellenwerk schwerlich in Betracht kommen.

[2] Von dem Historiker S. R. Gardiner in seinem oben p. 124 Anm. 1 citierten Aufsatze: *The Political Element in Massinger,* Contemporary Review 1876, vol. XXVIII p. 499 ff.

[3] Der Dichter Swinburne z. B. hat sie vollständig acceptiert. In seinem Aufsatze: *Philip Massinger*, Fortnightly Review 1889, vol. XLVI New Series, p. 1 ff. erwähnt er die Sebastian-Interpretation, die von Gardiner selbst keineswegs abgelehnt wird, gar nicht mehr (p. 18).

die Gestalten der Prusias-Episode neben die von Cayet genannten Personen zu stellen, wobei sich uns folgende Entsprechungen ergeben: Antiochus=Sebastien, Prusias=Grossherzog von Florenz, Flaminius=König von Spanien, Philoxenus=Erzbischof von Pisa. Der Charakter des Philoxenus ist von dem Dichter ganz selbständig, aber in der von der Quelle vorgeschriebenen Richtung entwickelt worden: wie der Erzbischof von Pisa, rät auch Philoxenus zur Nachgiebigkeit dem mächtigen Forderer gegenüber. Neu ist somit nur die Gestalt der Königin, der Gattin des Prusias, ihre Einführung scheint der politischen Hypothese die festeste Stütze zu liefern. Jetzt, nachdem wir der Quelle Massinger's näher gekommen sind und seine eigenen Zuthaten von ihrem Material trennen können, hahen wir aber freilich zu konstatieren, dass Massinger durchgehends bemüht war, weibliche Elemente einzuführen, seine Männer-Fabel durch frei erfundene Frauen-Gestalten oder durch Herstellung erotischer Beziehungen zwischen Mann und Weib für das Publikum fesselnder zu machen. Die Königin des Prusias erhebt ihre Stimme zu Gunsten des verratenen Antiochus (Act III sc. 3, p. 62 f.); im Gefängnis zu Calipolis erscheint eine Buhlerin, die im Auftrage der Römer die strenge Tugend des Antiochus versucht und ihm den Verzicht auf seine Ansprüche abschmeicheln will (Act IV sc. 2, p. 73 ff.); auf Grund der Quellennotiz, dass Dom Sebastien der Herzogin von Medina-Sidonia das Geheimste verkünden konnte, was vor vielen Jahren beim Abschiednehmen zwischen ihnen verhandelt worden war (*apres luy auoir dit ce qui se passa de plus secret entr' eux, en luy disant l'adieu à Calis*, vgl. oben p. 160), lässt Massinger seinen Antiochus in dem Gespräche mit der Gattin des Marcellus auf ein erotisches Intermezzo anspielen, in welchem ihm der Cornelia gegenüber die Rollen des Versuchers und des keuschen Joseph zugeteilt sind (Act V sc. 2, p. 100 f.). Für die Prusias-Episode bot die Quelle unserem Dramatiker keine Frauengestalt: indem er gleichwohl mitten im Zank der Männer eine versöhnende Frauenstimme erklingen liess, gehorchte er derselben dichterischen Notwendigkeit, welche Shakespeare veranlasste, Richard dem Zweiten gegen die Geschichte seine liebliche Königin an die Seite zu stellen.

Das sind die Argumente, welche Zweifel an der Zulässigkeit der politischen Nebenerklärung erwecken können. Ob aber Gardiner nicht doch das Richtige gesehen hat, ob Massinger nicht doch auch seine Ansichten über die zeitgenössische Politik Englands verhüllt zum Ausdruck bringen wollte: zu einer bestimmten Ablehnung dieser Vermutung fühle ich mich keineswegs berechtigt. Jedenfalls lässt seine Dramatisierung der Sebastian-Geschichte eine warme innere Teilnahme des Dichters erkennen, die dürftigen Striche der Vorlage sind zu bedeutenden Charakterbildern ergänzt, die Reden des Antiochus sind reich an ergreifenden Gedanken und Worten — von der dem Geschmack des Publikums bewilligten, übrigens leicht zu säubernden Episode der Buhlerin abgesehen, ist in den Szenen des Antiochus alles, seinem grossen Schmerze entsprechend, würdig und königlich.

Als komische Person des Dramas ist ein Priester der Cybele verwendet, Berecinthius. Es ist kurios zu beobachten, wie häufig Massinger für diesen Humoristen Anleihen bei den populärsten Gestalten der englischen Bühne gemacht hat. Feistheit und Grofssprecherei hat er mit Falstaff gemein; an Tamburlaine's berüchtigten, mit Königen bespannten Wagen erinnert uns sein Wunsch, sich dereinst der römischen Senatoren als Pferde für seinen Triumphwagen bedienen zu können (Act 3 sc. 2, p. 52); wie der besiegte Baiazeth dem Tamburlaine, soll ihm dann der Römer Flaminius als Schemel *(footestoole)* dienen (ib.); Cassius' Gleichstellung der Namen Cæsar und Brutus (Cæs. I 2, 143 ff.) spiegelt sich in seinen Worten: *His name, Titus Flaminius; and speake mine, / Berecinthius, Archflamen to Cybele, / It makes as greate a sownde* (Act I sc. 2, p. 12); Hamlet's melancholische Betrachtungen über Alexander des Grossen sterbliche Reste lieferten dem Flamen eine Äusserung seines — im vollsten Sinne des Wortes — Galgenhumors. Er verlangt ein geräumiges Grab: *though I take up / More grave then Alexander. I have ill lucke / Yf I stincke not as much as hee, und yeelde the wormes / As large a supper* (Act IV sc. 3, p. 82; vgl. Hamlet V 1, 218 ff.). An Hamlet erinnert uns auch ein Gleichnis des Marcellus: *Alas what are wee / That governe provinces but prayes expos'd / To everie subtle spie, and when wee have, / Like spunges, suckde in welth, wee are squeez'd out / By the rough hande of the lawe* (V 1, p. 88). vgl. Hamlet IV 2, 15 ff.

SIR JOHN VAN OLDEN BARNAVELT.[1]

Sofort nach der am 13. Mai 1619 erfolgten Hinrichtung des niederländischen Staatsmannes Johan van Oldenbarnavelt haben sich die stoffhungrigen englischen Dramaturgen seines tragisch abgeschlossenen Lebens für ihre Zwecke bemächtigt und es in wenigen Wochen in den Rahmen eines Dramas gefasst, welches als Fixierung der Anschauungen der englischen Zeitgenossen von bleibendem Interesse ist. Offenbar standen die englischen Dramatiker ganz unter dem Einflusse der Pamphlete, welche Barnavelt's Gegner in alle Welt sandten, um ihre blutige Massregel zu rechtfertigen; eine unmittelbar nach der Hinrichtung lancierte Flugschrift: *The Arraignment of John Van Olden Barnavelt, late Advocate of Holland and West Freisland. Containing the Articles alleadged against him and the reasons of his execution etc. 1619*[2] mag

[1] Entstanden zwischen 13. Mai und 14. August 1619, cf. Fleay Chron. I 209; verfasst von Massinger und Fletcher cf. Boyle ESt. IX 153 ff., X 395 ff., Oliphant ESt. XVI 184 f., Fleay l. c.; veröffentlicht von A. H. Bullen in „A Collection of Old English Plays", in 4 vols, London 1882/85, vol. II (1883) p. 201 ff.; übersetzt, und zwar ausgezeichnet übersetzt in „Die englische Bühne zu Shakespeare's Zeit. Zwölf Dramen seiner Zeitgenossen übersetzt von F. A. Gelbcke. Mit Einleitungen von Robert Boyle, 3 Teile, Leipzig 1890; Bd. 3, p. 191 ff.

[2] Cf. Bullen's Introd. l. c. p. 205 f. Derselben Tendenz diente ein zweites von Bullen a. a. O. erwähntes Pamphlet: *Newes out of Holland: concerning Barnavelt and his fellow-Prisoners, their Conspiracy against their Native Country with the enemies thereof . . 1619.* Diese Anklageschriften sind mir nicht zugänglich. Bullen hat sich leider nicht die Mühe genommen, das ihm vorliegende Quellenmaterial mit dem Drama zu vergleichen. — In einer Prosaschrift des Dramatikers John Ford, betitelt „Linea Vitae: A Line of Life" SR. October 10,

ihrer Auffassung des Charakters die ungünstige Färbung gegeben haben. Der dramatische Barnavelt ist ein ehrsüchtiger Intrigant, der uns auch menschlich dadurch entfremdet wird, dass er einen gefangenen Mitwisser seiner Pläne, den Staatssekretär Leidenberg, zum Selbstmord bestimmt und unverholen seine Freude ausspricht, auf diese Weise einen so gefährlichen Zeugen unschädlich gemacht zu haben (III 4, IV 3). Erst die moderne historische Kritik ist den Absichten und Verdiensten des energischen Mannes gerecht geworden.[1]

Im Drama ist Barnavelt selbst der Verkünder dieser seiner Verdienste, wiederholt hält er uns und den Staaten in ruhmrediger Weise vor, was er für ihr Wohl geleistet habe. Das Material dieser Reden können die Dramatiker zum grossen Teile einer von Barnavelt holländisch verfassten Verteidigungsschrift entnommen haben, welche uns in der lateinischen, mit bösartigen Randglossen versehenen Übersetzung eines reformierten Geistlichen vorliegt: *Mysteria Hollandica, Hoc est, Remonstratio sive Apologia ad . . Dominos Status Hollandiae et West-Frisiae à Domino Joanne ab Oldenbarnevelt, Equite, et Advocato earundem Provinciarum, directa; et à Petro Holdero Antiquae reformatae Religionis D. V. M. Fideliter è Lingua Batava in Latinam . . . translata . . .*

1620 und noch im gleichen Jahre gedruckt, wird Barnavelt's egoistischer Ehrgeiz getadelt: *Sir John Vanolden Barnevelt, in the Netherlands, (whose ashes are scarce yet colde) is, and will bee, a liuely president of the mutabilitie of greatnesse. Hee was the only one that traffiqued in the counsels of foreine princes, had factors in all courts, intelligencers amongst all Christian nations; stood as the Oracle of the prouinces, and was even the moderator of policies of all sorts; was reputed to bee second to none on earth for soundnesse of designes; was indeed his countryes both mynion, mirror, and wonder: yet, enforcing his publike authoritie too much to bee seruant to his priuate ambition, hee left the tongue of justice to proclayme, that long life and a peacefull death are not granted or held by the charter of honours, except vertuous Resolution renew the patent, at a daily expence of proficiencie in goodnesse* (Shakespeare Society, London 1843, p. 61 f.)

[1] Cf. Life and Death of John of Barneveld . . By J. L. Mothey. In 2 vols; The Hague 1874.

Durocortori . . . MDCXVIII.[1] Eine Szene des Dramas zeigt uns Barnavelt in seinem Cabinet, Briefe ordnend und seiner guten Beziehungen zu verschiedenen Fürstlichkeiten sich rühmend — wie die folgende Nebeneinanderstellung erkennen lässt, klingt sein Monolog wie eine Versification einer Stelle der Apologie:

Triginta duorum annorum spatio . . . hanc laudem habui, quod à Rege Galliae, Elisabetha Regina Angliae, ambobus laudatissimae et immortalis memoriae, quod à Rege Magnae Britanniae, Rege Sweciae, Electore Palatino Brandenburgico, Coloniensi, compellatus sim, ut in varijs occurrentibus negotiis grata ipsis servitia præstarem . . . Nominatim operam meam contuli pro Electore Coloniensi, ut illi cum Archiducissa Arschottana, comitissa de Nieuwenaer, comite Solmensi, comitissa Solmensi, laudabilis mem. conveniret usque ad transactionem et compositionem quaestionum ipsorum: et denique cum comite de Benthem super restitutione Archivorum Archiepiscopatus Coloniensis: pro quibus officiis meis et datis literis gratiae mihi sunt redditae et munera oblata. Aliis similiter Principibus, comitibus, civitatibus extraneis, ita seriò poscentibus, bonis consiliis præsto fui (p. 32).

This from the King of Fraunce, of much importance,
And this from Englands Queene, both mightie Princes
And of immortall memories: here the Rewards sett, —
They lov'd me both. The King of Swechland [!] this,
About a Truyce; his bounty, too. What's this?
From the Elector Palatine of Brandenburge,
To doe him faire und acceptable offices:
I did so; a rich iewell and a chaine he sent me.
The Count of Solems, and this from his faire Countess
About compounding of a busines:
I did it and I had their thancks. Count Bentham,
The Arch bishop of Cullen, Duke of Brunswick,
Grave Embden: theis from Citties . . .
Have I held correspondence with theis Princes,
And had their loves, the molding of their busines . . .
(Act IV sc. 3, p. 275).

[1] Bullen führt l. c. eine für mich nicht erhältliche englische Übersetzung dieser Schrift an: *Barnavel's Apologie, or Holland's Mysteria: with marginall Castigations 1618*, ein weiterer Beweis der gespannten Aufmerksamkeit, mit der man in England diesen Prozess verfolgte.

Auch die in der Apologie sich unmittelbar anschliessende Aufzählung seiner Verdienste um die Staaten: *Principalia quae pro unitis provincijs gessi, haec sunt* (p. 32 ff.), kann für Barnavelt's zweite Rede vor Gericht: „*In the Art of Gover[n]ment*“ u. s. w. (IV 5, p. 288), und seine Schilderung der Lage Holland's bei seinem Amtsantritt (Apol. p. 4 f.) für die erste Verteidigungsrede: „*Yf you will have them such*“ u. s. w. (ib. p. 287) stark benützt sein, viele und wichtige Übereinstimmungen lassen sich nachweisen. Zur vollen Erkenntnis und zur Begränzung des Einflusses der „Apologia“ bedarf es jedoch einer vergleichenden Prüfung des ganzen Quellen-Materials, die ich von meinem Standpunkte aus nicht vornehmen kann.

Der Prinz von Oranien, dem der Zutritt zur Ratsversammlung verweigert wird (I 3, p. 220 ff.), ist mit Cranmer, dem Erzbischof von Canterbury, verglichen worden, welcher in Shakespeare's „Henry VIII“ vor dem *council-chamber* warten muss, bis er gerufen wird (V 2 f.).[1] Die Situationsähnlichkeit ist augenscheinlich, wir haben ja Massinger oft auf Shakespeare's Spuren gefunden.

Eine wesentliche Minderung des novellistischen und eine entsprechende Steigerung des historischen Elementes — diese Thatsachen ergeben sich uns als das augenfälligste, für Massinger's Eigenart sehr bezeichnende Resultat unserer Prüfung seiner Quellen. Wie Massinger an den politischen Zeitverhältnissen offenbar den regsten Anteil genommen und in seinen Dramen wiederholt auf sie angespielt hat, so waren ihm auch in der Literatur die Berichterstatter der Vergangenheit und der Gegenwart, die Historiker und die Journalisten, die Redakteure der Flugschriften, weit interessanter als die der Realität entrückten Novellisten. Von den ausserenglischen Erzählern war ihm Cervantes am

[1] Cf. Boyle bei Bullen p. 437, ESt. X 393 ff., und bei Gelbcke pp. 193, 199 f.

vertrautesten;[1] ob er sich mit den Italienern selbst überhaupt beschäftigt hat, lässt sich nicht beweisen. Indirekt, durch einige wichtige Entlehnungen aus dem „Palace of Pleasure“ ist er ihr Schuldner geworden, unmittelbar scheint er ihnen für keine Episode seiner Dramen verpflichtet zu sein.

Dem älteren englischen Drama hat Massinger zweimal Stoffe entnommen, wobei er sich jedoch keineswegs mit einem oberflächlichen neuen Anstrich begnügte: seine betreffenden Werke sind, äusserlich und innerlich betrachtet, Neubauten. Dass auch er in seiner Jugend Shakespeare's Dramen mit offenen Ohren und Augen und mit erheiterter oder erschütterter Seele in sich aufgenommen hatte, lassen Nachahmungen verschiedener Episoden und zahlreiche Nachklänge in Gedanken und Worten erkennen — die sittlich stärkende und erhebende Wirkung Shakespeare's aber war auch für ihn durchkreuzt von dem verhängnisvollen Einflusse des Mannes, der mir durch die Herabwürdigung des Weibes im vollsten Sinne des Wortes als der Verführer der dramatischen Jugend erscheint, von dem Einflusse John Fletcher's. Mit ihm hat der ungefähr fünf Jahre jüngere Massinger oft zusammengearbeitet, im Verkehr mit ihm hat er den weltmännisch frivolen Ton anzunehmen versucht, der ihm doch gänzlich misslang, weil er zu seinem ernsten, ja schwerfälligen Wesen durchaus nicht passt. Namentlich seine Auffassung und Reproduktion des weiblichen Charakters ist durch den von Fletcher ausströmenden Cynismus oft verdorben worden: das Vorwiegen des sinnlichen Elementes in vielen seiner Frauen, ihre überflüssige Offenheit über *cose che il tacere è bello* erinnern uns nur allzu häufig an die vorbildlichen Fletcher'schen Heldinnen. Auch seine Zofen und Kammermädchen sind ebenso schamlos wie ihre Colleginnen in den Stücken Fletcher's — und doch kommt gerade bei diesen Geschöpfen im Dialog die Verschiedenheit der beiden Dichter auffälligst zur Geltung. Bei Fletcher entsprechen

---

[1] Don Quixote selbst ist einmal genannt, scherzhaft, als eine Bezeichnung eines Ritters von der traurigen Gestalt (Picture Act II sc. 1; vol. III p. 146).

sich Gesinnung und Ausdruck: seine Juletta in „The Pilgrim“, die noch lange keine von den schlimmsten ist, sagt: *I could now piss mine eyes out for mere anger,*[1] oder: *I'll make you fart fire, signior*[2] (Fletcher's Leute begnügen sich nie mit Feuerspeien) — bei Massinger ist eine derartige Roheit der Ausdrucksweise im Frauenmunde an keiner Stelle zu finden. Er hat nicht die Selbständigkeit, die auf der Bühne üblich gewordenen, von dem Publikum dankbar bewieherten Obscönitäten zu vermeiden, aber instinktiv hält er sich in den Worten doch etwas über dem Fletcher'schen Niveau. Kurz — was bei Fletcher unerfreuliche Natur ist, halte ich bei Massinger zum grossen Teile für Zugeständnisse an den von Fletcher geschaffenen und korrumpierten Theaterstil. Folgt Massinger seiner eigenen, dem Ernsten, Pathetischen, Rhetorischen zugeneigten Art, so schafft er eine Dorothea, eine Camiola, eine Lidia.

Ob Massinger in der älteren englischen Literatur wohl belesen war, lässt sich in seinen Dramen nicht erkennen. Aus dem Munde seines niederen Personals vernehmen wir einige Anspielungen auf die diskreditierten Helden der Ritter-Romanzen des Mittelalters[3] und der Prosa-Romane des 16. Jahrhunderts,[4] sowie wenige Ironisierungen bekann-

---

[1] Act III sc. 4; cf. vol. VIII p. 47 ff.

[2] Act IV sc. 1; vgl. Night-Walker Act II sc. 2, vol. XI p. 146. Massinger überlässt diese Art der Zornesäusserung passender Weise dem Teufel (Maid of Honour Act IV sc. 4, vol. III p. 83).

[3] Der Lakai Hilario, eine der lustigen Figuren in „The Picture sagt: *As 'tis said trulee / Of Bevis, some he quarter'd all in three* (II 1, vol. III p. 144; ib. pp. 146, 179 Anspielungen auf Ritter-Romane im allgemeinen); der Parasit Liladam ruft aus: *'Sfoot, Colbrand, the low giant!* (Fatal Dowry IV 1; vol. III p. 426).

[4] Die Schmeichlerin und Kupplerin Calipso ist sehr vertraut mit den gelesensten Ritter-Romanen der Zeit: *In all the books of Amadis de Gaul, / The Palmerins, and that true Spanish story, / The Mirror of Knighthood, which I have read often, / Read feelingly, nay more, I do believe in't, / My lady has no parallel* (Guardian I 2, vol. IV p. 145). Sehr geringschätzig werden *Maid Marian* (Very Woman III 1, vol. IV p. 286) und *The Lady of the Lake* erwähnt, letztere geradezu im Sinne von „Dirne“, ein Loos, welches sie an der betreffenden Stelle mit der *queen of fairies* teilt (New Way II 1, vol. III p. 522).

ter Gestalten und Stellen vorshakespearescher Dramatiker, wie Marlowe,[1] Kyd[2] und Peele,[3] aber die Zahl solcher bei den Zeitgenossen sehr beliebten Reminiscenzen aus dem nationalen Schrifttum ist verschwindend klein gegenüber der Menge der klassischer Götterlehre, Heldensage und Geschichte entlehnten Illustrationen. Massinger hat nichts Volkstümliches, er ist durchaus ein gelehrter Dichter. Auch seine Gleichnisse riechen nach der Lampe, sind zumeist literarischer Herkunft, nicht aus der frischen Anschauung der Natur geschöpft. Glatt fliesst seine Rede hin und wohltönend, aber selten findet seine Stimme einen erschütternden Akzent, ein überraschendes, blitzähnlich wirkendes Wort, das wir nicht wieder vergessen können. Eine scharf ausgeprägte, aller Aufmerksamkeit und Achtung würdige Dichter-Individualität, deren Vorzüge und deren Mängel uns jedoch begreifen lassen, warum sie nie populär geworden ist.

---

[1] Der harmlose Signior Sylli sagt von dem ihn bedrohenden Pagen: *Tamberlane in little! Am I turn'd Turk* [i. e. Bajazeth]! (Maid of Honour I 2, vol. III p. 33). Andere *Tamberlaine*-Anklänge sind oben p. 164 angeführt. *Mephostophilus* wird genannt in „The Picture“ V 3, vol. III p. 229.

[2] Signior Sylli citiert Hieronimo's zu einem geflügelten Wort gestempeltes *Go by!* (Maid of Honour V 1, vol. III p. 91; cf. Spanish Tragedy Act IV, in Dodsley-Hazlitt vol. V p. 109). Ausserdem halte ich folgende Verse des Possenreissers Gnotho für eine der zahlreichen Parodien einer Stelle derselben Kyd'schen Tragödie: *Oh music! no music, but prove most doleful trumpet; / Oh bride! no bride, but thou mayst prove a strumpet; / Oh venture! no venture, I have, for one, now none* (Old Law V 1, vol. IV p. 574) — vgl. Hieronimo's Klage: *O eyes! no eyes, but fountains fraught with tears: / O life! no life, but lively form of death: / O world! no world, but mass of public wrongs* (Act III, l. c. p. 67).

[3] Gnotho sagt, Pistol copierend: *We have Siren here,* und wird von einem der Zecher corrigiert: *Siren! 'twas H i r e n, t h e f a i r G r e e k, man* (Old Law IV 1, vol. IV p. 534) — der Titel eines uns verlorenen Peele'schen Dramas.

JOHN FORD.

THE LOVER'S MELANCHOLY.[1]

Die schöne Eroclea, deren Verlust den jungen Fürsten von Cyprus, Palador, schwermütig gemacht hat, kommt unerkannt in Männerkleidung, Parthenophil genannt, an seinen Hof zurück. Ihr Vetter Menaphon ist ihr, ohne sie in ihrer Maske zu erkennen, auf seinen Reisen begegnet und hat sie veranlasst, ihn in seine Heimat zu begleiten. Ausführlich berichtet Menaphon über sein erstes Zusammentreffen mit dem schönen Jüngling in den stillen Hainen des thessalischen Tempe (Act I sc. 1, p. 13 ff.) — wenn wir dabei unwillkürlich an die Waldidylle denken, in welcher Philaster die als Mann verkleidete Euphrasia gefunden hatte (Act I sc. 2), so schlagen unsere Gedanken wohl denselben Weg ein, wie einst Ford's Gedanken. Bei der Ausmalung der gleichen Situation ist jedoch Ford viel künstlicher verfahren, als B e a u m o n t und F l e t c h e r, mit Verwertung einer anderen, von ihm selbst genau bestimmten, Lesefrucht.[2] Euphrasia-Bellario spielt am Waldquell mit Blumen und spricht von ihnen: Eroclea-Parthenophil wetteifert lautenspielend mit einer Nachtigall, die, von der menschlichen Kunst besiegt, aus Kummer stirbt, ein oft nachgebildetes

---

[1] Cf. Gifford-Dyce vol. I p. 1 ff. Aufgeführt am 24. November 1628; gedruckt 1629.

[2] Diese Philaster-Ähnlichkeiten sind schon Bodenstedt aufgefallen cf. 'Shakespeare's Zeitgenossen und ihre Werke. In Charakteristiken und Übersetzungen', Bd. 2 (Berlin 1860), p. XV.

Bravourstück des Jesuiten Famianus Strada, dessen lateinische Hexameter Ford recht anmutig übersetzt hat.[1]

Die von Menaphon vergebens umworbene, stolze Prinzessin Thamasta verliebt sich in Parthenophil, und Menaphon's grundlose Eifersucht (Act III sc. 2, p. 55 ff.) wird uns nochmals flüchtig an Philaster's Verblendung erinnern.[1] Im Übrigen steht die verkleidete Eroclea ganz ähnlich zwischen Menaphon und Thamasta wie Shakespeare's Viola zwischen dem Herzog und Olivia:[2] auch Eroclea spricht den Werbungen der Thamasta gegenüber zu Gunsten des Freundes. Doch erhält die verliebte Prinzessin noch in derselben Szene die nötige Aufklärung, in sehr decenter Weise, ohne jeden frivolen Witz, eine damals sehr seltene und doppelt lobenswerte Zurückhaltung des Dramatikers.

Für den Inhalt eines Vortrages, welchen der Arzt Corax über Wesen und Arten der Melancholie hält (Act III sc. 1, p. 52 f.), verweist Ford selbst auf seinen Gewährsmann: *Vide Democritus Junior.*[3] Unter diesem Namen hatte Robert Burton im Jahre 1621 sein einflussreiches Werk „The Anatomy of Melancholy" veröffentlicht. Der dritte Teil dieses Buches bietet eine sehr ausführliche Abhandlung über *Love-Melancholy*, Ford hat jedoch für die Erläuterungen des Arztes und für das geschmacklose Maskenspiel, in welchem er die verschiedenen Gattungen der Melancholie verkörpert auftreten lässt (Act III sc. 3, p. 63 ff.), besonders einige Abschnitte des ersten Teiles im Auge gehabt.[4] Geheilt wird Palador's Schwermut gründlichst in

---

[1] Cf. Gifford-Dyce l. c. p. 13 f.: *Vide (Ford says) Fami. Stradam, lib. II. Prolus. 6. Acad. 2. Imitat. Claudian.* Vgl. 'Prolusiones Academicae, Oratoriae etc', ed. pr. Coloniae Agrippinae 1617, p. 353 ff.: *Claudiani stylus.*

[2] Cf. Ward II 297.

[3] Cf. Gifford-Dyce l. c. p. 52.

[4] Cf. The Anatomy of Melancholy by Robert Burton. Ed. by A. R. Shilleto, with an Introd. by A. H. Bullen, 3 vols, London 1893; vol. I p. 158 ff.: *Divisions of the Diseases of the Head; Dotage, Phrenzy, Madness, Hydrophobia, Lycanthropia, Chorus Sancti Viti, Extasis;* p. 199 ff. *Of the Species or Kinds of Melancholy.* Vgl. ferner Gifford-Dyce l. c. p. 64 ff.

dem Augenblicke, in welchem er, die wiedergewonnene Eroclea umarmend, ausrufen kann: *Come home, home to my heart, thou banish'd peace!* (Act IV sc. 3, p. 87).

Eroclea hatte aus ihrer Heimat fliehen müssen, weil der alte Fürst, der Vater ihres Geliebten, ihrer Ehre nachgestellt hatte. Die Rache des Tyrannen traf ihren Vater; der greise Meleander wurde des Verrates bezichtigt und all seiner Güter und Würden beraubt. Bei diesem Zusammensturze seines Lebensglückes verwirrte sich der Geist des alten Mannes: seine Heilung bewerkstelligt der Arzt Corax dadurch, dass er ihm nach und nach, durch verschiedene Boten, seine Wiedereinsetzung in alle Ehren melden und schliesslich die verloren gegebene Tochter als Braut des Fürsten vor ihm erscheinen lässt (Act V). Man hat diese schöne Szene mit der Wunderkur verglichen, welche Paulo in Massinger's „A Very Woman" (Act IV sc. 2) an dem tiefsinnigen Cardenes vornimmt,[1] und man hat der Massingerschen Gaukelei damit eine grosse Ehre erwiesen. Ford's Drama hat viele Mängel, aber diese Schlussszene ist warm empfunden und ergreifend. Dass Ford bei der Gestaltung seines wahnsinnigen Greises an Lear gedacht hat, möchte ich nicht in Abrede stellen, aber auch nicht von „plumpen Reminiscenzen" sprechen.[2]

Überblicken wir die Ergebnisse der Quellenforschung

---

[1] Cf. Gifford l. c. p. 105.

[2] Cf. Rapp p. 95. Eine sehr kühne Behauptung gestattet sich Max Wolff in seiner Abhandlung „John Ford ein Nachahmer Shakespeare's", Heidelberg 1880, p. 40: „'Lover's Melancholy', soweit nicht Burton's 'Anatomy of Melancholy' benutzt ist, schliesst sich eng an den Pericles. Es behandelt die Heilung eines schwermütigen Fürsten durch ein Mädchen". Der trübsinnige Palador gewinnt die Geliebte und mit ihr neue Lebenskraft, der schmerzerfüllte Pericles wird durch das Wiederfinden seiner totgeglaubten Tochter der Schwermut entrissen — im Übrigen ist alles grundverschieden in den beiden Dramen, nirgends auch nur die leiseste Ähnlichkeit zu bemerken. Wolff fährt fort: „Natürlich wird dabei auch ein anderer gemütskranker Prinz (Hamlet nämlich) mit berücksichtigt." Hin und wieder wird man durch eine Nuance der Handlung oder des Ausdrucks (*There is sense yet / In this distraction* II 2, p. 46; *Round me, ye guarding ministers* V 1, p. 99) flüchtig an Hamlet erinnert, aufdringlich sind diese Anklänge keineswegs.

für dieses Stück, welches Ford an erster Stelle drucken liess — *This piece being the first that ever courted reader,* sagt er in der Widmung[1] —, so erkennen wir, dass sich für den Grundplan des Dramas kein Vorbild finden liess, sondern nur für Episoden. Ford hat somit sein Verfahren ziemlich richtig charakterisiert in den Prolog-Versen: *Our writer, for himself, would have ye know, / That in his following scenes he doth not owe / To others' fancies, nor hath lain in wait / For any stol'n invention, from whose height / He might commend his own, more than the right / A scholar claims, may warrant for delight. / It is art's scorn, that some of late have made / The noble use of poetry a trade.*[2] Bei dem letzten Couplet wird er wohl an rastlose, volkstümliche *playwrights* von der Art Heywood's und Dekker's gedacht haben.

THE BROKEN HEART.[3]

Für diese wirkungsvolle Tragödie konnten Ford bis jetzt keine literarischen Quellen nachgewiesen werden. Das Ereignis, auf welchem die ganze Handlung beruht, die Sünde des jungen Spartaners Ithocles, welcher seine Schwester Penthea von ihrem Verlobten Orgilus trennt und sie zur Ehe mit dem ungeliebten Bassanes zwingt, liegt zeitlich vor dem Beginn des Dramas, wie in „The Lover's Melancholy" die Sünde des alten Fürsten, welche die Flucht der Braut seines Sohnes und dessen Schwermut zur Folge hat. Penthea, die mit der heissen Liebe zu Orgilus im Herzen, sich einem Anderen ergeben muss, fühlt sich durch diese Ehe mit dem ungeliebten Manne entehrt — *For she that's wife to Orgilus, aud lives / In known adultery with Bassanes, / Is at the best a whore* (Act III sc. 2, p. 261), ein ganz moderner Gedankengang, vgl. noch Act IV sc. 2, p. 293 —; sie hungert sich aus, und man kommt leicht auf den Gedanken, dass sich der Titel des Dramas auf ihr trauriges Loos beziehe, bis

[1] Cf. Gifford-Dyce l. c. p. 4.

[2] Cf. Gifford-Dyce p. 7.

[3] Cf. Gifford-Dyce vol. I p. 209 ff. Gedruckt 1633. Neuerdings herausgegeben, mit Einleitung und Anmerkungen, von Cl. Scollard, New York, 1895; bringt für die Quellenkunde nichts Neues.

uns die Katastrophe eines anderen belehrt. Orgilus rächt die Geliebte und sein verlorenes Lebensglück durch die Ermordung des Ithocles; diesen liebt Calantha, des Königs von Laconien Tochter, und ihr Herz bricht bei der schrecklichen Kunde. Es ist schade, dass sich Ford für die blutigen Szenen ganz absonderlicher Kniffe bedient hat: der mechanische Stuhl, welcher Ithocles gefangen nimmt und ihn wehrlos seinem Feinde in die Hände liefert (IV 4) und der *coram publico* vorgenommene, tödliche Aderlass des Orgilus (V 2) — das sind störende Geschmacklosigkeiten. Der Stuhl stammt wahrscheinlich aus Bandello,[1] aber Ford wird ihn wohl an anderer Stelle gefunden haben. Ford's literarisches Lebenswerk ist fast ganz frei von italienischen Einflüssen,[2] namentlich die italienische Novelle scheint für ihn keine Anziehungskraft besessen zu haben, er vermeidet es durchaus mit ihren Helden zu operieren. In seiner Prosaschrift „Honour Triumphant" (1606),[3] in welcher viel von

[1] Cf. Gifford-Dyce l. c. p. 302. In der ersten Novelle des 4. Teiles der Novellen Bandello's (veröffentlicht von Alessandro Marsili: *De Lione, il dì 13. Aprile 1573,* in's Französische übersetzt und 1582 publiciert von François de Belleforest) nimmt der hinterlistige Simone Turchi seinen Gegner Geronimo Deodati vermittelst eines solchen Stuhles gefangen und lässt den Gefesselten abschlachten. Im Übrigen besteht keine Ähnlichkeit zwischen Bandello's Novelle und Ford's Drama.

[2] In „Love's Sacrifice" erscheint der verrückte alte Geck Mauruccio als Kenner der italienischen Dichtung. Er ruft aus: *Petrarch was a dunce, Dante a jig-maker, Sanazzar a goose, und Ariosto a puck-fist, to me!* (II 1, p. 30) und zur Entschuldigung seiner Liebestollheit bemerkt er: *Angelica herself [doth] plead for me* (ib. p. 33), wobei er wohl an die in Medoro verliebte Angelica Ariost's gedacht haben wird. Sie könnte er auch in Greene's „Orlando Furioso" — in welchem Drama sie aber Orlando, nicht den Medoro liebt — oder in Sir John Harington's Übersetzung des OF. kennen gelernt haben: Anspielungen auf diese berüchtigte Schönheit sind bei den Dramatikern nicht selten. In demselben Stück wird Michael Angelo als Meistermaler erwähnt (II 2, p. 38). In „'Tis Pity etc." ist eines berühmten lateinischen Epigramms des Sannazaro gedacht (II 2, p. 135), ausserdem sind der Annabella zwei italienische Verse, deren Herkunft ich nicht zu bestimmen weiss (IV 3, p. 180), und dem Vasques ein italienisches Sprichwort (*troppo sperar, inganna* IV 1, p. 174) in den Mund gelegt. Das Stück spielt in Parma.

[3] Neugedruckt für die Shakespeare Society, London 1843, und bei Gifford-Dyce vol. III p. 335 ff.

Liebe und Frauendienst die Rede ist, hat er seine Beispiele aus der klassischen Welt und der Geschichte geholt, nie aus dem gerade für erotische Themate so unerschöpflichen Novellenschatz. Er wird deshalb auch den mörderischen Stuhl nicht bei Bandello, sondern auf der englischen Bühne entdeckt haben, in dem 1607 gedruckten, mir leider nicht zugänglichen Drama „The Devil's Charter" von Barnaby Barnes,[1] der die Maschine Bandello verdanken wird.[2] Der stoische Orgilus, der sich die Art seines Todes wählen darf — *Make thy choice / Of what death likes thee best*; *there's all our bounty*, urteilt Calantha (V 2, p. 312) —, folgt, indem er den Tod durch Verbluten wählt, dem berühmten Beispiel des Seneca, der, vor die gleiche Wahl gestellt, sich für dieselbe Todesart entschieden hatte.[3]

Ein merkwürdiger Zwiespalt ergiebt sich uns zwischen der ersten Szene und der weiteren Entwicklung des Dramas. Orgilus, der in dem einleitenden Auftritt seinem Vater vorspiegelt, er wolle eine Reise antreten, sich von ihm und der Schwester Euphranea verabschiedet und diese mit teueren Eiden beschwören lässt, sich nicht ohne seine, des Bruders, Zustimmung zu vermählen, erinnert uns stark an den scheidenden, die Schwester Hamlet gegenüber zur Vorsicht ermahnenden Laertes.[4] Selbstverständlich erwartet man, dass

---

[1] Nach Gifford's Notiz l. c. p. 302 benützt eine Lucretia den Stuhl zur Fesselung und Ermordung ihres Gatten Gismond. Da die Tragödie das Leben und den Tod des Papstes Alexander VI. behandelt, haben wir in dieser Gattenmörderin jedenfalls die berüchtigte Lucretia Borgia zu erkennen.

[2] Oder dem Pausanias? cf. Gifford l. c. Aber die Verwendung des Stuhles als Mordmaschine finden wir erst bei Bandello.

[3] Cf. Tacitus An. XV 60—64.

[4] Auch Wolff wurde durch das Trio dieser Szene an Hamlet erinnert (cf. l. c. p. 39 f.) Mit Recht verweist er zu den Worten der Grausis: *I am thick of hearing / Still, when the wind blows southerly* (II 1, p. 240) auf Hamlet II 2, 396 f.; Orgilus Worte: *If this be madness, madness is an oracle* (IV 2, p. 292) klingen an eine andere, bekannte Hamlet-Stelle an (II 2, 207 f.). Den übrigen von Wolff vermuteten Shakespeare-Reminiscenzen gegenüber verhalte ich mich, was 'Much Ado' anbelangt, zweifelnd, was 'Merchant of Venice' und 'King Lear' betrifft, durchaus ablehnend. Seine Bemerkung: „'Broken Heart'

dieser Schwur der Euphranea Folgen haben, dass Ithokles sich um ihre Gunst bewerben und dadurch der Rache des Orgilus verfallen wird. Aber Euphranea wird ganz bei Seite geschoben und ohne jedes Hindernis mit dem gleichgültigen Prophilus vermählt; Calantha tritt in ihre dramatischen Rechte ein. Man könnte fast meinen, dass die überflüssige Schwester nur ein Reflex der Ophelia-Gestalt in der Abschiedsszene des Laertes sei.

Die vielbesprochene, meiner Ansicht nach höchst unnatürliche und psychologisch nicht zu verteidigende Szene des Tanzes der Calantha (V 2, p. 309) ist mit der Maskenszene in Marston's „Malcontent" (V 3) verglichen worden[1] — ich kann aber nur die Übereinstimmung bemerken, dass unter dem Deckmantel einer Lustbarkeit die Katastrophe der ernsten Handlung vorbereitet wird. An solchen Tanz, Musik, Maskenspiel und tragische Schrecken mischenden Szenen ist aber das damalige Drama überreich — ich möchte keine direkte Verbindungslinie zwischen Marston's und Ford's Verwendung dieses Effektes ziehen.[2]

'TIS PITY SHE'S A WHORE.[3]

Beaumont und Fletcher hatten in ihrem 1611 aufgeführten Drama „A King and no King" das verbotene Gebiet blutschänderischer Liebe gestreift, die Leidenschaft des Königs Arbaces für seine Schwester Panthea geschildert. Arbaces enthüllt sich dem ihm treu ergebenen Feldherrn Mardonius, der seine ganze Beredsamkeit aufbietet, um den König vor dieser Sünde zu bewahren (Act III sc. 3); in

---

ist ein Mischwerk aus verschiedenen Shakespeare'schen Dramen" bebeweist nur die Oberflächlichkeit seiner Lektüre: Ford scheint gerade in diesem Drama der Hauptsache nach 'ganz auf eigenen Füssen zu stehen.

[1] Cf. Ward II 300.

[2] Eine interessante Parallel-Stelle zu Hieronimo's von Marston persiflierter Frage: *Canst paint a doleful cry?* (Cf. Quellen I, p. 22) bietet der Anfang des trochäischen Liedes III 2, p. 258: *Can you paint a thought?*

[3] Cf. Gifford-Dyce vol. I p. 107 ff.; gedruckt 1633.

einer grossen Szene gestehen sich Arbaces und Panthea ihre Liebe (IV 4) — weiter wagten die Dramatiker jedoch nicht zu gehen. Die Furcht vor der Sünde trennt das Paar, sie haben noch genug geistige Kraft, den Entschluss ewiger Trennung zu fassen. Der fünfte Act bringt die Lösung, dass keine verwandtschaftlichen Bande zwischen ihnen bestehen, ihre Liebe kein Verbrechen ist.

Ford hat diesen gefährlichen, giftigen Stoff eben da aufgenommen, wo ihn die älteren Dramatiker, wenn auch bereits viel zu spät, fallen liessen: bei dem Geständnis der Leidenschaft. Wie Arbaces dem Mardonius, beichtet Ford's Giovanni in der allerersten Szene des Dramas sein verbrecherisches Verlangen dem Frater Bonaventura, der ihm umsonst die Grösse der Sünde vorstellt, vergeblich sein Gewissen zu erwecken sucht. Wie Arbaces und Panthea, verraten sich Giovanni und Annabella ihre Liebe (I 3) — aber Ford ist an dieser äussersten Grenze nicht stehen geblieben, ihn hat keine Scheu und keine Scham zurückgehalten, er lässt die tierische Leidenschaft siegen. Die Sünde geschieht und vernichtet das unselige Paar.

Die Exposition des Stückes lässt mich vermuten, dass Ford das Beaumont und Fletcher'sche Drama, welches bisher mit seinem Werke nicht in Verbindung gebracht worden ist, genau kannte. Die weitere Entwickelung der Haupthandlung — Annabella's Verheiratung mit Soranzo, die Entdeckung, Giovanni's Entschluss, seine Mitschuldige zu töten, Soranzo's und sein eigenes blutiges Ende — scheint Ford frei gestaltet zu haben. Doch ist es wohl möglich, dass Ford zu der unglücklichen Stoffwahl in erster Linie veranlasst wurde durch eine damals in verschiedenen Formen in Umlauf befindliche Incest-Geschichte, welche sich thatsächlich in Frankreich, in der Normandie, abgespielt hatte, unter der Regierung Heinrichs IV, im Jahre 1603. Der französische Chronist Pierre Matthieu, einer der Hauptgewährsmänner Chapman's,[1] meldet dieses Ereignis in seiner „Histoire de France et des Choses Memorables advenues aux provinces

[1] Cf. oben p. 17 ff. Der Wechsel des Druckes der Matthieu'schen Chronik hat seinen Grund in dem Ortswechsel des Verfassers.

estrangeres durant sept annees de paix", Paris 1606, vol. II p. 617 ff. Liv. VI Narr. 5, IX: *Punition de deux Incestes et adulteres.* Aus Matthieu hat sehr wahrscheinlich ein zeitgenössischer französischer Novellist geschöpft, den wir bereits einmal als breittretenden, süsslichen Bearbeiter historischer Episoden zu erwähnen hatten:[1] François de Rosset. In seinen „Histoires Tragiques de Nostre Temps", welche mir in der Pariser Ausgabe vom Jahre 1619 vorliegen, handelt die siebente Geschichte[2] (p. 256 ff.): *Des amours incestueuses d'vn frere et d'vne soeur, et de leur fin mal-heureuse, et tragique.* Rosset's Erzählung stimmt in allen Hauptzügen mit Matthieu's die Thatsachen meldenden Bericht überein: das Verbrechen erfolgt erst nach der Vermählung der Schwester, so dass diese auch noch als Ehebrecherin erscheint, die Sünder verlassen das Haus des betrogenen Gatten und werden von diesem in Paris entdeckt und dem Gericht überliefert, man verwendet sich für sie, aber der König kann einem solchen Gräuel gegenüber keine Gnade walten lassen, Bruder und Schwester werden hingerichtet.

In Rosset's Geschichte hat man Ford's Quelle vermutet,[3] es ist jedoch längst hervorgehoben worden, dass Ford in den Einzelheiten von dem Franzosen auf Schritt und Tritt abweicht.[4] Immerhin ist es durchaus möglich, dass Ford Rosset's Büchlein kannte: vielleicht wurde er auf den Ge-

---

[1] Cf. oben p. 15 Anm. 3.

[2] In den Drucken von 1615 und 1616 soll es die fünfte Geschichte sein.

[3] Cf. Gifford-Dyce l. c. p. XXX.

[4] Dyce's Bemerkung (l. c.) trifft den Nagel auf den Kopf: *Though Ford may probably have read it, there are no particular resemblances between it and the play.* Auch Swinburne berührt in seinem John Ford gewidmeten Aufsatz (Essays und Studies, 2nd ed., London 1876; p. 276 ff.) die Quellenfrage: *The story of Giovanni und Annabella was probably based either on fact or tradition; it may perhaps yet be unearthed in some Italian collection of tales after the manner of Cinthio and Bandello (with the tale of incest in Rosset's 'Hist. Trag.' it has little in common)* (p. 284). Bei den Italienern ist mir keine entsprechende Geschichte erinnerlich. Neuerdings hat Wolff l. c. p. 8 f. Rosset's und Ford's Übereinstimmungen und Verschiedenheiten verglichen, in genügender, Ford's Selbständigkeit bestätigender Weise.

danken, Giovanni die Schwester schliesslich erstechen zu lassen, durch eine andere Novelle Rosset's gebracht,[1] welche ihm diese Katastrophe bot[2] — vielleicht stammt der von Ford verwendete Name Richardetto aus Rosset's Text.[3] Unbedingt beweiskräftig sind diese Verbindungs-Indizien freilich keineswegs.

Mit einer gewissen Empörung bemerken wir, dass Ford für dieses durch und durch krankhafte Werk einige Anleihen bei Shakespeare gemacht, dass er es gewagt hat, durch die Umgebung seines verpesteten Liebespaares an "Romeo and Juliet" zu erinnern; Putana, die Erzieherin und Vertraute der Sünderin, der Frater Bonaventura, der Vater Florio, Soranzo, welchen zu heiraten Annabella gezwungen wird, — diese Figuren und das unselige Paar selbst berühren uns oft wie hässliche Zerrbilder, entstellte Kopien der Shakespeare'schen Gestalten. Auch noch andere Shakespeare-Dramen können Ford für Ausdruck und Situation einiges geliefert haben.[4]

Die Hauptperson der tragischen Nebenhandlung ist die Ehebrecherin Hippolita, die Geliebte des Soranzo. Von diesem verlassen, will sie ihn töten, doch wird der ihrem Buhlen bestimmte Giftbecher ihr selbst in die Hand gespielt, durch Vasques, Soranzo's intriganten Diener, der die meisten

[1] Wie Wolff p. 10 meint.

[2] Cf. Hist. IX der Ausgabe von 1619: *De la cruaute d'vn frere exercee contre vne sienne socur, pour vne folle passion d'amour.*

[3] Rosset sagt von dem sündigen Geschwisterpaar: *Ils se ressembloient si parfaictement, que iamais la Bradamante de l'Arioste ne fut si semblable à son frere Richardet* (p. 257). Aus Ariost kann Ford den Namen nicht entlehnt haben, Rosset hat sich geirrt: Bradamante ist Rinaldo's Schwester.

[4] Eingehend hat Wolff in seiner p. 174 Anm. 2 citierten Doctorschrift (p. 10 ff.) die Shakespeare-Ähnlichkeiten dieses Dramas untersucht. Im höchsten Maße ist er dabei in den Fehler verfallen, der bei derartigen Vergleichungen schwer ganz zu vermeiden ist — er vergleicht viel zu mechanisch. Namentlich bei der Fixierung der wörtlichen Anklänge ist er sehr unglücklich, verbindet er Stellen, die absolut nichts mit einander zu tun haben (vgl. z. B. *better* p. 12; *holy* p. 13, die Hamlet-Stelle p. 14 etc. etc.). Im Übrigen kann ich die Korrektur seiner Parallelen getrost dem Geschmack eines jeden Lesers überlassen.

Mordthaten organisiert. Auch eine komische Figur befindet sich unter dem Personal des Dramas: der schwachsinnige Bergetto, der sich auf Betreiben seines Onkels Donado um Annabella bewirbt, ebenso tölpelhaft wie sich Abraham Slender auf Veranlassung seines Vetters Shallow um Anne Page bewirbt.[1] Sehr taktloser Weise lässt der Dramatiker diesen harmlosen Laffen ein trauriges Ende nehmen, aus Versehen für einen anderen erstechen. Nähere Quellen-Angaben kann ich für die Nebenepisoden nicht liefern.[2]

LOVE'S SACRIFICE.[3]

Man sollte meinen, dass Ford in dem soeben besprochenen Drama den tiefsten Punkt seiner aesthetischen und sittlichen Irrfahrten erreicht haben müsste. Aber die weibliche Hauptgestalt dieser Eifersuchts-Tragödie ist noch viel erbärmlicher als die leidenschaftliche, ihrer unsühnbaren Sünde sich schamlos rühmende, schliesslich aber doch von Reue erfasste Annabella. Und die Urteilslosigkeit, die Verschrobenheit des Dramatikers muss uns bei der Betrachtung der Herzogin Bianca fast noch peinlicher auffallen, da Ford offenbar der Meinung war, mit diesem Weibe ein Musterbild der Ehrbarkeit geschaffen zu haben.

Bianca, die geliebte Gattin des Herzogs von Pavia, Philippo Caraffa, wird von dem Günstling ihres Gatten, Fernando, mit Liebesanträgen verfolgt. Wiederholt weist sie ihn in seine Schranken zurück, zuletzt mit den schärfsten, kränkendsten Worten: *Know, most unworthy man / So much we hate the baseness of thy lust, / As, were none living of thy sex but thee, / We had much rather prostitute our blood / To some envenom'd serpent than admit / Thy bestial dalliance* (II 3, p. 48) — und in der nächsten Nacht stiehlt sie sich

---

[1] Cf. Wolff p. 23.

[2] Über eine moderne Aufführung des Dramas in der französischen Übersetzung des Maurice Maeterlinck vgl. eine Notiz von Jacques du Tillet in der „Revue Bleue (Revue Politique et Littéraire)", Quatrième Serie, Tome II, N. 20 (17. Nov. 1894) p. 633 ff.

[3] Cf. Gifford-Dyce vol. II p. 1 ff. Gedruckt 1633.

in das Schlafgemach des Fernando, beteuert ihm ihre grenzenlose Liebe, trägt sie selbst sich ihm an — mit der Klausel: *If thou dost spoil me of this robe of shame ..... I'll kill myself!* (II 4, p. 52). Dann wirft sie sich ihm wieder an den Hals, und da der verblüffte Fernando die ihm aufgedrungene Rolle des entsagenden Liebhabers acceptiert, wiederholt sie dieses widerliche Experiment, diese verklausulierte Prostitution, bis ein Dolchstoss des Herzogs ihrem Treiben ein Ende macht.

Das — wie man aus Erbitterung über diese Heuchlerin beinahe sagen möchte — Verdienst, den Argwohn des phlegmatischen Herzogs geweckt zu haben, kommt seiner energischen Schwester Fiormonda und ihrem Werkzeug, dem intriganten Secretär des Herzogs, D'Avolos, zu, und diese beiden sind es auch, die dem Herzog Gelegenheit verschaffen, das Paar in einer der sonderbaren Schäferstunden zu überraschen. Fiormonda's Handlungsweise ist genügend motiviert, sie hat dem Fernando vergeblich die deutlichsten Beweise ihrer Zuneigung gegeben und ist, verschmäht, ganz von dem Gedanken ihrer Rache beherrscht. D'Avolos hingegen spioniert und intriguiert aus Liebe zur Sache, zum Vergnügen, er hat dem Jago einige Mätzchen abgesehen, wie man denn überhaupt in den Eifersuchtsszenen manchmal an Othello erinnert wird.[1] Den das wüste Stück bewegenden Leidenschaften, welche der Titel des Dramas missbräuchlich unter der schönen Bezeichnung Liebe zusammenfasst, fallen viele Opfer: mitten in der Haupthandlung wird der Wüstling Ferentes von den drei Frauen, die er verführt hat, erstochen, wieder einmal bei Gelegenheit eines Maskentanzes (III 4) — eine groteske Szene, deren Geschmacklosigkeit die zwecklose Tötung des Bergetto (vgl. oben p. 182) noch weit übertrifft; die Herzogin wird von ihrem Gatten erstochen, Fernando nimmt Gift, der Herzog tötet sich selbst und sein Nachfolger lässt D'Avolos hinrichten. Fiormonda wird verbannt.

---

[1] Cf. Gifford-Dyce l. c. p. 65. Wolff hat (l. c. p. 25 ff.) noch viele andere Shakespeare-Nachahmungen angeführt, die mir zum grössten Teil höchst fraglich sind.

Als Quelle hat man eine italienische Novelle vermutet, mit einer Zuversichtlichkeit,[1] die ich nicht teilen kann. Es sind ja lauter bekannte Bühnen-Motive, deren Neuanordnung ich ohne Bedenken Ford's eigener Phantasie zutrauen würde.

THE FANCIES CHASTE UND NOBLE.[2]

Eine hässliche Mystification des Zuschauers oder Lesers, wieder ein Stück, in welchem sich der Verfasser in andeutungsreicher Lüsternheit und in offenkundigster Gemeinheit alles gestattet, und am Schlusse dieses sehr verwerflichen Spieles tugendhaft den Beweis liefert, dass die ganze Frivolität und Obscönität nur ein Scherz war, dass der Verfasser von Anfang an ein höchst moralisches Ziel im Auge hatte.

Octavio, der bereits ziemlich bejahrte *Marquis of Sienna*, lässt in der Heimlichkeit seines Palastes drei junge Mädchen erziehen, die er seine *Fancies* nennt. Die Duenna dieser jungen Damen und das sie umgebende Gesindel schwelgen in Zoten — namentlich die Morosa hat ganz die Manieren und die Worte einer alten Kupplerin der schlimmsten Sorte: wir müssen annehmen, dass Octavio, als er diese Hüterin wählte, die niedrigsten Beweggründe hatte. Ein viertes Mädchen, die schöne und reine Castamela, wird von ihrem Bruder, den Octavio aus der Not gezogen und mit einem einträglichen Posten bedacht hatte, veranlasst, sich diesen Mädchen anzuschliessen, und auch in diesem Falle scheint es zweifellos, dass Castamela die dem Bruder erwiesene Gunst mit ihrer Ehre zu bezahlen haben würde. Damit gab sich Ford zufrieden, nach dieser Aufrührung der unreinsten Elemente teilt er uns mit, dass der Pseudo-Harem des Octavio aus den Töchtern seiner verstorbenen Schwester bestand, dass Castamela die Octavio's Neffen bestimmte Braut war.

Viel gediegener, als diese nur auf Sinnenkitzel abzielende Intrigue, ist das Motiv der Nebenhandlung. Eine

---

[1] Gifford vol. I, p. XXXIV: *I have no doubt that [the plot] is taken from an Italian novel.*

[2] Cf. Gifford-Dyce vol. II p. 219 ff. Gedruckt 1638.

Frau, die von ihrem verlotterten und verschuldeten, aber ihr teueren Gatten an einen reichen Aristokraten verkauft wird — der Gatte, der zu spät bereut, zu spät die ganze Grösse seines Verlustes und seiner Schande erkennt — ein in Wahrheit tragisches Paar, dessen Schicksal dem Dramatiker die einzige starke Szene dieses schlechten Werkes eingab: die Szene, in welcher Flavia, die dem Aristokraten vermählte Frau, ihren ersten Gatten mit Vorwürfen überhäuft, aber doch darauf bedacht ist, den einst und noch geliebten Mann auf bessere Lebenswege zu leiten (II 1, p. 249 ff.).

Auch für dieses Drama ist eine italienische Quelle vermutet worden,[1] und auch bei diesem Drama bin ich selbst nicht in der Lage, diese Annahme zu stützen. In seinem Prolog zu „The Lover's Melancholy“ hatte Ford seine Selbständigkeit beteuert, sich aber zugleich zu einigen gelehrten, seinen Studien entlehnten Imitationen bekannt — Angaben, welche die Quellenkritik nur bestätigen konnte (vgl. oben p. 175). Vor den „Fancies“ betont er seine absolute Unabhängigkeit: *The Fancies! that's our play: in it is shown / Nothing but what our author knows his own / Without a learnèd theft* (p. 225). Ich glaube, dass er auch hiermit die Wahrheit gesagt hat: mir scheint das Stück alle Merkmale eines echten Produktes der kranken Phantasie Ford's zu haben.

THE LADY'S TRIAL.[2]

Massinger hatte in seiner Tragödie „The Fatal Dowry“ dem jungen Gatten Charalois den rauhen, aber durch und durch rechtschaffenen Romont als treu ergebenen Freund an die Seite gestellt, und dieser Freund ist es, der zuerst die Schuld der Beaumelle erkennt und den Argwohn

---

[1] Gifford vol. I p. XXXIX: *The fable is so probable, when told of a Transalpine magnifico, that I can scarcely avoid thinking Ford found some hint, something analogous to his plot, among the Italian novels of those days.*

[2] Cf. Gifford-Dyce vol. III. p. 1 ff. Lic. 3. Mai 1638; gedruckt 1639.

des Gatten zu wecken sucht, ohne Erfolg. Es ist mir höchst wahrscheinlich, dass diese dramatisch wirksame Freundesrolle in Ford's Gedächtnis haften blieb, dass sein mürrischer Aurelio eine, allerdings wesentlich vergröberte, Kopie Romont's ist. Der Genuese Auria, der liebende und geliebte Gatte der schönen Spinella, entschliesst sich, seiner zerrütteten Vermögensverhältnisse wegen, im Dienste des Grossherzogs von Florenz eine Expedition gegen die türkischen Seeräuber zu unternehmen. Sein Freund Aurelio wagt es, dem scheidenden Gatten von den Spinellen drohenden Versuchungen zu sprechen, und wird von Auria ebenso energisch zurückgewiesen, wie Romont von dem arglosen Charalois. Während der Abwesenheit Auria's zeigt es sich jedoch, dass Aurelio's Befürchtungen keine grundlosen waren: Adurni, ein vornehmer und reicher Jüngling, verliebt sich in die einsame Frau, lockt sie in seinen Palast, belästigt die Erschrockene mit seinen Liebesschwüren — und in diesem Augenblick dringt Aurelio in's Gemach, Adurni und Spinella mit Schmähungen überhäufend. Auch dem als Sieger heimkehrenden Auria stellt er sie als schuldig hin. Der fünfte Akt bringt eine Versammlung der Hauptpersonen, eine Verhandlung über Spinella's Schuld oder Unschuld, wie in Massinger's Tragödie Beaumelle vor das Familiengericht gestellt wird. Der Ausgang ist ein ganz verschiedener: Beaumelle wird zum Tode verurteilt, Spinella glänzend gerechtfertigt.

Meiner Ansicht nach ist Ford's Schauspiel nur ein Reflex der Massinger'schen Tragödie, eine Umformung, in der die verräterischen tragischen Elemente wohlweislich vermieden sind. Von den Hauptgestalten entsprechen sich äusserlich betrachtet: Charalois>Auria; Beaumelle>Spinella; Romont>Aurelio; Novall>Adurni. Die verworfene Beaumelle und die reine, zarte Spinella sind so grundverschiedene Gestalten, dass uns die Ähnlichkeit des Planes auf den ersten Blick entgeht, bis der sich in den Vordergrund drängende Freund uns auf die m. E. richtige Spur bringt. Nicholas Rowe war somit nicht der erste, der sich durch Massinger's wirkungsvolle Tragödie zur Nachbildung angeregt fühlte.

Die Figuren der wert-, aber auch ziemlich harmlosen Nebenhandlungen wird Ford gewiss selbst geformt haben; sie zeichnen sich übrigens keineswegs durch Originalität aus. Namentlich sein grossmäuliger, bettelhafter Spanier Guzmann konnte auf der englischen Bühne auf eine stattliche Ahnenreihe zurückblicken.

THE CHRONICLE HISTORY OF PERKIN WARBECK.[1]

Out of the darkness of a former age, — enlightened by a late both learned und an honourable pen, I have endeavoured to personate a great attempt, and in it a great danger, beginnt Ford seine Widmung an William Cavendish.[2] Dass diese gelehrte und ehrenwerte Feder in der Hand des 1626 verstorbenen Lord Bacon gelegen hatte, ist zweifellos: Bacon hat in seiner 1622 veröffentlichten „History of the Reign of King Henry the Seventh" einen genauen Bericht von dem abenteuerlichen Unternehmen des Perkin Warbeck gegeben, und Ford hat sich dieser Erzählung Bacon's oft wörtlich angeschlossen.[3] Das sind längst bekannte That-

[1] Cf. Gifford-Dyce vol. II p. 109 ff. Gedruckt 1634.

[2] Cf. ib. l. c. p. 111.

[3] Cf. ib. passim. Gifford hatte bereits so viele Parallel-Stellen aus Bacon angeführt, dass dem Verfasser einer kürzlich publicierten Hallenser Doctorschrift — „Das Verhältnis von Ford's Perkin Warbeck zu Bacon's Henry VII" von Victor Gehler — in dieser Hinsicht wenig zu thun übrig blieb. Um so mehr wäre es seine Pflicht gewesen, nach der Feststellung der zwischen Ford und Bacon bestehenden Verschiedenheiten auch die Berichte anderer Chronisten zum Vergleich heranzuziehen. Der Gedanke, dass Ford nebenbei auch noch aus anderen Quellen geschöpft haben könnte, scheint ihm jedoch gar nicht gekommen zu sein. Noch unangenehmer ist, dass Gehler wiederholt einige der ästhetisch-kritischen Bemerkungen Gifford's übersetzt hat, ohne diese Stellen als Entlehnungen kenntlich zu machen, vgl. z. B.

Mit strenger Consequenz hat der Dichter den Charakter Perkin's durch das ganze Stück durchgeführt. Mit keinem einzigen Gedanken, keinem einzigen Worte lässt er ihn irgend welchen Zweifel an seiner Identität mit dem Herzog von York verraten. Perkin hält keine	Gifford: *It would be unjust to the author to overlook the striking consistency with which he has marked [Perkins's] character. Whatever might be his own opinion of this person's pretensions, he has never suffered him to betray his identity with the Duke of York in a single thought or ex-*

sachen: zu erörtern bleibt nur noch die Frage, ob Ford neben Bacon's Schrift noch andere Quellenwerke benutzt hat.

Die auffälligste Abweichung von Bacon, welche der historische Teil des Dramas zeigt, ist der überraschende Entschluss des Schottenkönigs, James IV, den Streit mit den Engländern in eigener Person durch einen Zweikampf mit dem englischen General, dem Earl of Surrey, zur Entscheidung zu bringen. Er sendet Marchmont als Herold in das englische Lager bei Ayton, mit der Herausforderung und Bedingungen, welche der Earl nicht annehmen kann — das Intermezzo hat keine Folgen. Man hat deshalb freie Erfindung des Dramatikers angenommen [1], ohne die zahlreichen anderen Chronisten [2] zu berücksichtigen, welche sich mehr oder minder eingehend über diesen gefährlichen Prätendenten geäussert haben. Von diesen älteren Berichterstattern habe ich Stowe und Speed ohne Nutzen verglichen, bei Holinshed hingegen eine ausführliche Darstellung der bei Bacon fehlenden Episode von der Herausforderung gefunden [3] – eine Erzählung. deren Wortlaut wir wiederholt in Ford's Versen wiedererkennen. Gleichwohl ist nicht Holinshed als der unmittelbare Gewährs-

---

Monologe, keine Seitengespräche, die ihn als Betrüger erscheinen lassen könnten (p. 28 f.).

pression. Perkin has no soliloquies, no side-speeches, to compromise his public assertions (l. c. p. 217).

Derartige Unterlassungssünden müssen auch in einer Erstlingsarbeit gerügt werden.

[1] Cf. Gifford l. c. p. 177: *The noble historian says nothing of the main business of this scene, which must, I believe, be placed entirely to the account of the poet.* Gehler pp. 19, 33 bringt nichts Neues.

[2] Cf. Langbaine p. 221. Er nennt auch einige Autoren die für Ford nicht als Gewährsmänner in Betracht kommen können, während er Bacon vergessen hat. Seine Liste lautet: *See Caxton [!], Polidore Virgil, Hollingshead, Speed, Stow, Salmonet [?], Du Chesne, Martyn, Baker, Gaynsford's History of Perkin Warbeck,* etc. Vielleicht ist Caxton verschrieben oder verdruckt für Grafton oder Bacon. Sir Richard Baker's Geschichtswerk erschien erst Jahre nach Ford's Drama; wer mit Salmonet gemeint ist, weiss ich nicht.

[3] Cf. Holinshed's Chronicles of England, Scotland, und Ireland. In 6 vols.; vol. III (London 1808) p. 516 f.

mann Ford's anzusehen, sondern eine aus den verschiedenen Chroniken compilierte Monographie über Warbeck, die 1618 veröffentlichte „True and Wonderful History of Warbeck" des um 1624 verstorbenen Thomas Gainsford.[1] Dieser gelehrt aufgeputzten, mit vielen Citaten aus den lateinischen und griechischen Dichtern und vielen Gleichnissen geschmückten Erzählung verdankt Ford ebensoviel, wenn nicht mehr, als dem bisher als seine einzige Quelle betrachteten Geschichtswerke Bacon's: an vielen Stellen hat er sich damit begnügt, den Text Gainsford's in gebundene Rede umzusetzen. Vergleichen wir zuerst die Szene, die uns zu dieser Erkenntnis verholfen hat, die Episode der Herausforderung. Die Bühnenweisungen des Dramas lauten: *The English camp near Ayton. Enter Marchmont and another in heralds' coats.*

Marchmont. *To thee / Great Earl of Surrey, in a single fight / He offers his own royal person; fairly / Proposing these conditions only, that / If victory conclude our master's right, / The earl shall deliver for his ransom / The town of Berwick to him, with the fishgarths; / If Surrey shall prevail, the king will pay / A thousand pounds down present for his freedom . . .*

Surrey . . . . *Heralds, the English general returns / A sensible devotion from his heart, / His very soul, to this unfellow'd grace: / For let the king know, gentle heralds, truly, / How his descent from his great throne, to honour / A stranger subject with so high a title / As his compeer in arms, hath conquer'd more /*

Gainsford: *By way of ostentation, [the king of Scots] sent Marchmount and another herald to the earl of Surrey with a kind of defiance, and challenge either to encounter with him army to army, or body to body; conditionally, that if the victory fell to his majesty, the earl should deliver and surrender for his ransom the town of Berwick with the fishgarths of the same; if the earl again were victor, the king would pay one-thousand pound sterling for his redemption. The noble general welcomed these heralds, and like a courageous, yet understanding captain, quickly answered all the points of their commission; first, he was ready to abide the battle in the plain field . . . . Secondly,*

---

[1] Neugedruckt in „A Selection from the Harleian Miscellany of Tracts, which principally regard the English History", London 1793, p. 58 ff.; vgl. The Harleian Miscellany, 12 vols, London 1810, vol. XI p. 372 ff.

Than any sword could do; for which — my loyalty | Respected — I will serve his virtues ever | In all humility: but Berwick, say, | Is none of mine to part with; in affairs | Of princes subjects cannot traffic rights | Inherent to the crown. My life is mine, | That I dare freely hazard; and — with pardon | To some unbrib'd vainglory — if his majesty | Shall taste a change of fate, his liberty | Shall meet no articles. If I fall, falling | So bravely, I refer me to his pleasure | Without condition . . . Durham . . . *Sir, you find | By these gay flourishes how wearied travail | Inclines to willing rest* (Act IV sc. 1, p. 177 ff.).

he thought himself much honoured, that so noble a prince and great a king, would vouchsafe to descend to so low a degree of contention, as a private duel with him, for which he would . . ., setting his loyalty to his prince aside, perform all good offices, which belonged to the sweet contract of a perpetual amity . . . between them. Thirdly, for the town of Berwick, it was none of his, but the king his master's, which he would not so much as conjecture upon without his consent and advice, as he himself might well judge in the affairs of princes, what was to be done. Fourthly, he thought his own life worth all the towns of the world, and so would gladly hazard himself . . . only he desired pardon for a little vainglory, that, if he conquered the king, he would release him freely; if the king vanquished him, he would either yield him his life, or pay such a tribute and competency, as is befitting the state and degree of an earl . . . But it should seem, these affronts were mere flourishes (l. c. p. 88).[1]

Wie König Heinrich von Sir Robert Clifford hört, dass ein Mann, den er zu seinen Getreuesten rechnete, dass Sir William Stanley Perkin Warbeck, seinen gefährlichsten Feind, mit Rat und That unterstützt habe, spricht er seinen Schmerz über diesen Verrat im Drama in einer empfindungs-

[1] Gainsford hat an dieser und mancher anderen Stelle Holinshed's Text stark benützt, doch hat er Ford immerhin eine wichtige Einzelheit, die Bestimmung des eventuell vom König zu zahlenden Lösegelds, geboten, die bei Holinshed fehlt. Vgl. Holinshed's Chronicles l. c.

reichen, oft gerühmten[1] Rede aus. Bacon erwähnt die schmerzliche Überraschung des Königs, ohne diesen selbst redend einzuführen, Gainsford hingegen lässt den König sprechen und Bruchstücke dieser wortreichen Klage finden wir in Ford's Versen wieder:

K. Hen. *Sir William Stanley! Who? Sir William Stanley! / My chamberlain, my counsellor, the love, / The pleasure of my court, my bosom-friend, / The charge and the controlment of my person, / The keys and secrets of my treasury, / The all of all I am* (I 3, p. 135).

Gainsford: *At last [the king] burst out, What, my bosom friend? My counsellor? My chamberlain? . . . What, Sir William Stanley! He had the government of my chamber, the charge and comptrolment of all that are next my person, the love and favour of our court, and the very keys of our treasury* (l. c. p. 75 f.).

Es begreift sich, dass die Verwendung der Gainsfordschen Fassung der Historie, in welcher die Personen selbst oft redend eingeführt sind, für den Dramatiker wesentlich bequemer war, als die Bearbeitung des Bacon'schen Textes, der zumeist nur ganz kurze Referate über den Inhalt der Gespräche bietet. Wir wollen noch eine drastische Probe der Ford'schen Methode geben, seine Reproduktion der Klage Perkin Warbeck's über die von James IV. befohlene Verwüstung des englischen Grenzlandes. Bacon berichtet, wie gewöhnlich, in indirekter Rede, bei Gainsford hören wir das Gespräch Perkin's mit dem Könige:

K. James. *Forage through the country . . .*

Warbeck. *O, sir . . . I am most miserable . . . I had never sought / The truth of mine inheritance with rapes / Of women or of infants murder'd, virgins / Deflower'd, old men butcher'd, dwellings fir'd, / My land depopulated, and my people / Afflicted with a kingdom's*

Gainsford: *[Perkin] exclaimed of himself: O! wretch and hard-hearted man that I am, thus remorseless, to forage my native country, and to purchase my inheritance with such effusion of blood . . . For now I see, before this business can be brought to any good pass, houses must be fired, countries depopulated, women ravished, virgins defloured, infants slain, the*

[1] Cf. Ward II 304: *the admirable passage.*

devastation: / Show more remorse, great king, or I shall never / Endure to see such havoc with dry eyes . . .

K. Ja. *You fool your piety, / Ridiculously careful of an interest / Another man possesseth . . . .*

Dalyell. *The king is angry.*

Crawford. *And the passionate duke / Effeminately dolent.*

Warbeck. *The experience / In former trials, sir, both of mine own / Or other princes cast out of their thrones, / Have so acquainted me how misery / Is destitute of friends or of relief, / That I can easily submit to taste / Lowest reproof* (III 4, p. 174 f.).

aged murthered, the goods rifled, and the whole kingdom subject to devastation . . . Therefore, great king, I request you from henceforth, do not afflict my people, nor deform my country, in such a lamentable and remorseless manner: for, doubtless, I shall never endure it with a peaceable soul . . . . Surely, replied the king of Scots half angry . . . Methinks your care is rather ridiculous than superfluous, to be thus dolent for another man's possessions . . . Alas! replied the prince . . . we and you both have had woeful experience of many great princes deposed from their thrones, and left friendless, succourless, and quite destitute of relief in the hands of their enemies; and, therefore, as mischief and misery are of my old acquaintance, so am I not now unprepared to entertain the same, but must submit to the calamity, and attend the appointment of the highest God, concerning my lowest dejection (p. 83).[1]

---

[1] **Bacon's knapper Bericht ist inhaltlich identisch, im Ausdruck ganz verschieden:** *It is said, that Perkin . . . . when he saw the Scottish fell to waste the country, came to the king in a passionate manner, making great lamentation, and desired, that that might not be the manner of making the war; for that no crown was so dear to his mind, as that he desired to purchase it with the blood and ruin of his country. Whereunto the king answered half in sport, that he doubted much he was careful for that that was none of his, and that he should be too good a steward for his enemy, to save the country to his use* **(cf. Moral and Hist. Works of L. B., with an Introd. etc. by Joseph Devey, London 1857; p. 418). Den bei Gainsford und Ford folgenden Spott des Königs, dass sich ja in dem englischen Land noch keine Hand für ihn (Perkin) gerührt habe, und Perkin's demütige Antwort hat Bacon nicht.**

Noch an zahllosen anderen Stellen des Dramas lässt sich neben Bacon's Text und in weit ausgedehnterem Maſse der Wortlaut der Gainsford'schen Geschichte in Ford's Versen wiedererkennen. Da aber die Auswahl im Ganzen glücklich getroffen ist, da der Dichter die Wortfülle des Prosaikers verständig gemindert hat, so werden wir ihm sein Verfahren gewiss nicht zum Vorwurf machen, um so weniger, als es ja zu allen Zeiten bei beeilten Dramatikern beliebt war: von Shakespeare, der z. B. die Prosa des englischen Plutarch oft mit engem Anschluss an den Wortlaut in herrliche Verse verwandelt hat, bis zu dem jungen Southey, der mit glühendem Kopfe, so schnell er nur immer konnte — wie er uns selbst gesagt hat [1] — die Prosa der zeitgenössischen Zeitungen in Blankverse umsetzte, damit der Act, welchen er für das mit Coleridge und Lovell gemeinsam zu componierende Drama über den Fall des Robespierre versprochen hatte, rechtzeitig fertig würde. Quellenangaben waren bei den Dramatikern jener Zeit wenig üblich, übrigens hat Ford in seinem Prologe auf die heimischen Chronisten im allgemeinen als seine Gewährsmänner hingewiesen: *He shows a history couch'd in a play .... Not forg'd from Italy, from France, from Spain, / But chronicled at home* (l. c. p. 115).

Überblicken wir nun zum Schluss die von Bacon und Gainsford unabhängigen Bestandteile des Dramas, so ergiebt sich uns das erfreuliche Resultat, dass auch durch die Erkenntnis der zweiten, stark benützten Quelle das Hauptverdienst Ford's nicht geschmälert worden ist. Nach wie vor muss anerkannt werden, dass die drei fesselndsten Charaktere des Dramas seine Schöpfung sind: Lady Katherine Gordon, die, mit der Zustimmung ihres Herzens, aber zum grossen Kummer ihres den Betrug ahnenden Vaters, des Earl of Huntley, von James IV. dem Perkin Warbeck vermählt wird, fand er bei Bacon nur mit wenigen Worten, bei Gainsford etwas ausführlicher, aber ohne Charaktervertiefung erwähnt; ihr Vater ist in den Historien nur ge-

[1] Cf. Life and Correspondence of Robert Southey ed. by Charles Cuthbert Southey; vol. I (London 1850) p. 217.

nannt; den sie hoffnungslos liebenden Lord Dalyell, der, ein Vorgänger Brackenburg's, auch der einen andern liebenden Geliebten in ihrem Unglück treu zur Seite bleibt, scheint Ford ganz selbständig eingeführt zu haben. Die schönen, die historische Action erwärmenden Szenen, in welchen sich das Schicksal dieser Gestalten abspielt,[1] und das spärlich verwendete die Lachlust reizende Beiwerk, welches die karikierten Spiessgesellen Warbeck's liefern,[2] zeigen Ford im pathetischen und komischen Stile von seiner besten Seite.

THE SUN'S DARLING, A MORAL MASQUE.[3]

Ein allegorisches Drama von der Art der alten, den menschlichen Lebenslauf darstellenden Moralitäten: der Liebling der Sonne, Raybright, ist den Versuchungen gegenüber ebenso schwach, zeigt einen ebenso schwankenden Charakter wie Humanum Genus in „The Castle of Perseverance“ und der Titelheld der Moralität „Mankynde“. Als Vertreter des in den alten Spielen von verschiedenen allegorischen Gestalten und besonders von den 7 Todsünden und dem Teufel Tytivillus repräsentierten bösen Prinzips erscheinen neben dem Sonnenliebling *Lady Humour* und der Schelm *Folly*.

Raybright durchwandert die zum Teil schön geschilderten Gebiete der vier Jahreszeiten, schwelgt im Genusse, der ihm jedoch immer schnell wieder in Überdruss verwandelt wird durch die Einflüsterungen der ihm von Folly zugeführten Lady Humour, der Verkörperung seiner Unbeständigkeit. „Ein Wanderleben ohne Rast und Ruh, Ein Haschen nach des Lebens Kränzen, Dem golden stets die Fernen glänzen, Und Überdruss die schönste Nähe blasst“ — bis im Lande des Winters die Sonne selbst ihrem *Wanton Darling* zu

[1] Vgl. Act I sc. 2; II 1 p. 137 f.; II 3 p. 148/151; III 2 p. 161/4, 167 ff.; IV 3 p. 188 ff.; V 3 p. 211/14.

[2] Vgl. besonders II 3 p. 153 ff.

[3] Written by John Ford und Tho. Dekker, cf. Gifford-Dyce vol. III p. 101 ff. Lic. 3 März 1624; gedruckt 1657, vgl. Fleay I 232.

verkünden hat: *Thy sands are number'd, and thy glass of frailty / Here runs out to the last* (V 1, p. 168).

Dass die Verfasser den viel Schönes bietenden Maskenspielen Ben Jonson's manche poetische Anregung verdanken, ist wohl möglich;[1] für den überaus einfachen Plan ihrer Allegorie aber hatten sie gewiss keine fremde Hülfe nötig.

THE WITCH OF EDMONTON.[2]

Dieses bürgerliche Trauerspiel zerfällt, von den für sich bestehenden komischen Szenen abgesehen, in zwei tragische Handlungen, die sich nur an einer Stelle, und da noch obendrein in ganz überflüssiger Weise berühren. Frank Thorney hat sich hinter dem Rücken und ohne Wissen seines Vaters mit der Haushälterin eines Landedelmannes verheiratet, lässt sich jedoch durch die Furcht vor seinem Vater bestimmen, noch eine zweite Frau zu nehmen, die Tochter eines wohlhabenden Farmers. Der charakterlose und feige Mensch ermordet diese ihm aufgenötigte zweite Gattin, wird entdeckt und hingerichtet. Vielleicht beruht auch dieser Teil der Handlung auf der Wirklichkeit, vielleicht haben die Dramatiker aus den Berichten über einen zeitgenössischen Bigamie-Prozess geschöpft. Jeder derartige berühmte Fall rief ja damals Flugschriften und Balladen hervor, welche hinwieder manches volkstümliche Drama erzeugten. Und dass unsere Dramatiker nicht verschmähten aus solchen Quellen zu schöpfen, beweist uns eben ihre Dramatisierung der Geschichte der Hexe von Edmonton.

---

[1] Gifford l. c. p. 106: *The authors are mainly indebted to Jonson. Many hints are taken from some of his 'Masques at Court', and the character of the Lady Humour is formed from the elaborate description of this quality in 'Every Man out of his Humour'* [im Vorspiel]. Eine wörtliche Entlehnung aus dem Epilog dieses Stückes hat Gifford p. 161 angemerkt.

[2] A known True Story, Composed into a Tragi-Comedy by divers well-esteemed Poets, William Rowley, Thomas Dekker, John Ford etc., cf. Gifford-Dyce vol. III p. 171 ff. Fleay I 231 setzt die Entstehung des Stückes in den Sommer 1621, gedruckt 1658.

Wie sich Frank von Susan, seiner zweiten Gattin, verabschiedet, schon mit der festen Absicht, nicht mehr zu ihr zurückzukehren, streift ihn ein schwarzer Hund und bei dieser Berührung erwacht in seiner Seele der Mordgedanke. Der schwarze Hund ist der Teufel, der mit Mother Sawyer, der Hexe von Edmonton, verbündete höllische Geist. Die Frauen der Thorney-Gruppe, Frank's Gattinnen, die liebliche, herzensgute Susan und die ihre lockere Lebensführung ernstlich bereuende Winnifrede, sind liebenswürdige, fesselnde Erscheinungen: nicht minder gelungen, wenn auch mit ganz anderer Pinselführung hergestellt, ist das Bild des unglücklichen alten Weibes, welches von der Dummheit und Bosheit der Nachbarn zu einem Bunde mit dem Teufel und somit in den Tod getrieben wird. Mother Sawyer ist eine historische Persönlichkeit von einer für sie selbst sehr traurigen Berühmtheit, sie wurde am 19. April 1621 als Hexe gehängt,[1] in London. Vor kurzem ist auch die Flugschrift wiedergefunden worden, welche den Dramatikern das Material dieses Hexenprozesses geliefert hat: *The wonderfull discoverie of Elizabeth Sawyer, a witch, late of Edmonton, her conviction and condemnation and death. Together with the relation of the Divels accesses to her, and their conference together. Written by Henry Goodcole, Minister of the Word of God, and her continual Visiter in the Gaole of Newgate. Published by Authority. London 1621.*[2] Der Bericht des Geistlichen über sein Verhör der Hexe, die Antworten, in welchen das arme gemarterte Weib sich zu einem intimen Verkehr mit dem sie in Hundegestalt besuchenden Teufel bekennt, sind von den Dramatikern, wie üblich, an vielen Stellen wörtlich verwertet worden.[3]

Die für das lachlustige Publikum bestimmten, possenhaften Intermezzi, in welchen der Teufel zuerst einen jungen

---

[1] *She's shortly to be hanged,* sagt der Teufelshund V 1, p. 260.

[2] Neugedruckt von A. H. B[ullen], dem Herausgeber der von uns benützten Neuauflage der Gifford-Dyce'schen Ausgabe vol. I, p. LXXXI ff. Gifford und Dyce kannten das Pamphlet nur dem Titel nach.

[3] Cf. Bullen's Note vol. I p. VI f. Die von ihm gegebenen Beispiele liessen sich, wie er selbst bemerkt, leicht vermehren.

Bauern, Cuddy Banks, foppt, schliesslich aber von diesem verabschiedet wird mit dem guten Rat: *Were it not possible for thee to become an honest dog yet?* (V 1, p. 262), sind wohl eigenes Gewächs.

Beim Rückblick auf die Quellenverhältnisse der Fordschen Dramen fällt uns in erster Linie auf, dass Ford, nach den bisherigen Ergebnissen der Forschung zu urteilen, die Pläne seiner Dramen häufiger als die meisten der damaligen Dramaturgen selbständig entworfen zu haben scheint; ferner, dass wir bei der Feststellung der mit voller Sicherheit zu bestimmenden Gewährsmänner, von seinen nebensächlichen Entlehnungen aus den Lateinern abgesehen, nie über die Grenze der englischen Literatur geführt wurden. Weder italienisches noch spanisches Material vermochten wir bei ihm zu erkennen; in dem französischen Schrifttum hat er möglicherweise die Anregung zu seinem Incest-Drama gefunden.

Am stärksten kommt bei ihm der Einfluss der älteren englischen Dramatiker zur Geltung. Marlowe gegenüber schlägt auch er den üblichen patronisierenden und persiflierenden Ton an, auch er liebt es, seinen komischen Gestalten Citate, geflügelte Worte aus den Werken des grossen Bahnbrechers in den Mund zu legen.[1] An Lyly,[2]

[1] In „Love's Sacrifice" sagt der alte Geck Mauruccio: *Thus do we march to honour's haven of bliss / To ride in triumph through Persepolis!* (II 2, p. 34, vgl. Dyce's Anm.). *Folly's* Bemerkung: *I sweat like a pampered jade of Asia* (Sun's Darling III 2, p. 138) kann freilich auch von Dekker inspiriert sein. Ohne parodistische Absicht ist Tamburlaine in Ford's Prosaschrift „Honour Triumphant" erwähnt: *Tamburlaine, the scourge of God and savagest monster of his time, never made a slaughter upon any of his conquered captives but the principalest he ever sent as slaves to his queen Zenocrate, intending that, as she was the deity who infused strength into his arms, so she should be the whole glory of his triumph* (cf. Gifford-Dyce vol. III p. 356 f.).

[2] An Lyly werden wir nur in den beiden von Ford in Gemeinschaft mit anderen verfassten Dramen erinnert, in „The Sun's Darling"

Kyd,[1] Marston,[2] Ben Jonson[3] werden wir nur selten und flüchtig erinnert, um so häufiger aber an Shakespeare: Ausdruck, Charakterentwickelung, Handlung verraten uns oft, wie tief Ford die Shakespeare'schen Dramen auf sich hatte wirken lassen. Von den nach Shakespeare blühenden Dramatikern haben Beaumont und Fletcher ihm hin und wieder als Vorbild gedient, und m. E. in noch höherem Grade Massinger, zu dem Ford auch persönlich in näheren Beziehungen gestanden zu haben scheint. Zwei Dramen des älteren Meisters hat er mit bewundernden Versen begleitet.[4]

Bemerkenswert ist, dass Ford sich den Puritanern gegenüber einer vorsichtigen Zurückhaltung befleissigte; er hat es unterlassen, die mächtige Partei, welche an seiner Stoffwahl wiederholt mit Recht Anstoss genommen haben

(II 1, p. 120) durch das Nachtigallenlied, ein Plagiat aus Lyly's „Alexander and Campaspe" (cf. Gifford's Anm.), und in „The Witch of Edmonton" durch die Schmähungen des alten Banks, welcher die Namen zweier Titelheldinnen alter Komödien der Hexe gegenüber als Schimpfnamen gebraucht: *Mother Bumby*, Lyly's alte Wahrsagerin, und Still's unschuldige *Gammer Gurton* (IV 1, pp. 244, 246).

[1] Vgl. oben p. 178 Anm. 2. Hieronimo's so oft parodierte Verse: *O eyes! no eyes* etc. (vgl. oben p. 171 Anm. 2) haben vielleicht eine besonders unglückliche Strophe eines Jugendgedichtes unseres Dramatikers veranlasst, cf. Gifford-Dyce vol. I p. LXVII f.

[2] Vgl. oben p. 178. Dass der Verfasser der Rede des Hundes in „The Witch of E." V 1, p. 261 f. *(it has been done — place)* an die von Gifford erwähnte Episode der Marston'schen „Sophonisba" gedacht hat, ist wohl möglich: *a fine hot flaming devil* erscheint jedoch mit derselben Mission auch in Marlowe's „Doctor Faustus" I 5, und in Fletcher's und Massinger's „Prophetess" III 3 sendet Delphia zur Bestrafung des Geta-Getianus *a fine she-devil.*

[3] Vgl. oben p. 195.

[4] „The Roman Actor" (wo er Massinger vertraut mit Freund anredet: *In this besotted age, friend, 'tis thy glory / That here thou hast outdone the Roman story*) und „The Great Duke of Florence". Eine Lieblingsphrase Massinger's, den *Genitive Superlative*, (wie Kellner in den „Hist. Outlines of E. Syntax" § 162 diese Ausdrucksweise bezeichnet): *The man of men*, welche Formel in Boyle's Sammlung der Massinger'schen Parallel-Stellen fünfmal erscheint (cf. ESt. IX pp. 214, 225, 227, 229, 230) — diese Phrase verwendet Ford aber doch einmal persiflierend, in einer komischen Szene von "The Lady's Trial" II 2,

muss, auch noch durch Spott zu erbittern.[1] Überhaupt lässt sich in seinen Dramen keine warme Teilnahme an den grossen Fragen, an den Problemen seiner Zeit erkennen — er ist beherrscht von den Eingebungen seiner Phantasie, die nur zu oft krankhafte Gebilde entstehen lässt. Für die Reize der Natur hat er kein Verständnis,[2] kein herzerfreuender Sonnenstrahl liegt auf seinem literarischen Lebenswerk — treffend hat ihn Swinburne gekennzeichnet als den Dichter: *whose hand with high funereal art / Carved night, and chiselled shadow.*[3]

p. 34: *Now, since fate / Ordains that one of two must be the man, / The man of men which must enjoy alone / Love's darling, Amoretta . .*

[1] In der Widmung von „Love's Sacrifice" deutet er die Feindschaft der Puritaner gegen die dramatische Poesie an: *The contempt thrown on studies of this kind by such as dote on their own singularity hath almost so outfaced invention and proscribed judgment, that it is more safe, more wise, to be suspectedly silent than modestly confident of opinion herein* (cf. vol. II p. 4, und Gifford's Anm.). In dem mit Dekker verfassten allegorischen Spiel „The Sun's Darling" finden sich zwei unschmeichelhafte Anspielungen auf die Puritaner, eine offenkundige, volkstümliche, die wohl Dekker beigesteuert haben wird (*mad as the puritan that sold his conscience for a maypole,* sagt *Folly* IV 1, p. 149), und eine versteckte, den Loyalitätsmangel der Frommen tadelnde, in der Rede des Winters: *A most fair pretence / To found rebellion upon conscience* etc. (V 1, p. 159, cf. Ward II 306).

[2] Gifford's Ansicht, dass die *glimpses of rural nature* in „The Sun's Darling" von Dekker herrühren (vol. III p. 128), ist auch die meinige. Dekker ist gerade das, was Ford nicht ist — ein sonniger Mensch.

[3] In dem Sonnet: *John Ford,* cf. 'Tristram of Lyonesse and other Poems', London 1882, p. 284.

ANHANG.

I. ZWEI BISHER NICHT ERKANNTE DRAMATISIERUNGEN GREENE'SCHER ERZÄHLUNGEN.

THE COSTLIE WHORE.

A COMICALL HISTORIE, ACTED BY THE COMPANIE OF THE REVELS.[1]

Eines Tages, als sich die wunderschöne Rhodope, eine in Ägypten lebende Buhlerin, badete, schoss ein Adler herab und raubte einen ihrer Schuhe, welchen er, über Memphis fliegend, in den Schooss des zu Gericht sitzenden Königs Psammitichus fallen liess. Von diesem Wunder und der Zierlichkeit des Schuhes betroffen, befahl der König, in ganz Ägypten nach der Besitzerin zu suchen, und erhob Rhodope zu seiner Gattin.

So steht zu lesen in der Anekdoten-Sammlung des Aelianus, betitelt „Ποικίλη Ἱστορία", und Ähnliches berichtet Strabo, der genauer Naukratis als Wohnort der Rhodope angibt, aber den Namen des Königs verschweigt.[2]

[1] Cf. Bullen vol. IV p. 219 ff. SR. 2. November 1632; gedruckt 1633. Bullen l. c. möchte die Entstehung des Stückes in das Jahr 1613 setzen, Fleay (Chron. II 339) hingegen in die Jahre 1631/2.

[2] Die betreffenden Stellen Aelian's und Strabo's sind jetzt, nach lateinischen Übersetzungen, bequem zusammengestellt bei Julius Riegel „Die Quellen von William Morris' Dichtung 'The Earthly Paradise'" (Erlangen und Leipzig, 1890) p. 51. Greene's Bearbeitung erwähnt Riegel nicht.

Aelian's Werk wurde von Abraham Fleming in's Englische übersetzt und 1576 veröffentlicht, unter dem Titel: "A Registre of Hystories", eine Übersetzung, welche in unseren Tagen eine gewisse Berühmtheit erlangt hat, weil es nicht unmöglich ist, dass Hamlet's vielbesprochener, mit Waffen zu bekämpfender *sea of troubles* aus ihr stammt.[1]

Robert Greene, M. A. von Cambridge und Oxford, kann diese Geschichte sehr wohl im griechischen Urtext oder in einer lateinischen Übersetzung gelesen haben: jedenfalls hat er das Schicksal der Rhodope novellistisch verwertet, und zwar vermutlich im Anschluss an Aelian's Bericht. Auch Greene nennt den König Psamnetichus und nur eine Örtlichkeit, die Residenzstadt Memphis.

In Greene's 1585 gedruckter Prosaschrift „Planetomachia; or the first parte of the generall opposition of the seuen Planets" [2] erzählt zuerst Venus eine blutige Geschichte, um Saturn's verderblichen Einfluss auf die Menschen zu beleuchten. Saturn rächt sich durch eine nicht minder tragische Geschichte, welche beweisen soll: *that there commeth more harme by disordinate und lawlesse Venus, then by [him]* (p. 100), und diese Erzählung: *Saturnes Tragedie* (p. 104 ff.) basiert auf Aelian's Bericht. Das Bad der Rhodope, den von dem Adler geraubten und dem Könige überbrachten Schuh, die Begierde des Königs und die Erhöhung der Buhlerin zur Königin finden wir auch bei Greene — nur ist bei ihm die erotische Färbung eine viel intensivere: der alte König wird beim ersten Blick auf den Schuh von einer heftigen Leidenschaft für die unbekannte Besitzerin erfasst. Um den Bericht seines Gewährsmannes erweitern zu können und um sich neue Verwickelungen und damit eine längere Geschichte zu ermöglichen, führte Greene eine von ihm frei erfundene dritte Hauptperson ein: Philarkes, den Sohn des

---

[1] Cf. Furnivall's Artikel: *The End of Hamlet's „Sea of Trouble"* Academy No. 890, vom 25. Mai 1889, p. 360. Auf Aelian hatte übrigens schon Ingleby hingewiesen, cf. Furness's Var. Ed. vol. III p. 209.

[2] Cf. Life und Complete Works in Prose and Verse of Robert Greene. In 12 vols. Ed. by Al. B. Grosart (The Huth Library), London 1881/83; vol. V p. 1 ff.

Psamnetichus. Dieser Prinz empfindet es als die schwerste Kränkung, eine Dirne an der Stelle seiner verstorbenen Mutter zu sehen, er thut sein Möglichstes, den König umzustimmen — vergebens. Aber die gekrönte Rhodope wird von Venus bald mit neuer Begierde erfüllt, sie verliebt sich in ihren Stiefsohn und auch Philarkes unterliegt der Versuchung, die ihr Verhängnis wird: der alte König überrascht und tötet das schuldige Paar.

In dieser Greene'schen Fassung fesselte die Geschichte der Rhodope die Aufmerksamkeit des unbekannten Verfassers des Dramas "The Costlie Whore". Er hat die zur Quelle zurückführende Spur möglichst und in der That so gut verwischt, dass sie bis jetzt nicht entdeckt wurde: seine Buhlerin Valentia ist eine Venetianerin, und sie treibt ihr Unwesen in einem Lande, welches den damaligen Engländern als der geeignetste Boden für die wildeste Romantik erschien, in Deutschland. Zweimal werden wir jedoch direkt an das Urbild der Valentia erinnert, indem sie von ihrem Feinde *Rodophe* gescholten wird (III 1, p. 262; IV 2, p. 277). Im Ganzen hat der Anonymus Greene's Geschichte frei bearbeitet, immerhin lässt sich hin und wieder auch der Wortlaut Greene's in seinen Versen erkennen.

Der *Duke of Saxonie*, welcher aus seinem Lande in die ihm durch Erbschaft, durch den Tod seines Bruders, des Erzbischofs, zugefallene, am Rhein gelegene Stadt Meath (i. e. Mainz) gekommen ist, sieht in der Hand seines Sohnes Frederick einen schöngeformten, reich gestickten Handschuh. Der Prinz hat diesen Handschuh auf der Strasse gefunden, sein Vater fühlt bei dessen Anblick sofort *a wondrous passion* und nimmt ihn an sich (I 2, p. 242 f.).

Psamnetichus versinkt in Schwermut aus Sehnsucht nach der unbekannten Besitzerin des goldenen Schuhs, in einem Monolog klagt er: *Pigmalion fell in loue with his Marble picture: an affection so straunge, as he was both blamed and pittied for doating on such a senslesse*	Der Herzog versinkt in Schwermut, vergeblich bemüht sich seine Umgebung ihn zu erheitern, vergeblich beteuert sein Bruder Alfrid: *Heres none but gladly would resigne his life / To doe you pleasure, so please you to command* (II 1, p. 248). In einem Monologe klagt der Herzog:

Image. A Senators sonne in Rome loued extreemly the I u o r y p i c t u r e of Vesta . . . . But a shoe of golde is the only thing that bewitcheth my mind . . . . Tush Psamnetichus, it is not the shoe . . . it is the I d e a of her person . . . (l. c. p. 109). Vergeblich bemüht sich sein Sohn ihn zu erheitern, beteuernd: *that if his life might bee a meanes to appease his heavye passions, hee would most willingly free him from those perplexed sorrowes* (p. 116).

P i g m a l i o n that did l o v e an
I v o r y Nimph
Had an I d e a to delight his
sence;
The youth that doted on Minerva's
p i c t u r e
Had some contentment for his eye;
But love, or rather an infernall
hagge . . . .
Hath given me nothing but a
trifling glove (ib.).

Musik ertönt: *The beauteous and the famous Curtezan, / Admir'd Valentia* zieht vorüber mit der Schaar ihrer Verehrer, welchen sie ein Fest giebt — auch bei Greene ist Rhodope bei ihrem ersten Auftreten von einer Schaar ihrer Anbeter umgeben, mit welchen sie sich auf dem Lande vergnügen will (p. 105). Prinz Frederick teilt seinem Vater mit, dass er an Valentia's Hand den anderen Handschuh gesehen habe, nachdem er vorher bemerkt hat: *'Twere good for Meath / She were unpriviledgd and sent to Venice* (l. c. p. 250) — ähnlich wie Greene's Prinz Philarkes seinem Vater erklärte: *that [he] should get more honour by exiling such an infamous strumpet, not onely from Memphis, but out of al the confines of Egypt* (p. 127 f.). Auch das erste Zusammentreffen des Herzogs mit der Buhlerin ist von dem Dramatiker in genauem Anschluss an die Novelle in Szene gesetzt:

Psamnetichus zieht seinen Kammerdiener Zorastes in's Vertrauen: *Hee aduised the king to faine him selfe sicke, and to giue a speciall charge, that none, no not his sonne Philarkes, should trouble hym . . . This done, hee willed Psamnetichus to disguise hym selfe in the attire of one of his Gentlemen . . . Having made thus an vnfitte Metamorphosis of him selfe, . . hee . . . wente*

Duke: *Lend me your habit in*
exchange of mine,
For I must walk the Citie for a
purpose . . . .
In any case, watch at the privie
chamber.
If any ask for me say I am not
well,
And though it be my sonne, let
him not enter
(II 1, p. 251).

straight to the house of Rhodope (p. 120).

Der neue Gast findet im Hause der Rhodope freundlichste Aufnahme: *Attyring her selfe with most costly iewels, and perfuming her house with most sweet odours, she sent for him vppe hastely* (p. 121).

Valentia. *He shall have libertie to enter straight.*
But first inrich the chamber with perfumes . . .
Myself sufficiently doe shine in jems (II 2, p. 254).

Psamnetichus schwankt zwischen Bewunderung und Verachtung: *Seeing there was nothing in her, her minde excepted, but that was singular, hee exclaymed against the Gods, that to despyghte nature, had placed suche hellishe conditions in such a heauenly creature* (p. 121) — beschliesst aber doch sie zu heiraten: *Rhodope is worthy to be a Queene, and I say . . . she shalbe a Queene* (p. 123).

Duke. *More then immortall, O more then divine,*
That such perfection, should turne Concubine . . .
Malicious heaven, why from so sweete a face
Have you exempt the mind adorning grace (ib. p. 255 f.).

Duke. *She must be made my Dutches, there it goes* (l. c. p. 256).

Wie Psamnetichus, beruft der Herzog sein Parlament, vor welches er Valentia bescheiden lässt; wie Rhodope, wird Valentia durch diese Citation sehr erschreckt:

The message was no sooner deliuered to Rhodope but a quaking f e a r e *possessed al her ioyntes, doubtinge shee had committed some haynous facte which deserued death: or y*[t] *because she was a common curtisan, the King meant to* c o n f i s c a t e h e r g o o d s t o t h e C r o w n (p. 124).

Constantine. *When I gave the charge,*
A sudden f e a r e, *by palenesse, was displai'd*
Upon her rosie cheeke . . .
As if those summons were an adversarie
And had some mighty crime to charge her with . . .
She did accuse her selfe without accusers,
And in the terrour of a soule perplext
Cry'd out, 'the Duke intends to cease my goods
Cause I am noted for a Concubine' . . .
Alberto. *C o n f i s c a t e a l l h e r g o o d s u n t o t h e C r o w n.*
(III 1, p. 260 f.).

Die Parlamentsmitglieder äussern verschiedene Meinungen über diese Vorladung der Curtisane, Valentia erscheint und kniet vor dem Herzog nieder, die Versammlung bewundert ihre Schönheit und beklagt ihre Verworfenheit, der Herzog verkündet seinen Entschluss, die Buhlerin zu heiraten, allgemeines Entsetzen, welches den heftigsten Ausdruck findet in dem Protest seines Sohnes, des Erbprinzen:

Philarkes . . . inraged with wrath and choller, coulde scarce keepe his handes from preuenting his fathers miserie, by the violent death of such a vile strumpet (p. 127).	Frederick. *Friends, draw your swords, first strike the strumpet dead* (ib. p. 265).

Der Herzog vermählt sich gleichwohl mit der Dirne — alles in freier, aber stofflich genauer Bearbeitung der Greene'schen Novelle.

Nach der Heirat des Herzogs entfernt sich der Dramatiker von seiner Quelle. Prinz Frederick ergreift die Waffen gegen seinen Vater, es gelingt ihm, sich der Valentia zu bemächtigen: auf den Knieen beschwört ihn der Herzog, die geliebte Gattin zu schonen, und erinnert ihn daran, dass er, Frederick, zuerst seine Aufmerksamkeit auf Valentia gelenkt habe: *Remember one thing, I did never love / Till thou, my Fredericke, broughtst that fatall Glove. / That and the Owners name thou didst descry*; / *Onely for that cause, let not my love dye* (IV 1, p. 273). Frederick lässt sich erweichen, giebt Valentia frei — und wird selbst auf den Rat Montano's, eines Verwandten der Valentia, und mit ihrer Billigung, überfallen, gefangen genommen und eingekerkert (IV 1 und 2 p. 273 ff.). Der Herzog unterzeichnet das Todesurteil seines Sohnes und händigt das Dokument seiner Gattin aus, zu beliebiger Verwendung (IV 2, p. 277). Valentia sucht den Prinzen in seinem Kerker auf und in dieser Kerkerszene, einem der wirkungsvollsten Auftritte des ganzen Dramas (IV 3), nähert sich der Anonymus seiner Quelle zum letzten Male. Wie die in Philarkes verliebte Rhodope Greene's den Prinzen mit ihren buhlerischen Künsten umgarnt, will Valentia dem Gefangenen sein Leben schenken um den Preis seiner Liebe: *Love me and live* (ib. p. 284). Aber während Philarkes sich bethören lässt, weist Frederick die Buhlerin mit den schärfsten Schmähungen zurück, und damit endet jede Ähnlichkeit zwischen Drama und Novelle. Valentia lässt dem Prinzen einen Giftbecher reichen und seine Leiche zu dem Herzog bringen. Zu spät erwacht in diesem die Vaterliebe, in Wut und Abscheu wendet er sich von Valentia ab. Da erhebt sich Prinz Frederick von der Bahre: Valentia hatte ihm nur einen Schlaftrunk kredenzen lassen und ihre Versuchung hatte nur seine Treue gegen seinen Vater auf die Probe stellen sollen. Allgemeine Versöhnung, der reuige Herzog lässt sich von Valentia bestimmen, auf die Regierung zu verzichten und sich mit ihr aus der Welt in die Einsamkeit zurückzuziehen, um für ihre Sünden Busse zu thun.

Überblicken wir das Verhältnis des unbekannten Dramatikers zu seiner Quelle, so können wir nicht bestreiten, dass er durch seine Abweichungen und Erweiterungen einige bühnenwirksame Szenen gewonnen hat. Aber die Charakterentwickelung des Weibes ist bei Greene eine viel logischere: seine Rhodope, die nach einem kurzen Aufschwung wieder in den Schmutz ihres Vorlebens zurückfällt, ist ein durchaus mögliches Wesen — die üppige und schlimme Valentia, welche die hinterlistige Überrumpelung des Prinzen gutheisst und ihrem Stiefsohne mit verbrecherischen Liebesanträgen gegenübertritt, macht uns in ihrer schliesslichen Verklärung einen höchst unglaubwürdigen Eindruck. Der willensstarke Prinz Frederick hingegen sticht sehr vorteilhaft von dem schwachen Philarkes ab, und ein wirklich feiner Zug des Dramatikers ist es, dass gerade Frederick die Verbindung zwischen seinem Vater und der Buhlerin herstellt.

Ausser dieser verwicklungsreichen Hauptaktion bietet unser Drama noch zwei Nebenhandlungen, deren eine von der Gestalt der Euphrata, der schönen Tochter des Herzogs, beherrscht wird. Euphrata liebt Constantine, den Kammerjunker (*chambersquire*) ihres Vaters, und ist unvorsichtig genug, das Geheimnis dieser Liebe einem anderen ihrer Werber, dem von ihr abgewiesenen Montano, preiszugeben. Montano droht mit Entdeckung, aber Euphrata hat die Geistesgegenwart, ihm zuvorzukommen: sie beschuldigt ihn, er habe Constantine in ihrem Gemach versteckt, um sie zu verderben, der reuige Constantine aber habe ihr den schändlichen Plan enthüllt. Constantine und ihre Kammerfrau Julia bestätigen ihre Aussage, der Herzog glaubt, Montano wird verbannt (Act I sc. 1, p. 229 ff.). Die nächste Gefahr droht ihrer Liebe von befreundeter Seite: Otho, Constantine's bester Freund, verliebt sich auch in die schöne Herzogstochter, wofür er die psychologisch wohl zu begründende Entschuldigung vorbringt: *I thinke 'tis fatall unto every friend / Never to love, untill his friend first love, / And then his choice* (I 1, p. 229). Er sendet der Prinzessin einen Liebesbrief in einem Granatapfel, die Frucht wird zufällig in Constantine's Beisein geöffnet, er bestimmt den reuigen Freund, den Hof zu verlassen (I 2, p. 243 ff.). Nach der schreienden Missheirat ihres Vaters zögert Euphrata nicht länger sich mit Constantine heimlich zu vermählen (III 2, p. 266), der Herzog ist wütend, will sie beide enthaupten lassen (IV 2, p. 278 ff.), da bewährt sich Otho als Freund in der Not: er und Julia tauschen Kleider mit den Verurteilten, sodass diese entfliehen können. Im Augenblicke der Enthüllung jedoch werden die Leichen der jungen Gatten gebracht, ihr Schiffchen sei im Rhein untergegangen. Der alte Herzog bereut seine Grausamkeit, worauf sich, nach probater Bühnensitte, die Todgesagten zu neuem Leben und neuem Glück erheben (V 1, p. 288 ff.).

Diese Liebes- und Leidensgeschichte der sächsischen Herzogstochter enthält manch bekannte Verwickelung — ihr Grundmotiv, die Liebe einer Prinzessin zu einem Diener ihres Vaters, erinnert an die in Giraldi Cinthio's "Hecatommithi" VIII 10 erzählte Geschichte der Königstochter von Corinth, Euphemia, welche auch in Greene's Novellen öfters genannt ist[1] — in ihrer Gesamtheit wird sie aber doch wohl

[1] Cf. Studien p. 98.

die freie Komposition des Anonymus sein, der ja auch bei der Umgestaltung und Erweiterung des Schlusses der Greeneschen Novelle eigene Phantasie gezeigt hat.

Das Satyrspiel zu diesen beiden ernsten, fortwährend das Gebiet des Tragischen streifenden Handlungen liefern zwei Brüder des Herzogs von Sachsen, Hatto und Alfrid, welche die Armen des Landes heimlich, aber um so grausamer verfolgen und nur eigene Bereicherung anstreben. Ihre Schändlichkeit wird schliesslich von der allwissenden Valentia an den Pranger gestellt und bestraft, sie sollen ihr Leben lang in den Bergwerken nach dem Metall graben, von dem sie sich blenden und zu allem Schlechten verführen liessen — nach Gold. Für uns sind diese beiden mit wenigen, aber sicheren Strichen gezeichneten Schelme merkwürdig, weil sie offenbar die Vertreter einer in der Geschichte und der Sage Deutschlands lebenden Persönlichkeit sind, des Erzbischofs Hatto I. von Mainz (850—913), der in unserem Drama ebenfalls als Bruder des Herzogs erwähnt wird, aber schon vor dem Beginn der Handlung von dem Strafgericht des Himmels erreicht worden ist. Seine Sünde und seine Bestrafung bekommen wir von seinen Brüdern selbst zu hören, und zwar vor dem Rhein-Schlosse, wo er zu Grunde ging, vor dem Mäuseturm zu Bingen, der nach Mainz verlegt ist. Alfrid berichtet: *He did proclaime reliefe unto the poore; / Assembled them unto a private Barne / And, having lock't the doore, set it on fire, / Saying hee'de rid the countrie of such Mice; / And Mice and Rats have rid him from the World* . . . (I 2, p. 239). Duke. *Could not this palace seated in the Rheine, / In midst of the great River, (to the which / No bridge, nor convay, other then by boats / Was to be had), free him from vermine Rats?* Alf. *Against their kind the land Rats took the water / And swomme in little armies to the house; / And, though we drown'd and kild innumerable, / Their numbers were like Hydra's heads increasing; / Ruine bred more untill our brother died.* Duke. *The house is execrable; Ile not enter.* Hatto. *You need not feare, my Lord; the house is free / From all resort of Rats; for at his death, / As if a trumpet sounded a retreat, / They made a kind of murmure and departed.* Duke. *Sure 'twas the hand of heaven, for his contempt / Of his poore creatures* (ib. p. 241 f.). Für die Verbreitung der deutschen Sage in England haben wir aus der zweiten Hälfte des 16. und aus den ersten Decennien des 17. Jahrhunderts verschiedene Zeugnisse,[1] sie scheint in Balladenform zum Repertorium der Bänkelsänger gehört zu haben, und es wird den Vortragenden immer leicht gewesen sein, ihr durch Anspielungen auf zeitgenössische Wucherer eine neue Spitze zu geben. Eine dieser Balladen ist in einer späteren Bearbeitung auf uns gekommen.[2] In unserem Drama bewirkt die Verwertung dieser alten Sage eine gewisse Stärkung des im Übrigen ja höchst mangelhaften Lokaltons, des deutschen Colorits.

THE QUEEN AND CONCUBINE.

A COMEDIE BY RICHARD BROME.[3]

Viel gefälliger als die „Planetomachia“ mit ihren sich in Geschichten befehdenden Planeten ist ein 1587 veröffentlichtes Werkchen derselben Gattung inszeniert, betitelt „Penelopes Web“.[4] Greene zeigt uns die treue Penelope, wie sie Nachts mit ihren Dienerinnen das Gewebe wieder auflöst und dabei, um ihren Gefährtinnen den Schlaf zu

---

[1] Zusammengestellt in Herford's schönem und nützlichem Buche „Studies in the Literary Relations of England and Germany in the 16. Century“, p. 181 ff. Ich selbst habe kein weiteres Zeugnis gefunden. In seinen knappen Bemerkungen über den Inhalt der „Costlie Whore“ spricht H. aus Versehen von einer Missheirat Frederick's, statt Euphrata's (p. 183).

[2] Zu lesen in den „Roxburghe Ballads“ (Ballad Soc.), Hertford 1880; vol. III p. 466 ff.

[3] *Printed for A. Crook, and Hen. Brome, at the Gun in Ivy Lane. London 1659:* cf. *The Dramatic Works of Richard Brome containing fifteen Comedies now first collected in three Volumes, London 1873;* vol. II, an fünfter und letzter Stelle.

[4] Cf. l. c. p. 137 ff.

vertreiben, Geschichten erzählt. Diese Einleitung ist hübsch und originell erfunden, die erste Geschichte aber bietet uns wenig Neues: sie ist eine Verquickung der uns bekannten Erzählung des Saturn in der „Planetomachia" mit Greene's Lieblingsmotiv von einer unschuldig verfolgten Königin. Ganz ohne Bedenken lässt Greene die hochklassische Penelope eine Geschichte von Saladin, dem Sultan von Ägypten, vortragen: Saladyne ist seiner Gattin Barmenissa überdrüssig geworden, er verstösst sie und vermählt sich mit seiner Maitresse Olynda. Hierbei schreibt Greene mit grosser Zwanglosigkeit sich selbst aus — die Szene, in welcher Saladyne dem Parlament seinen Entschluss mitteilt und von seinem Sohne Garinter heftig getadelt wird, ist, mit ganz geringen Änderungen, Wort für Wort eine Wiederholung des uns bekannten Auftrittes im Parlament des Psamnetichus (vgl. pp. 125 ff., 172 ff., und oben p. 205). Im weiteren Verlauf der Geschichte erfahren wir die Leiden der verstossenen Königin und ihre schliessliche Wiedereinsetzung in alle ihre Rechte.

Auch an der Gestalt dieser königlichen Dulderin blieb der Blick eines Dramatikers haften, eines Mannes, der eine allzu dünn fliessende poetische Ader, aber ziemlich viel dramaturgisches Geschick besass. Es ist noch nicht bemerkt worden, dass Richard Brome eines seiner romantischen Dramen, und zwar, wie mit Recht betont wurde,[1] wohl eine seiner besten Leistungen dieser Art: „The Queen und Con-

[1] Cf. Ward II 340. Sehr kurz und weniger günstig äussert sich Swinburne, für ihn ist unser Drama *a rather pallid study in the school of Fletcher,* welche Studie aber doch noch etwas von dem Duft der alten Poesie besitze (Fortn. Rev. April 1892, p. 506). Eingehender besprochen hat unser Stück Faust in seiner Doktorschrift: "R. B. Ein Beitrag z. Gesch. d. engl. Lit.", Halle 1887, p. 95 ff. Leider ist die Überlieferung des Dramas eine sehr schlechte, auf Ward's Lob: *The plot is here well constructed and carried out,* welches er in seinem Brome-Artikel des Dict. of Nat. Biogr. wiederholt hat, kann die uns vorliegende Form des Dramas keinen Anspruch erheben (vgl. infra p. 214 f.). Ward, der zahllose Stücke zu lesen hatte, findet ausserdem irrtümlicher Weise *some tenderness in [Sforza's] ill-used royal daughter.* Er meint, wie schon Faust p. 100 A. 113 verbessert hat, die Königin Eulalia, Sforza's Tochter ist die böse Concubine Alinda.

cubine“ auf Greene's Novelle aufgebaut hat. Brome hat viele Erweiterungen des einfachen Planes vorgenommen, aber der Kern der Greene'schen Novelle lässt sich doch glatt herausschälen und an verschiedenen Stellen vermögen wir auch bei ihm den Wortlaut der Greene'schen Prosa zu erkennen.

Am Anfang seiner Erzählung hat sich Greene seine Aufgabe sehr leicht gemacht — in aller Kürze wird uns gesagt, dass Barmenissa bei ihrem Gatten, dem Sultan Saladyne, in Ungnade gefallen sei, und dann wird ohne jede weitere Vorbereitung ein Brief der Buhlerin Olynda mitgeteilt, der uns *in medias res* versetzt: *Olynda the Concubyne which Saladyne so greatly loued, sent a Letter to this effect* (p. 169). Olynda beklagt sich über die Kälte des Sultans, schmäht Barmenissa, fordert ihn unumwunden auf, sich der alternden Gattin durch Gift zu entledigen und schliesst als echte Dirne mit einer Bitte um Geld (p. 169 f.). — An dieser naiven Einleitung konnte Brome keinen Gefallen finden, seine Exposition ist viel kunstvoller, eine der gelungensten Partien seines Dramas. Die zärtliche Königin Eulalia begrüsst ihren siegreich aus einer Schlacht zurückkehrenden Gatten, den König Gonzago von Sicilien. In ihrem Gefolge sieht der König eine neue Erscheinung, Alinda, die Tochter des tapferen, hochverdienten, von Gonzago aber wegen seiner Popularität mit Eifersucht und Argwohn betrachteten Generals Sforza. Das schöne Mädchen weckt des Königs Begierde; von Ehrgeiz getrieben, kommt Alinda all seinen Wünschen entgegen — die Königin wird mörderischer Anschläge gegen Alinda und des Ehebruchs mit Sforza bezichtigt und verbannt, in feierlicher Sitzung der Grossen des Reichs, welche Alinda als ihre Nachfolgerin anerkennen. Die Rede des Königs, die seinen Entschluss, Alinda zu ehelichen, verkündet, bietet auffällige Entlehnungen aus Greene's Text:

Saladyne. *It is no maruaile if you stand amazed . . . I haue assembled you, not only to heare what I can say, but*

King. *Let your amazement cease, and now perceive / . . . that I your King . . . require you not alone to hear /*

withou either doubt or denyall to confirme what I will say. Being diuorced from my quondam wife, and your Queene by lawe . . . I intend . . . take Olynda heere present to my wife, and before we depart from this Session, she shalbe crowned Queene . . . But I . . . wish euerie one that loueth his owne life, neither with counsaile nor reason to perswade me from that I haue purposed (p. 172 f.).

What I can say, but without all denial / That you approve, confirm what I will say / I am by law no less then your consent / Divorc'd . . . And therefore crave Alinda for my wife, / And that immediately we solemnize / Our Marriage, and her Coronation. / I hope none rates our will or his own life / So meanly, as to give least contradiction (II 2, p. 25).

Die Unmutsäusserung des Sohnes ist im Drama nicht wörtlich verwertet, weil Brome's Prinz Gonzago ein Knabe ist. Doch schmiegt sich auch dieser kleine Prinz an seine verstossene Mutter, so dass ihn Eulalia an seine Pflichten gegen den königlichen Vater erinnert, mit den Worten der Barmenissa:

Barm. *Although sonne the lawe of nature willes thee to be partner of thy mothers misfortunes, yet the Gods, whose laws are aboue Nature, commaunds that thou gainsay not the Edict of thy father . . . the frown of a father . . . is like the eleuation of a Commet which fore-shewes euer some fatall and finall ruine. Then Garinter offend not thy father in thought . . . And seeing by the consent of the Aegiptian lawes I am deposed, and Olinda inuested with the regall crowne: if a mothers commaund may be a constraint to the sonne, I charge thee that thou shewe her the same obedience, that belongs to a Princesse, and thy fathers wife* (p. 174 f.).

Eul. *'Tis true, the Law of Nature wills a Son / To be a partner in his Mothers woe; / But Laws above that lay a strong command / On Sons to obey the Edicts of their Fathers. / A Fathers frownes are Comets threatning ruine. / Let all your thoughts be free from [t]his offence . . . Or if you needs will think I am you[r] mother, / Let it be onely in the charge I give you, / That since Alinda bless'd by providence / Must be invested with the Regal Crown, / You shew her that obedience befits a Queene, / And your dread Fathers Wife* (ib. p. 26).

In der Novelle erhält die verbannte Fürstin bald Gelegenheit, ihren Edelmut zu bethätigen: sie belauscht eine heimliche Zusammenkunft der *Lords of Aegipt*, in welcher auf die Vorstellungen des Egistus hin die Ermordung, die Vergiftung der frechen Concubine beschlossen wird. Barmenissa rettet ihre Feindin. Auch im Drama bekommen wir, unmittelbar nach der Verstossungsszene, ein Gespräch der beiden alten Höflinge Lodovico und Horatio zu hören, welche einen ähnlichen Beschluss fassen:

Egistus. *Let vs consider that Saladine . . . hath bene so tyrannous to his Commons from his first Coronation, that vnlesse his immoderate pride and presumption had ben mittigated by the vertous clemencie of his wife, the burthen of his crueltie long time since had bene intollerable: but now hauing deposed that peerelesse Princesse, whose vertues made her famous and vs happie, and married a Concubine, whose vanities breedes her enuie and our mishap: we are to looke for . . . the generall ruyne of the weale publicke* (p. 181 f.).

Lodovico. *You know too well the King, / How apt his Nature is to fell oppression. / The burden of whose crueltie long since, / If by the virtuous Clemencie of his Wife / It had not been alay'd and mitigated, / Had been a general subversion. / And now that Peerless Princesse being depos'd, / Whose vertue made her famous, and us happy; / And he remarried to this shame of women, / Whose vileness breeds her envie and our mischief, / What can we look for but destruction?* (II 3 p. 30).

Überraschend ist, dass Brome in dieser die Königin verherrlichenden Szene den alten Horatio verwendet hat, diesen Typus höfischer Charakterlosigkeit, der stets die Meinung des Königs theilt, der Liebe und Hass nach den jeweiligen Empfindungen des Fürsten reguliert und deshalb der von ihm schnöde behandelten Königin bereits versichert hatte: *My love to you / Was the Kings love, if it were love at all* (I 8, p. 18) — denselben alten Wohldiener, der bei seinem nächsten Auftreten die Diener der Eulalia vom Hofe verjagen hilft (II 5, p. 33 ff.) Vermutlich war der komische Alte in dieser seinem Wesen fremden Szene etwas angetrunken, vom Wein ermutigt, zu spielen.

Am Schluss ihrer Unterredung, eben wie Horatio ausruft: *If Poyson, Sword, / Policy or Strength may do it* — (p. 30 f.), erscheint Flavello, eine Kreatur der neuen Königin. Selbstverständlich vermuten wir, dass Flavello diese Worte aufgefangen haben und sie seiner Gönnerin melden wird — aber in seiner nächsten, intimen Besprechung mit Alinda, in welcher sie ihn zur Ermordung der Eulalia aufstachelt (III 8, p. 63 f.), ist von dem Erlauschten mit keinem Worte die Rede. In der unmittelbar folgenden Szene jedoch (III 9, p. 65 ff.) müssen wir aus einer Stelle des Dialogs schliessen, dass Flavello der Concubine die aufgefangenen Worte mitgeteilt hat. Alinda sagt: *Though it be / No full discovery, I'll make it serve, / As I will fashion it, to excellent use. / Poyson or Sword thou heardst him speak?* / Flavello. *And in a menacing way* (p. 66). Alinda glaubt zwar nicht, dass diese Worte gegen sie gerichtet waren, aber sie wird durch Flavello's Mitteilung auf den Gedanken gebracht, ihre Nebenbuhlerin wo möglich in die Intriguen einer Verschwörung zu verwickeln: Flavello soll Eulalien einen anonymen Brief in die Hände spielen, des Inhalts, dass ihre Wiedereinsetzung bald Statt haben würde und zwar durch den Tod des ihre Würde usurpierenden Ungeheuers (p. 67). Die achte Szene dieses Aktes ist somit vollkommen überflüssig, eine Art von Parallel-Tirade, welche die glatte Entwickelung hemmt und verwirrt. Und dieses Beispiel ist nicht das einzige seiner Art in unserem Drama: es hat geradezu den Anschein, dass Brome zwei Versionen des Eulalia's Verderben bezweckenden Intriguenspiels ausgearbeitet hat, welche von einem ungeschickten Kompilator zu einem disharmonischen Ganzen verschmolzen wurden.[1]

---

[1] Alinda dringt in den König, seine Gattin und seinen Sohn zu töten, und der König verspricht, ihren Willen zu thun (Act III sc. 11, p. 74 f.); Petruccio meldet dem König den Tod des Prinzen Gonzago (IV 6, p. 94 f.) und in der nächsten Szene erhalten wir die Gewissheit, dass auch Alinda von der Ermordung des Knaben unterrichtet ist — sie wirft dem König vor: *You could / Vex a poor Boy to death, that could but cry / In his defence; that you could do* (IV 7, p. 96). Alles dieses geschieht in Szenen, welche von der Quelle unabhängig sind.

Wie die vertriebene Königin den anonymen Brief erhält, kann sie eine flüchtige Regung der Freude über diesen Umschwung der Verhältnisse nicht unterdrücken, beschliesst jedoch sofort, ihre Feindin zu warnen — mit Wiederholung der Gedanken und der Worte der Greene'schen Barmenissa:

Barm. *Now shalt thou see wrong ouerruled with patience, and the ruyne of thyne enemie with the safetie of thyne own honour . . . Doth*	Eul. *I shall see / How well my patience over-rules my wrong, / And my Foes ruin'd with mine Honours safety . . . I do not seek revenge, why*

Nichtsdestoweniger verlangt Alinda später vom König, dass Eulalia verbannt und Gonzago, der Erbprinz, durch Parlamentbeschluss enterbt werden solle (V 4, p. 114; vgl. infra p. 217) — in engem Anschluss an die Quelle!! Aber nicht nur zwischen den von der Quelle abhängigen Szenen und den Einschaltungen des Dramatikers ergeben sich schreiende Widersprüche, sondern auch innerhalb des frei componierten Teiles der Handlung kracht und klafft es an allen Orten und Enden. Der Schutzgeist der Eulalia enthüllt ihr im Traum ihre nächste Zukunft und warnt sie vor vier von ihren Feinden am Hofe abgesandten Meuchelmördern (III 2, p. 46). Zwei dieser Bravi, die beiden von Sforza cassierten Lieutenants Fabio und Strozza, werden, bevor sie ihr Vorhaben ausführen können, von den der Eulalia treu ergebenen Bauern gefangen genommen (III 6, p. 57 ff.), und in der Schlussszene erfahren wir nochmals ausdrücklich, dass Flavello sie mit dem Geld der Alinda gedungen hatte (V 7, p. 122). Gleichwohl überhäuft Alinda in einer Szene nach dem ersten Mordversuch den Flavello mit Vorwürfen, weil er noch nichts gegen Eulalia unternommen habe (III 8, p. 63 f.), gleichwohl beschliesst sie die Rivalin durch einen gefälschten Brief in eine Verschwörung zu verwickeln, um sie beim König auf's Neue verdächtigen zu können (III 9, p. 66 f.). Und bei ihrem nächsten Auftreten fragt sie ungeduldig: *No News yet? no return?* (III 11, p. 71) und zeigt sich plötzlich unterrichtet von dem Mordplan, mit dessen Ausführung Flavello die beiden Lieutenants beauftragt hatte!! Eine grosse Verwirrung, in die sich nur durch kräftige Umstellungen und Striche Ordnung bringen liesse. Überflüssig bliebe immer einer von den beiden gegen Eulalia geschmiedeten Pläne: entweder die Meuchelmörder, von denen in der Quelle keine Spur zu finden, welche die Geschöpfe des Dramatikers sind, oder der anonyme Brief, auf welchen Brome durch die von Barmenissa belauschte Verschwörer-Versammlung der Novelle gebracht wurde. Dass der Verfasser selbst sein Werk in diesem Zustand veröffentlicht haben würde, bezweifle ich stark — vermutlich wurde es nach seinem um 1652 erfolgten Tode aus seinen hinterlassenen Manuscripten kritiklos abgedruckt.

content hang in reuenge ..? Seest thou not ... that it is thine honour to put vp causelesse iniurie, and her shame to heare of thy vnhapinesse: nay what would Aegipt, yea the whole world say, (if by treacherie her bane be procured) but that it was thy trothlesse indeuour ... Then here lyes the doubt, eyther must I haue myne honour by her mishap, er els seeke the ruyne of my friends by discouering their pretence... Friends haue no priuiledge to be false .. Saladyne is thy Souerayne, she his wife ... Then Burmenissa, be rather ingratefull to thy friends, then treacherous to thy Prince (p. 183 f.).

shall I suffer it? / My causeless injuries have brought me Honour, / And 'tis her shame to hear of my mis-hap. / And if by Treachery she fall, the world / Will judge me accessarie ... Then here's the trembling doubt which way to take: / Whether to rise by her Destruction, / Or sink my Friends, discouering their pretence. / Friends have no Priviledge to be treacherous: / She is my Soveraignes wife ... The question's then, / Whether it be more foule ingratitude / To unknown Friends, and for an act of Sin, / Then to be treacherous to the Prince I love? (IV 5, p. 93).

Bei dem entscheidenden Zusammentreffen mit dem König und Alinda erzählt Eulalia zuerst, wie sie sich mit ihrer Hände Arbeit ihr tägliches Brod verdient, genau wie in der Quelle, aus welcher auch Alinda's spöttische Entgegnung stammt:

Perhaps ... your Natiuitie was calculated, and so the Constellation foreshewing this fall, your father was a wise man and preuented the Planets with pollicie (p. 185 f.).

I cannot but commend your Parents Wisdom, / Who having calculated your Nativitie, / By which they had the foresight of your fall, / Prevented thus the Planets by their care (V 4, p. 111).

Dann spricht Eulalia von der ihrer Rivalin drohenden Gefahr; Lodovico gesteht (überaus unnötiger Weise), dass er und Horatio den Tod Alinda's gewünscht hätten, und der König fordert, gleichsam zum Ersatz, Alinda auf, in dieser Stunde die drei Bitten zu stellen, deren Erfüllung er ihr versprochen habe. Alinda glaubt sich am Ziel ihrer Wünsche, verlangt jedoch nochmalige eidliche Bestätigung des Versprechens:

The Souldan .. sware by the God of the Aegiptians, that what-

King. *Give me a Book. / What I have promis'd to my law-*

soeuer he had promised to ye right and lawful Queene of Aegipt, he would perfourme (p. 188).	*ful Queene, / I will perform* (V 4, p. 113).

Nochmals erhebt Eulalia warnend die Stimme, in drei Versen bietet sie die Quintessenz eines vierstrophigen Gedichtes der Quelle, womit Barmenissa ihre Gegnerin warnt:

Ambition is a sugred ill . . . Enuie not others state . . . Seeke not reuenge against thy foe . . . Eschew self-loue, choose for the Commonwealth (p. 189).	*Let your Demands be for the common good, / Not for your own respects: self-love may hurt you: / Beware Ambition, Envie, and Revenge* (ib. p. 113).

Die verblendete Maitresse fordert:

That first the Nobles which conspyred her death might bee executed: the Kings sonne disinherited by an act of Parliament, and the Queene banished out of all the Souldans dominions (p. 190).	*First I demand the lives of these conspirators / Lodovico and Horatio . . . Next that your Son, much of the Mothers Nature, / By Act of Parliament be disinherited . . . Last, that this woman have her eyes put out, / And be for ever banish'd your Dominions* (ib. p. 114).

Voll Empörung verbannt — im Drama wie in der Novelle — der Fürst die grausame Bittstellerin und setzt seine verstossene Gemahlin wieder in all ihre Rechte ein. Damit schliesst die Novelle, dem Drama ist noch eine sehr unwahrscheinliche und überflüssige Szene angefügt, in welcher Alinda und der König öffentlich Busse thun: sie nimmt den Schleier und auch er geht ins Kloster, seinen Sohn zu seinem Nachfolger ernennend — in auffälliger Übereinstimmung mit der Schlussszene des Dramas "The Costlie Whore". Auch Valentia und der Herzog von Sachsen erklärten, sie wollten sich aus der Welt zur Busse in die Einsamkeit zurückziehen, während die Herrschaft an den Sohn des Herzogs überging.

In die schlichte, leicht zu übersehende Handlung der Novelle hat Brome viele neue Intermezzi eingeschoben. Sehr romantisch ist das Schicksal der verbannten Königin ausgeschmückt, ihr Genius verleiht der Schlafenden wunderbare Gaben für den neuen Kampf mit dem Dasein: *The Spirit of Prophecie, the Gift of Healing, / And Art of teaching hidden Mysteries* (III 1, p. 47). In mehreren Szenen sehen wir Eulalia im Volke walten, Kranke heilend, Unwissende belehrend. Von den in der Novelle nicht vorhandenen, von Brome neu eingeführten Personen treten in den Vordergrund: Horatio, der uns bereits bekannte Adept in der Kunst, den Mantel nach dem Wind zu hängen, ein Zwillingsbruder des Lord Sicophant in dem alten Stück „Nobody and Somebody“;[1] der siegreiche General Sforza, der rechtliche, die Ränke seiner Tochter verabscheuende Vater Alinda's, und sein Nebenbuhler Petruccio, der sich bald mit ihm aussöhnt und mit ihm gemeinschaftliche Sache zu Gunsten der verbannten Fürstin macht.

An Shakespeare werden wir im Dialog sehr selten,[2] häufiger durch einige der neuen Nebengestalten erinnert. Bei Andrea, dem treuen Narren der Königin Eulalia, welcher der geliebten Herrin in's Elend folgt, denken wir an Lear's Narren, bei dem seine Reden mit lateinischen Floskeln spickenden Dorfpfarrer an Holofernes, bei den drolligen, hin und wieder die Worte missbrauchenden Dorfweisen Lollio und Poggio an die unsterbliche Gruppe des Dogberry. Dass auch Brome bei diesen Einschaltungen Shakespeare-Erinnerungen im Kopf hatte, ist mir recht wahrscheinlich, beweisen lässt es sich nicht; auffällige Worte und Gedanken-Anklänge habe ich nicht bemerkt.

[1] Gedruckt in R^{d}. Simpson's "School of Shakespeare" (New York 1878), vol. I p. 275 ff.

[2] Alinda's Schmähungen: *This King of Clouts . . . This shadow of a King* (IV 7, p. 95) erinnern an Hamlet's Worte: *A vice of kings . . . A king of shreds and patches* (III 4, 98 ff.).

II. NACHTRÄGE.

1. Zu dem ersten Hefte der Quellen-Studien (Münchener Beiträge XI, vgl. oben p. IX): **P. 32 z. 10 v. u.** lies XV. — Zu 'The Woman-Hater' (**p. 34 f.**) vgl. Brandes' Shakespeare p. 857, und George Darley's Einleitung zu seiner Ausgabe der Werke Beaumont's und Fletcher's (London 1851) vol. I p. XVIII f. Für 'Philaster' (**p. 36 ff.**) nimmt Brandes eine starke Beeinflussung durch 'Othello an (cf. l. c. p. 862 ff.): Verläumdung und grundlose Eifersucht finden sich allerdings in beiden Dramen, aber die Verwertung dieser Motive zeigt viele Verschiedenheiten. Bestreiten möchte ich jedoch die Möglichkeit eines inneren Zusammenhanges nicht, die jungen Dramatiker standen vollkommen im Kreise Shakespeare's. — **P. 44 f.** Die von mir in 'A King and no King' bemerkten Reminiscenzen aus Shakespeare's 'King Henry IV'A fand ich nachträglich alle bereits zusammengestellt in der Rostocker Doctorschrift von Hermann Graf "Der Miles Gloriosus im englischen Drama bis zur Zeit des Bürgerkrieges" (Schwerin 1891) p. 47. Brandes hat l. c. p. 866 eine Situations-Ähnlichkeit mit Shakespeare's 'Coriolanus' hervorgehoben, das Knieen der Königin Arane vor ihrem Sohne (Act III sc. 1). — **P. 86 ff.** Varnhagen hat mich freundlichst darauf aufmerksam gemacht, dass die von mir in Hazlitt's "Handbook" unter *Aurelio and Isabella* und *Flores* vergeblich gesuchte Geschichte in dem Artikel *Scotland* an zweiter Stelle steht: *The Historie of Avrelio and of Isabel, doughter of the King of Schotlande, nyeuley translatede in foure langagies, Frenche,*

Italian, Spanishe and Englishe. Anuers MDLVI; vgl. Hazlitt's "Collections and Notes" (1876) p. 17, (1882) p. 20. Ausserdem habe ich in Hazlitt's "Manual for the Collector and Amateur of Old English Plays" (London 1892) und bei Fleay (Chron. II 332) ein anonymes Drama erwähnt gefunden, welches auf derselben Geschichte beruhen soll: *Swetnam, the Woman-Hater, Arraigned by Women: A new Comedy, Acted at the Red Bull, by the late Queen's Servants. 4to. 1620.* Nach dem Titel zu schliessen, muss in diesem Drama, welches gegen einen die Frauen verketzernden Literaten Namens Swetnam gerichtet ist, gerade der Teil der Geschichte verwertet sein, welchen Fletcher glücklicherweise ganz unberücksichtigt gelassen hat: die grausame Bestrafung des Afranio, welcher vor dem König von Schottland im Wettgespräche mit Hortensia, der Verteidigerin ihres Geschlechts, die Frauen als die Quelle des Übels bezeichnet und dadurch die Verurteilung der Prinzessin Isabella herbeigeführt hatte. Zur Strafe wird Afranio von Hortensia, in die er sich verliebt hat, in eine Falle gelockt, von den wütenden Frauen überfallen, gemartert und zerhackt. — **P. 100 ff.** Zu meiner Bestimmung der Quelle des "Pilgrim" habe ich noch zu bemerken, dass Fletcher auch in diesem Falle nicht direkt aus der spanischen Quelle, aus Lope de Vega's Prosa-Roman "El Peregrino en su Patria", geschöpft zu haben braucht, denn 1621 ist eine anonyme englische Übersetzung dieser Erzählung veröffentlicht worden: "The Pilgrime of Casteele. London 1621. 4to", zweite Auflage 1623 (cf. Hazlitt's "Handbook" p. 627^{b} f. s. v. Vega). Sehr wahrscheinlich wurde Fletcher durch diese englische Übersetzung zur Schaffung seines 1621/22 zuerst aufgeführten Dramas veranlasst. — **P. 125** habe ich von der "dem Temperamente Fletcher's inhärenten Nüchternheit" gesprochen, wozu ich jetzt noch auf eine humoristische briefliche Äusserung Charles Lamb's verweisen möchte: *Fletcher is as light as soda-water . . . A pipe and a comedy of Fletcher's the last thing of a night is the best recipe for light dreams, and to scatter away Nightmares. Probatum est* (cf. Letters ed. by Alfred Ainger, London 1888, vol. II p. 149 f.).

2. **Zu dem vorstehenden zweiten Hefte der Quellen-Studien: P. 1, Anm. 1** ergänze: Fleay, Chronicle History of the London Stage 1559—1642 (London 1890), p. 99. — **P. 8**: Das Grundmotiv der Comödie "The Gentleman Usher" könnte sich Chapman aus einem an Handlung überreichen, älteren Stücke erinnert haben, aus dem 1600 gedruckten, neuerdings [1] Peele zugeschriebenen Drama "The Wisdome of Doctor Dodypoll".[2] Alphonso, Duke of Saxony, liebt die junge Hyanthe, die Tochter des Earl Cassimere, welche seinen Sohn, den Prinzen Alberdune, liebt und von ihm geliebt wird. Auch in diesem älteren Stücke siegt schliesslich die junge Liebe, der Vater muss zu Gunsten seines Sohnes verzichten. Dem ebenso unerfreulichen, wie absonderlichen Einfalle Chapman's, die Schönheit seiner Heldin Margaret durch Einreibungen mit einer giftigen Salbe in abschreckende Hässlichkeit zu verwandeln, lässt sich eine ähnliche Geschmacklosigkeit gegenüberstellen in einem vor dem Chapman'schen Drama gedruckten und wohl auch früher entstandenen Drama, betitelt "The History of the Tryall of Chevalry with the Life and Death of Cavaliero Dicke Bowyer", lic. SR. am 4. Dezember 1604, gedruckt 1605.[3] In diesem Drama, an dessen Abfassung vermutlich Thomas Heywood beteiligt war,[4] schleicht sich der nach der Krone von Navarra trachtende Duke of Burbon nächtlicher Weile in das Zelt der Prinzessin Bellamira, der Tochter des Königs von Navarra, und bestürmt sie mit Liebesanträgen, welchen sie kein Gehör schenken will. Aus Rache bestreicht er ihr Antlitz mit Gift, wodurch sie aussätzig wird (II 3, p. 294 ff.). Die Ähnlichkeit erstreckt sich auch noch auf das Benehmen der beiden den entstellten

---

[1] Von Fleay, cf. Chron. vol. II p. 155 f.

[2] Neugedruckt in A. H. Bullen's "Collection of Old English Plays", vol. III (London 1884) p. 95 ff. Vgl. in diesem mit Personen und Ereignissen überfüllten Stück Act I sc. 2 p. 106 f.; II 3 p. 118 ff.; III 1 p. 126 ff.; IV 4 p. 147 ff.; V 2 p. 152 ff.

[3] Cf. Bullen's "Collection" l. c. p. 263 ff.

[4] Cf. jedoch Fleay (Chron. II 318 f.), nach dessen Ansicht der uns erhaltene Text nichts von Heywood enthalten soll.

Mädchen verlobten Männer und auf die glückliche Lösung: wie Chapman's Vincentio seiner Margaret, bleibt auch der französische Prinz Philip der entstellten Bellamira treu zur Seite (ib. p. 298 ff.) — wie bei Chapman der Arzt Benevemus rettend eingreift, wird in diesem Drama ein heilkundiger Einsiedler als Wiederhersteller der Schönheit Bellamira's erwähnt (IV 1, p. 327). In der Szene zwischen dem entstellten Mädchen und dem treuen Liebhaber ist der Gedankengang in beiden Dramen derselbe: sie verzichtet, er dringt auf Schliessung der Ehe und beteuert, dass er ihre Tugend, nicht nur ihre Schönheit geliebt habe und liebe. Im Ausdruck aber ist Chapman weit edler und inniger als der Anonymus. — **P. 12**: Vielleicht hatte Chapman's Earl of Saint Anne, der sich von der Leiche seiner Gattin nicht trennen will, doch schon einen Vorgänger auf der englischen Bühne, und zwar keinen geringeren als Karl den Grossen, wenn anders das Drama "Charlimayne" [1] wirklich schon im 16. Jahrhundert auf den Londoner Bühnen aufgeführt wurde. In diesem Stücke erscheint Charlimayne auf der Bühne mit seiner toten Gemahlin in den Armen — *Enter Charlimayne with the queene in his armes,* lautet die Bühnenweisung II 1, p. 198 —, der im Munde der Leiche verborgene Zauberring bewirkt, dass sich der Kaiser nicht von ihr trennen kann. Eine solche Szene musste sich dem Gedächtnis einprägen. — **P. 36 z. 7 v. o.** Über die in Frage kommende Prophezeiung lesen wir bei Cayet: *[Le Baron de Biron] se fioit fort au dire des Astrologues et deuineurs, mesmes on tient qu'il auoit aussi parlé à vn nommé Cesar tenu à Paris pour Magicien, et qu'il luy auoit dit, Qu'il ne s'en faudroit que le coup d'vn Bourgignon par derriere qu'il ne paruint à estre Roy* — folgt die oben p. 35 f. angeführte Stelle. Dieses nachträgliche Citat ist dem Pariser Druck der 'Chronologie Septenaire' vom Jahre 1607 entnommen, p. 320^{b}. — **P. 37**: Ohne die Chapman eigentümliche Schönheit des Ausdrucks

[1] Zum ersten Mal gedruckt von Bullen, cf. "Collection" vol. III p. 161 ff. Autor und Entstehungszeit sind sehr fraglich, vgl. auch Fleay Chron. II 319 f., der an Dekker denkt.

finden wir das nämliche Gleichnis in einem späteren anonymen Drama "The Lady Mother", welches Glapthorne zugeschrieben wird. Thorowgood sagt: *Were my soule / Drawn from this mew of flesh 'twould quickly streatch / Like a swift Falcon her aspiring wings / And soare at heaven*[1] (Act IV sc. 1, p. 175). — Zu **p 74**: Auf die Verköstigung in deutschen Wirtshäusern wird ein unerfreuliches Schlaglicht geworfen durch ein fatales Gleichnis Dick Bowyer's in dem Drama "Tryall of Chevalry" II 1: *His toung crawles as fast as the cheese doth in Germany.*[2] — **Zu p. 78 Anm. 1**: In seiner Todesfurcht schwört der Kaiser: *Alphonsus doth renounce the joys of heaven, / The sight of angels and his Saviour's blood, / And gives his soul unto the devil's power* (V, p. 413a) — und wird von dem heimtückischen Alexander sofort erstochen. Ein ganz ähnliches Raffinement der Rache finden wir in einer lange vor dem 'Alphonsus' geschriebenen Erzählung des Anton-Francesco Doni (cf. Novelle di Varj Autori con Note. Milano 1804, p. 272 ff.). Ein tapferer Ritter wird von seinem feigen Gegner mit vielen Mordgesellen überfallen und muss sich verloren geben. Sein Feind erklärt jedoch, er wolle ihm das Leben lassen, falls er ein Dokument unterschreibe, besagend, dass er alle seine Heldenthaten ausgeführt habe *per arte diabolica e per incanto, e non per valore* (p. 274), und dass er sich überdies als treuloser, ketzerischer und ungläubiger Mensch bekennen müsse: *Appresso questo sì come misleale m'accuso, e mi confesso eretico, e protesto non credere* (p. 274 f.). Der bedrängte Ritter unterzeichnet, sein Feind ruft aus: *Perchè non m'era assai privarti della vita . . . ho cercato con questo modo levarti in un medesimo tempo la vita, l'onore e l'anima ancora* (p. 275), und lässt ihn sofort niedermachen.[3] — **P. 89**: Walter Savage Landor's fragmentarische Tragödie: *Beatrice Cenci: Five Scenes* (cf. Works in 8 vols, London 1876;

---

[1] Cf. Bullen's "Collection", vol. II p. 101 ff.

[2] Cf. ib. vol. III p. 289.

[3] Vgl. zu 'Alphonsus' neuerdings noch einen Aufsatz von R. Faust: "Proben deutscher Reden im älteren englischen Drama", Zeitschr. f. d. deutschen Unterricht, 10. Jahrg. p. 371 ff.

vol. VII p. 342/63) ist wohl nie aufgeführt worden. — Zu **p. 121/26**: Die Bemerkungen über Massinger's Dramen "The Maid of Honour" and "The Picture" sind mit einigen Änderungen aus Quellen I, p. 141/45 abgedruckt, mit freundlicher Erlaubnis des Herrn Georg Böhme. — **P. 152**: Anthony Munday's Pamphlet ist wohl die erste uns erhaltene englische Schrift, welche das Wiedererscheinen des verschollenen Königs von Portugal meldet, nicht aber die erste überhaupt. In Richard Simpson's "School of Shakspere" (New York 1878) finde ich in der Einleitung zu dem Drama "The Famous History of the Life and Death of Captain Thomas Stukeley" die Notiz: '*A book called strange news of the return of Don Sebastian' was registered at Stationers' Hall, Feb. 3, 1598* (vol. I p. 154). A. H. Bullen erwähnt in seiner Peele-Ausgabe (London 1888) eine 1601 gedruckte französische Schrift zu Gunsten des falschen Sebastian: *Adventure Admirable etc.* (vol. I p. 223) — vermutlich das Original der Munday'schen Übersetzung: *Strangest Adventure* etc. — Zu **p. 154 Anm.** vgl. *The Plays of Philip Massinger. From the Text of Wm. Gifford. With the Addition of the Tragedy "Believe as you List". Ed. by Lt. Col. Francis Cunningham. London: John Camden Hotten, s. a.*; p. XIV. Cunningham hat sich mit dem Verdienst, diese schöne neue Beobachtung gemacht, den falschen Sebastian in Massinger's Antiochus wiedererkannt zu haben, zufrieden gegeben, auf eine nähere Prüfung des Quellenmaterials ist er nicht eingegangen. Nach seiner Ansicht muss Massinger's Quelle die Flugschrift von 1601 "True History etc." (cf. oben p. 153 Anm. 3) gewesen sein, welche ihm jedoch nur dem Titel nach, aus Hazlitt's "Handbook", bekannt war. Thatsächlich kann Massinger den englischen Pamphleten seinen Stoff nicht entlehnt haben, seine Darstellung weist eine Menge von Einzelheiten auf, die er bei Cayet, nicht aber bei den Engländern gefunden hat. An der von mir oben p. 160 besprochenen corrupten Stelle im Gespräche des Antiochus mit der Cornelia bietet Cunningham die Lesart: *[The armlet] / Which you wear on your sleeve* (V 2, p. 624) — ohne handschriftliche Autorität, er hat das Manuscript gar nicht gesehen (cf. p. XIII).

Die Konjektur *armlet* halte ich schon deshalb für eine unglückliche, weil man Armbänder doch nicht auf dem Ärmel trägt. Meine von der Quelle geforderte Ergänzung *ring*, welche die, auch metrische bessere, Lesart *finger* bedingt, scheint mir die empfehlenswerteste. Es ist ja recht fraglich, ob in der Handschrift wirklich *sl* gestanden hat, Crofton Croker hat seine Herausgeberpflichten etwas leicht genommen (Vgl. Cunningham p. XIII f.). — **P. 162 Anm. 1**: Die englische Übersetzung der fraglichen Novelle ist erst 1683 erschienen: *Don Sebastian King of Portugall. An Historical Novel. In Four parts. Done out of French by Mr. Ferrand Spence. London . . . 1683*; *12*⁰ (cf. Hazlitt's "Bibliographical Collections and Notes", London 1887, s. v. *Portugal*). — **P. 187**: Bacon's "History of Henry VII" ist kürzlich scharf auf ihren Quellenwert geprüft worden von Wm. Busch in seinem Werke: "England unter den Tudors" (Stuttgart 1892), p. 417 ff. Busch's Kritik gipfelt in dem Satze, dass Bacon's Werk" aus der Reihe der Quellen für die Geschichte Heinrich's VII. nicht gründlich genug gestrichen werden kann" (p. 423). — **P. 207**: Die Meldung, dass ein gegen den Willen des Vaters vereinigtes Liebespaar auf der Flucht ertrunken sei, die Reue des Vaters an der Bahre der Ertrunkenen, das Wiedererwachen des Paares — ganz dieselbe listige Lösung des Knotens bietet ein altes, mit Marston's 'Parasitaster' verwandtes deutsches Drama, dessen Inhalt W. Creizenach mitgeteilt hat, in den "Schauspielen der englischen Komödianten", 23. Band von Kürschner's Deutscher National-Litteratur, p. 334 ff. Auch in dem anonymen Drama 'The Lady Mother' wird ein Liebespaar für ertrunken ausgegeben, um es gegen Verfolgung zu schützen, cf. Bullen's "Collection" vol. II pp. 177 f., 199, doch ist in diesem Stücke die Ähnlichkeit keine so auffällige.

VERZEICHNIS DER DRAMEN.

VERZEICHNIS DER QUELLEN.

Die nach der Meinung des Verfassers neuen Quellen-Nachweise sind besternt (*).